KB240215

싱글 몰트 위스키 150

150개 증류소로 만나는 향과 시간의 기록

츠치야 마모루 지음 | 손덕호 옮김

굿모닝미디어

이 책은 내가 펴낸 대백과 시리즈 중 여섯 번째 책이다. 내가 처음으로 스코틀랜드의 싱글 몰트 위스키에 대해 쓴 《몰트 위스키 대백과》는 1995년에 간행되었다. 그리고 《블렌디드 스카치 대백과》(1999년), 《개정판 몰트 위스키 대백과》(2002년), 《싱글 몰트 위스키 대백과》(2009년), 그리고 《블렌디드 위스키 대백과》(2014년)를 썼다. 싱글 몰트가 3권, 블렌디드가 2권이다. 마지막 《블렌디드 위스키 대백과》가 나온 지 7년, 싱글 몰트 위스키에 관해서는 12년 만에 출간되는 책이다. 왜 지금 다시 싱글 몰트 스카치 위스키인가?

첫 번째 대백과가 나온 1995년은 스카치 위스키가 오랜 침체기를 벗어나지 못하고 있던 시기였다. 20년 가까이 이어진 하락 추세 속에서 조금씩 싱글 몰트 위스키가 활로를 찾아가는 중이기도 했다. 《몰트 위스키 대백과》에서 다룬 증류소는 110개 가까이 됐지만, 그중 가동 중인 증류소는 80개도 되지 않았다. 그러다가 2000년을 경계로 점차 스카치 위스키의 인기가 부활했다.

세 번째 책인 《싱글몰트 위스키 대전》을 발간한 2009년에는 가동 중인 증류소가 100개 가까이 늘어났다. 2009년판 책 서문에서 "지난 몇 년간 소규모 증류소가 몇 개 생겼는데…"라고 썼는데, 놀랍게도 당시에는 크래프트 증류소라는 표현이 없었다는 것을 이번에 다시 알게 되었다. 2010년 이후의 스카치 위스키는 크래프트의 시대였고, 지난 10년간 증류소는 50개 가까이 늘었다. 19세기 후반 스카치 위스키 전성기의 기세를 능가하는 속도다.

이번에 12년 만에 스카치 위스키 중 몰트 위스키 증류소를 망라한 책을 내려고 한 것은 새로운 시대를 맞이한 스카치 위스키를 세계 위스키 사정도 시야에 넣

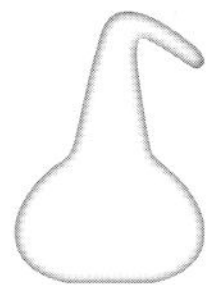

으면서 현시점에서의 '완전판'을 정리해 두고 싶다는 생각 때문이었다.

26년 전 대백과를 펴낼 때에는 스카치 위스키 판매량 중 싱글 몰트가 차지한 비중이 1%에 불과했고, 금액 기준으로도 2~3%라고 했다. 지금은 싱글 몰트가 차지하는 비중이 스카치 위스키 전체의 10~15%, 금액 기준으로는 20~25%에 달한다. 소규모 증류소나 신규 진입한 크래프트 증류소가 만드는 것은 대부분 싱글 몰트이다. 또 스코틀랜드뿐만 아니라 아일랜드, 일본, 그리고 미국, 캐나다, 대만에서도 싱글 몰트를 만드는 많은 증류소가 탄생하고 있다.

나는 "지금 세계는 싱글 몰트의 재미를 깨닫기 시작했다"고 1995년 펴낸 대백과 서문에 썼다. 사반세기가 지나 그 생각은 확신으로 바뀌었다.

츠치야 마모루

PART 1 스카치 몰트 증류소

LAGAVULIN DISTILLERY
PORT ELLEN
ISLE OF ISLAY

LAGAVULIN
DISTILLERY
ESTD 1816 ISLᵈ

LAGAVULIN
ISLAY SINGLE MALT
SCOTCH WHISKY
AGED 16 YEARS

E MALT SCOTCH WHISKY
Distilled at
E BALVENIE
Distillery, Banffshire
SCOTLAND
OUBLEWOOD.
RED IN TWO DISTINCT CASKS
AGED 12 YEARS
ALVENIE Doublewood acquires its
rich and smooth taste from its maturation
two different types of oak cask.
THE BALVENIE MALT MASTER
THE BALVENIE DISTILLERY COMPANY
ENIE MALTINGS, DUFFTOWN, BANFFSHIRE,
SCOTLAND AB55 4BD
40% vol

PART 2 폐쇄된 증류소

부록 _ 자료편

증류소 지도 _ 스코틀랜드

하이랜드
로우랜드
스페이사이드
캠벨타운
아일랜즈
아일라
오크니제도
루이스섬
해리스섬
스카이섬
헤브리디스제도
포트윌리엄
멀섬
오반
쥬라섬
아일라섬
캠벨타운
아란섬
런던데리
북아일랜드
벨파스트
윅
인버네스
네스호
하이랜드
스페이사이드
애버딘
강이페스
테이호
테이강
퍼스
던디
로몬드호
글래스고
하이랜드와 로우랜드의 경계선
에든버러
로우랜드
덤프리스
잉글랜드
N
0   50   100km

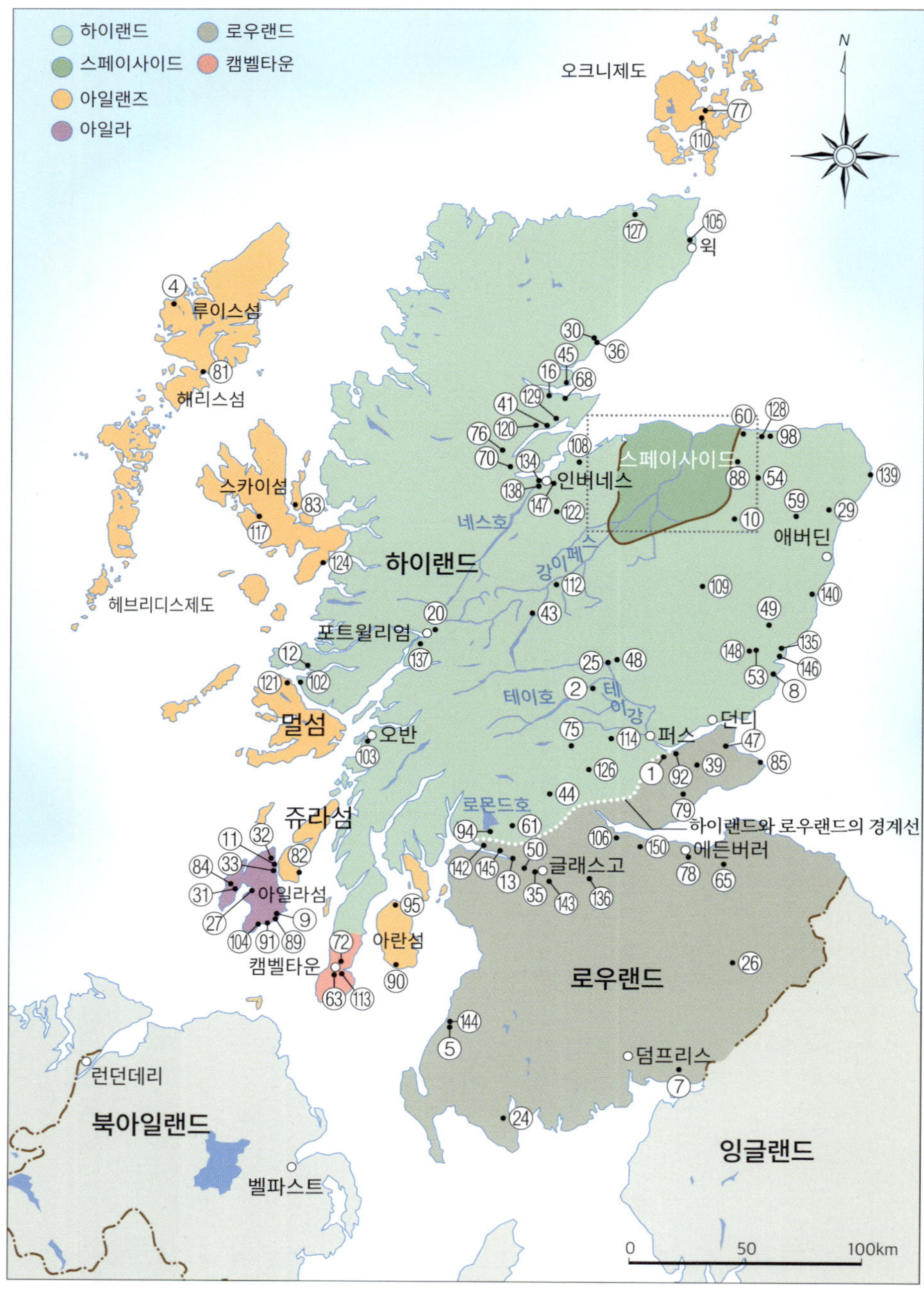

스페이사이드(speyside)

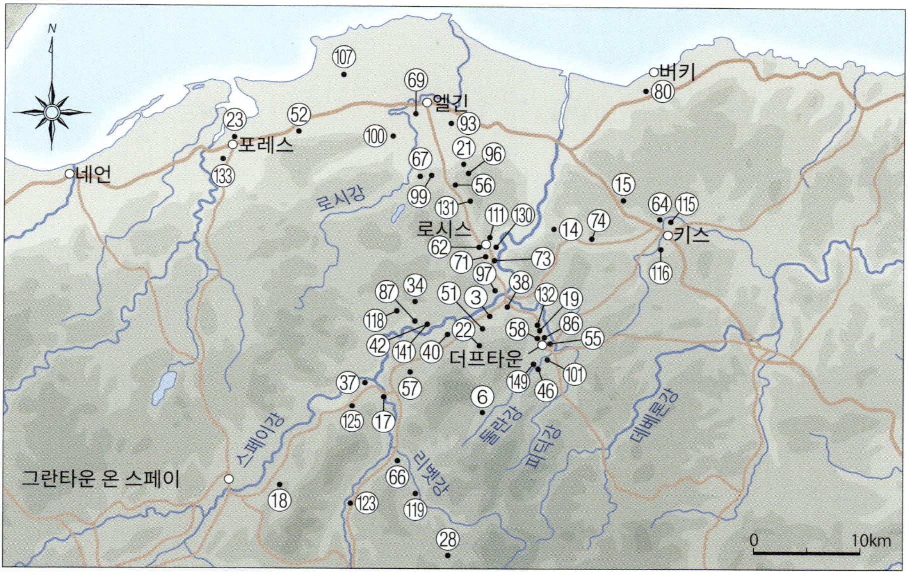

① Aberargie
② Aberfeldy
③ Aberlour
④ Abhainn Dearg
⑤ Ailsa Bay
⑥ Allt-Á-Bhainne
⑦ Annandale
⑧ Arbikie
⑨ Ardbeg
⑩ Ardmore
⑪ Ardnahoe
⑫ Ardnamurchan
⑬ Auchentoshan
⑭ Auchroisk
⑮ Aultmore
⑯ Balblair
⑰ Ballindalloch
⑱ Balmenach
⑲ Balvenie
⑳ Ben Nevis
㉑ Benriach
㉒ Benrinnes
㉓ Benromach
㉔ Bladnoch
㉕ Blair Athol
㉖ Borders
㉗ Bowmore
㉘ Braeval
㉙ BrewDog
㉚ Brora
㉛ Bruichladdich
㉜ Bunnahabhain
㉝ Caol Ila
㉞ Cardhu
㉟ Clydeside
㊱ Clynelish
㊲ Cragganmore
㊳ Craigellachie
㊴ Daftmill
㊵ Dailuaine
㊶ Dalmore
㊷ Dalmunach
㊸ Dalwhinnie
㊹ Deanston
㊺ Dornoch
㊻ Dufftown
㊼ Eden Mill
㊽ Edradour
㊾ Fettercairn
㊿ Glasgow
(51) Glenallachie
(52) Glenburgie
(53) Glencadam
(54) Glendronach
(55) Glendullan
(56) Glen Elgin
(57) Glenfarclas
(58) Glenfiddich
(59) Glen Garioch
(60) Glenglassaugh
(61) Glengoyne
(62) Glen Grant
(63) Glengyle
(64) Glen Keith
(65) Glenkinchie
(66) The Glenlivet
(67) Glenlossie
(68) Glenmorangie
(69) Glen Moray
(70) Glen Ord
(71) Glenrothes
(72) Glen Scotia
(73) Glen Spey
(74) Glentauchers
(75) Glenturret
(76) GlenWyvis
(77) Highland Park
(78) Holyrood
(79) InchDairnie
(80) Inchgower
(81) Isle of Harris
(82) Isle of Jura
(83) Isle of Raasay
(84) Kilchoman
(85) Kingsbarns
(86) Kininvie
(87) Knockando
(88) Knockdhu
(89) Lagavulin
(90) Lagg
(91) Laphroaig
(92) Lindores Abbey
(93) Linkwood
(94) Loch Lomond
(95) Lochranza
(96) Longmorn
(97) Macallan
(98) Macduff
(99) Mannochmore
(100) Miltonduff
(101) Mortlach
(102) Nc'nean
(103) Oban
(104) Port Ellen
(105) Pulteney
(106) Rosebank
(107) Roseisle
(108) Royal Brackla
(109) Royal Lochnagar
(110) Scapa
(111) Speyburn
(112) Speyside
(113) Springbank
(114) Strathearn
(115) Strathisla
(116) Strathmill
(117) Talisker
(118) Tamdhu
(119) Tamnavulin
(120) Teaninich
(121) Tobermory
(122) Tomatin
(123) Tomintoul
(124) Torabhaig
(125) Tormore
(126) Tullibardine
(127) Wolfburn

[폐쇄된 증류소]

(128) Banff
(129) Ben Wyvis
(130) Caperdonich
(131) Coleburn
(132) Convalmore
(133) Dallas Dhu
(134) Glen Albyn
(135) Glenesk
(136) Glen Flagler
(137) Glenlochy
(138) Glen Mhor
(139) Glenugie
(140) Glenury Royal
(141) Imperial
(142) Inverleven
(143) Kinclaith
(144) Ladyburn
(145) Littlemill
(146) Lochside
(147) Millburn
(148) North Port
(149) Pittyvaich
(150) St. Magdalene

이 책을 읽으시는 분들께

1 이 책은 《몰트 위스키 대백과》(1995년), 《개정판 몰트 위스키 대백과》(2002년), 《싱글 몰트 위스키 대백과》(2009년)에 이은 몰트 대백과 제4탄이다. 2021년 2월 현재 운영이 확인된 127개의 증류소와 폐쇄된 증류소 23곳을 소개했다. 이번에는 원점으로 돌아가 스코틀랜드의 몰트 위스키 증류소만을 다루었다.

2 증류소 이름 앞에 "The" 뒤에 "Glenlivet"을 붙이는 증류소가 있다. 이 책에서는 복잡함을 피하기 위해 "The Glenlivet 증류소"를 제외한 이들을 생략한 형태로 게재했다.

3 증류소명과 브랜드명이 다른 경우에는 증류소명을 제목으로 올렸다.

4 증류소명과 브랜드명은 최대한 충실하게 한국어 표기로 옮겼으나, 발음 기입이 어려운 게일어에 기원을 둔 단어도 많고, 지역에 따라 발음이 다른 경우도 있어 반드시 통일적인 발음이라고 단정할 수 없는 경우도 있다.

5 스코틀랜드의 생산 지역 구분은 현재 일반적인 하이랜드에서 스페이사이드와 아일랜즈를 독립시킨 6개 지역으로 했다. 각 증류소가 어느 생산 지역에 속하는지는 각 페이지의 오른쪽 상단에 기재했다.

6 본문에 자주 등장하는 전문 용어 설명은 <용어 해설> 편에 일괄적으로 게재했다.

7 테이스팅 노트는 '아로마' '플레이버' '종합평가'의 3항목으로 했으나, 이번에 새롭게 100점 만점으로 점수를 매겼다(0.5점 단위). 이는 어디까지나 나의 개인적인 평가임을 양해해 주기 바란다. 폐쇄된 증류소의 보틀을 제외하고 모두 이 책을 위해 새롭게 시음한 것이다. 그 때 사용한 병은 ( ) 안에 표기

했다. OB는 오피셜 보틀링(Official Bottling)의 약자로, 증류소가 병입한 것이다. 그 외 독립병입업자의 보틀은 구체적으로 표시하도록 하였으나 일부 생략한 것도 있다. 보틀 이름 뒤의 서기는 증류된 연도, %는 알코올 도수를 각각 나타낸다.

8 신규 증류소에서 아직 위스키를 내놓지 않은 곳도 있다. 위스키는 아직 출시하지 않았지만 이미 진이나 리큐르를 내놓은 곳은 그것을 시음했다. 100점 만점으로 스코어를 매겼지만 위스키의 점수와 평가 기준이 다르다.

9 증류소 정보는 주소와 우편 번호만 표기하고 전화번호는 생략했다. 홈페이지는 아는 범위 내에서 게재했다. 소유자는 해당 증류소가 속한 기업 그룹 이름, 모회사 이름 또는 생산자를 표기했다. 모회사가 기업 그룹에 속하는 경우 기업 그룹을 소유자로 한다. 연간 생산 능력은 최대 가동 시의 생산 능력(생산 가능량)이다. 모든 수치는 100% 알코올 환산이며 단위는 1만ℓ이다. 양조에 사용하는 물(용수)은 아는 범위에서 적었다. 발효조의 재질과 수, 스틸의 초류와 재류 각각의 수를 명기했다.

10 블렌디드 위스키는 해당 몰트 위스키가 원액으로 사용된 주요 블렌디드 위스키의 제품명을 가리킨다. 문헌 등으로 근거가 없는 것은 다루지 않았다.

11 스카치 위스키 관련 연표도 게재하였다.

12 이 책의 내용은 모두 저자 자신의 취재로 얻은 지식과 여러 문헌을 비교 검토한 결과 등으로 최종적으로 저자의 책임하에 집필한 것이다. 또한 테이스팅 노트도 모두 저자 자신의 말로 표현한 것이다.

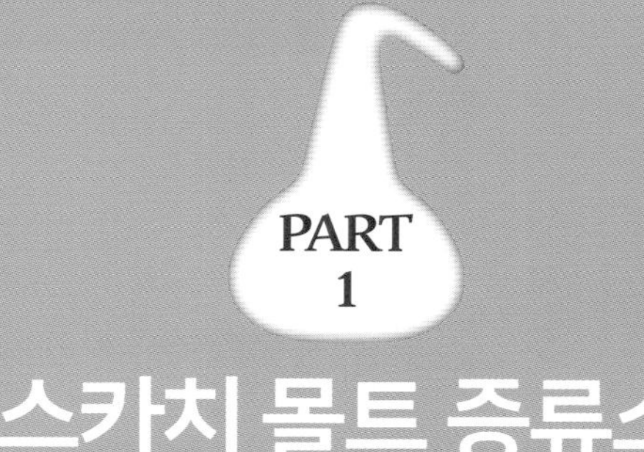

PART 1

스카치 몰트 증류소

애버라지 ⊙ Aberargie

명문 모리슨 가문이 경영하는
테이마우스의 새로운 증류소

에든버러에서 차를 타고 A9번 간선도로를 따라가다 퍼스(Perth) 근처에서 빠져나와 테이강(River Tay)[1] 하구인 테이마우스(Taymouth) 방향으로 약 10분 정도 가면 바다를 향한 곳에 모스그린색[2]으로 칠해진 거대한 건물군이 보인다. 이곳이 모리슨 앤 맥케이(Morrison & MacKay)의 블렌딩, 병입, 숙성 창고이다. 그 부지의 일부분에 2017년 문을 연 것이 애버라지 증류소다.

모리슨 앤 맥케이는 원래 퍼스에 있던 스코티시 리큐르 센터(Scottish Liqueur Centre)라는 회사를 브라이언 모리슨(Brian Morrison)이 인수해 블렌더 및 독립병입업체로 사업을 시작한 것이 기원이다. 이후 케니 맥케이(Kenny MacKay)가 합류해 회사명을 모리슨 앤 맥케이

모스그린색으로 칠해진 건물이 넓은 부지 위에 지어져 있다. 왼쪽이 증류동이고, 유리로 만들어진 벽 너머로 스틸이 보인다.

로 바꿨다. 맥케이는 글렌기어리(Glen Garioch)와 오켄토션(Auchentoshan) 증류소에서 근무했던 인물로, 브라이언 모리슨과는 오랜 지인이었다. 브라이언 맥케이는 그가 근무했던 모리슨 보모어(Morrison Bowmore)의 모리슨 가문 출신이기 때문이다.

하지만 퍼스의 시설이 비좁아지면서 2015년에 애버라지 지역으로 이전해, 2017년 증류소를 새로 열었다. 이 땅은 브라이언 모리슨이 모두 소유하고 있으며, 300에이커(약 1.21㎢)에 달하는 농지에 보리와 밀 등을 재배하고 있다. 덕분에 몰트 위스키의 원료인 보리를 전량 생산하고 있다.

애버라지 증류소는 한 번 생산할 때 맥아 2t을 사용한다. 맥아 제조는 심슨스(Simpsons)에 맡기고 있다. 하지만 양조에서 저장, 블렌딩, 병입까지 일관해서 처리할 수 있는 점이 애버라지 증류소가 다른 크래프트 증류소와 차별화되는 강점이다.

---

1 스코틀랜드에서 가장 긴 강. 벤 루이(Ben Lui)에서 발원해 던디(Dundee)에서 북해로 빠져나간다. 총길이 193㎞.
2 노란끼가 많이 도는 어두운 녹색. 이끼의 색과 비슷한 색조다.

스틸 앞에서 직원과 대화하고 있는 케니 맥케이(왼쪽).

세미라우터 방식의 매시 턴, 6기의 스테인리스 발효조, 2기의 스틸까지 모두 포사이스(Forsyths)가 제작했다. 이런 의미에서는 크래프트 증류소이지만 정통적인 생산 방식을 따르고 있다. 연간 생산 능력은 약 75만ℓ(100% 알코올로 환산한 기준)라고 한다.

현재 증류소 운영은 모리슨 가문(더 퍼스 디스틸링)이 맡고 있다. 리큐르나 블렌디드 위스키, 병입된 싱글 몰트 생산은 모리슨 앤 맥케이가 담당하는 등 역할이 나뉘어 운영되고 있다.

■ Tasting Note(올드 퍼스 43%)

아로마 : 스모키하고 피티. 훈제된 메귀리, 훈제 대구, 훈제 청어. 물을 추가하면 오트 케이크, 시리얼.

플레이버 : 부드럽고 감칠맛이 응축돼 있다. 훈제 홍합. 바디는 가볍지만 밸런스가 뛰어나다.

종합평가 : 퍼스 지방의 고전적인 아름다운 술. 마치 아브로스 스모키(Arbroath Smokie)[1] 같다. 재미있는 맛.

SCORE : 85.0점

■ 증류소 정보

소재지 : Aberargie, Perth & Kinross PH2 9LX

소유자 : 더퍼스디스틸링(The Perth Distilling Co.)

설립 연도 : 2017년

발효조 : 스테인리스 6기

증류기 : 초류 1기, 재류 1기

용수 : 농장의 우물물

연간 생산능력 : 75만ℓ

블렌디드 위스키 :

1 스코틀랜드의 훈제 대구 요리.

애버펠디 ● Aberfeldy

붉은 다람쥐가 상징인
듀어스의 원액 증류소

증류소는 퍼스(Perth)와 인버네스(Inverness)를 잇는 A9 간선도로에서 피트로크리(Pit-lochry) 직전에서 벗어나, 테이 강을 따라 서쪽으로 약 15km 떨어진 테이사이드(테이 강 유역 일대)의 애버펠디 마을에 있다.

1896년 증류소가 설립되었고, 2년 뒤인 1898년 생산을 시작했다. 설립자는 퍼스의 존 듀어 앤 선즈(John Dewar & Sons). 이 회사의 블렌디드 스카치 위스키인 듀어스(Dewar's)의 몰트 원액을 확보하기 위해 지어졌다.

이 장소는 회사 설립자인 존 듀어의 고향인 데다, 당시 퍼스와 철도가 연결되어 있어(현재는 폐선) 교통이 편리했고, 피틸리 강(Pitilie Burn)의 좋은 물이 있었기에 선택됐다. 애버펠디 이전에도 이 좋은 물을 사용해 피틸리 증류소에서 몰트 위스키를 생산했었다(현재

런던의 토마스 듀어(Thomas Dewar)의 사무실을 재현한 전시. 인기 있는 박물관으로, 많은 사람들이 방문한다.

는 폐쇄).

증류소 뒤편에는 아름다운 숲이 있으며, 붉은 다람쥐가 서식하고 있다. 원래 붉은 다람쥐는 영국의 토착종이었지만, 북미에서 들어온 회색 다람쥐에게 서식지를 빼앗겨 현재는 스코틀랜드와 레이크 디스트릭트(호수 구역)의 극히 일부 지역에서만 볼 수 있다. 그래서 과거 UD(현 디아지오)에서 출시했던 '꽃과 동물 시리즈(Flora and Fauna Series)'[1]의 숙성 연수 15년 보틀에는 붉은 다람쥐가 크게 그려져 있었다.

애버펠디는 현재 한 번 생산할 때 7.5t의 맥아를 사용하며, 발효조는 낙엽송 재질 8기, 스테인리스 재질 3기를 포함하여 총 11기가 있다. 팟 스틸은 대형 스트레이트 헤드 형태로, 초류 2기, 재류 2기 등 총 4기 가동된다. 원래 비지터센터가 있어 관광객을 적극적으로 맞

가까이 보이는 건 증류동이고 뒤편이 킬른(Kiln)이다. 킬른은 지금은 사용되지 않는다. 맥아 운반차(Malt Lorry)가 맥아를 반입 중이다.

---

1 디아지오의 전신인 UD(United Distillers)가 1990년대에 출시한 싱글 몰트 위스키 라인업. 각 보틀 라벨에 스코틀랜드의 야생 동식물을 그려 넣어 인기를 끌었다.

이했지만, 바카디가 1998년 인수하면서 대대적인 개조를 거쳐 '듀어스 월드 오브 위스키(Dewar's World of Whisky)'라는 박물관을 개장했다.

이곳은 200만 파운드를 투자한 비지터센터로, 연간 4만 명 이상의 관광객이 방문하는 명소이다. 듀어스는 미국 시장에서 인기가 가장 높은 스카치 위스키이며, 이 때문에 많은 미국인 관광객들이 방문한다.

■ Tasting Note(OB 12년, 40%)

아로마 : 꿀, 사과, 서양 배, 복숭아. 은은하지만 기분 좋은 향. 물을 더하면 계피, 허브 향이 더해진다.

플레이버 : 스위트하고 라운드하며, 루티. 바디는 중간 정도이지만, 단맛, 매운맛, 신맛의 밸런스가 잘 잡혀 있다. 물을 더하면 향이 더욱 풍부해진다.

종합평가 : 역시 듀어스의 키 몰트(key malt)답다. 안정적인 맛을 가지고 있다. 꼭 스트레이트로 마시길.

SCORE : 86.0점

■ 증류소 정보

소재지 : Aberfeldy, Perth & Kinross PH15 2EB

홈페이지 : www.aberfeldy.com

소유자 : 바카디

설립 연도 : 1896년

발효조 : 낙엽송 8기, 스테인리스 3기

증류기 : 초류 2기, 재류 2기

용수 : 피틸리 강

연간 생산능력 : 340만ℓ

블렌디드 위스키 : 듀어스(Dewar's)

아벨라워 ⊙ Aberlour

픽트족 세례에 사용한 성스러운 물, 과거에는 위스키 만드는 데 사용

아벨라워는 원래 프랑스에서 인기가 높았으나 최근에는 세계적으로도 판매 호조를 보이며 싱글 몰트 위스키 중 현재 '톱 10'에 랭크되어 있다. 증류소는 스페이사이드(Speyside)의 거의 중앙에 위치하며, 빼어난 봉우리인 벤리네스 산(해발 840m)에서 발원하는 라워 강(Lour burn)을 따라 건설되었다.

제임스 고든(James Gordon)과 피터 위어(Peter Weir)가 증류소를 건설한 것은 1826년이다. 그 이전부터 이 지역에서는 많은 밀주(密酒)가 만들어져 왔다. 밀주업자들이 이용한 것은 성 도르스탄(St. Drostan)의 우물물이었는데, 이 물은 픽트족(스코틀랜드 원주민)을 세례할 때 사용했었다. 즉, 성스러운 물이 밀주 제조에 쓰인 것이다.

매시 턴은 스테인리스 재질로, 한 번 생산할 때 맥아 12t이 사용된다. 발효조도 스테인리스 재질로, 7만ℓ 용량의 6기가 가동 중이다. 팟 스틸은 초류와 재류를 합쳐 총 4기가 운용되고 있다. 과거에는 앞서 언급한 우물물을 용수로 사용했지만, 현재는 벤리네스 산 중턱의 샘물에서 물을 끌어와 사용하고 있다.

증류소의 현재 건물은 1879년 화재 이후 재건된 것으로, 찰스 도이그(Charles Doig)[1]가 설계한 아름다운 빅토리아 양식 건물이다. 재건을 주도한 인물은 지역 출신 은행가이자 자선가로도 알려진 제임스 플레밍(James Fleming)이다. 그는 증류소 재건뿐만 아니라 가로등과 스페이 강에 놓인 다리 건설 등 마을 발전에 크게 기여했다. 이 때문에 현재 아벨라워는 설립 연도를 1826년이 아닌 1879년으로 표기할 정도다.

1974년 프랑스의 페르노리카[2]가 아벨라워를 인수했으며, 이때 현대적인 설비들이 추가되었다. 현재 이 회사가 소유한 13개 증류소 중 싱글 몰트 위스키에 주력하는 곳은 더 글렌리벳과 아벨라워 단 두 곳인 것으로 알려졌다.

숙성에는 주로 셰리 캐스크를 사용한다. 아벨라워는 과거 창고 책임자였던 프레이저(Fraser)가 숙성고의 위스키들에게 자장가 대

라워 강을 따라 늘어선 숙성고. 라워 강은 폭 2m 정도의 작은 강이지만 연어들이 산란을 위해 거슬러 올라온다.

1 파고다 루프(Pagoda Roof)라는 위스키 증류소 특유의 지붕 디자인을 처음 고안했다. 당시에는 증류소에서 '플로어 몰팅'이라는 작업으로 자체적으로 보리를 발아시켰다. 건조 과정에서 석탄, 피트(peat) 연기를 처리하기 위해 지붕에 파고다 형태의 환풍구를 설치했다. 파고다 루프를 도이그 환풍구(Doig Ventilator)라고 부르기도 한다.

2 프랑스에 본사를 둔 세계적인 주류 회사. 위스키 발렌타인·시바스리갈·로얄살루트·제임슨, 보드카 앱솔루트, 진 비피터 등 다양한 주류 브랜드를 갖고 있다.

팟 스틸은 묵직한 스트레이트 헤드형이다. 과거 석탄 직화 방식의 흔적을 간직하고 있다.

신 백파이프를 들려주었다는 일화가 있다. 과연 그것이 위스키 맛에 어떤 영향을 미쳤을까.

■ Tasting Note(OB 12년, 40%)

아로마 : 풍부하고 플로럴. 장미, 난초, 멘솔 향이 느껴지며 점차 초콜릿 향으로 이어진다. 물을 더하면 사과, 아몬드.

플레이버 : 부드럽고 스파이시. 미디엄 바디감을 지니며 미세하게 오크향이 난다. 물을 더하면 다소 밸런스가 흐트러진다.

종합평가 : 스트레이트로 시간을 두고 천천히 음미하는 것이 좋다. 복합적인 풍미의 변화를 즐길 수 있다.

SCORE : 85.5점

■ 증류소 정보

소재지 : Aberlour, Moray AB38 9PJ

홈페이지 : https://www.aberlour.com/

소유자 : 페르노리카

설립 연도 : 1826년(1879년)

발효조 : 스테인리스 6기

증류기 : 초류 2기, 재류 2기

용수 : 벤리네스 산 중턱의 샘물

연간 생산능력 : 380만ℓ

블렌디드 위스키 : 시바스 리갈(Chivas Regal)

아빈 자릭 ◉ Abhainn Dearg

바이킹 지배의 역사가 서린, 기묘하고 괴상한 힐 스틸

루이스 섬(Isle of Lewis)은 아우터 헤브리디스(Outer Hebrides) 제도에서 가장 큰 섬이다. 면적은 약 2200㎢로, 서울(605㎢)의 3.6배 크기이다. 이너 헤브리디스(Inner Hebrides)의 스카이 섬(Isle of Skye)이 약 1660㎢, 아일라 섬(Isle of Islay)이 620㎢ 정도이니, 상당히 큰 섬이라고 할 수 있다.

루이스 섬의 인구는 1만9000명 정도로, 그 절반 가까이가 중심지 스토노웨이(Stornoway)에 집중되어 있다. 스토노웨이를 벗어나면 황량한 불모의 땅이 지평선 너머까지 이어진다. 헤브리디스란 바이킹 말로 '땅의 끝', 또는 '세상의 끝'을 의미한다.

그 루이스 섬 서해안, 위그(Uig) 지역에 170년 만에 탄생한 것이 아빈 자릭 증류소이다. 2008년 8월 설립됐다. 창업자는 스토노웨이에서 고철업과 건축업을 하던 마크 테이버른

기린의 목, 게의 다리처럼 보이기도 하는 기묘한 스틸. 오른쪽이 초류 스틸, 왼쪽이 재류 스틸인데 용량은 같다.

아빈 자릭 강과 그 강가에 있는 증류소. 이 근처 해안에서 바이킹의 체스말이 발견되었다.

(Mark Tayburn)이다. 연어 부화 양식장이었던 건물을 매입하여 개조해 증류소를 만들었다.

아빈 자릭은 게일어로 '붉은 강'이라는 뜻이다. 갈색으로 탁해진 강이 연상되지만, '피의 강'이라는 뜻이 있다.

과거 루이스 섬은 바이킹에게 지배당했으며, 매년 한 번 바이킹이 롱쉽(longship)을 타고 세금을 걷으러 왔다고 한다. 언젠가 화가 난 섬 주민이 세금 징수원을 죽여 강에 던져 넣었고, 그때부터 '붉은 강'이라고 불리게 되었다.

아빈 자릭은 한 번 생산할 때 맥아 0.5t을 투입한다. 에드라두르(Edradour)나 킬호만(Kilchoman)의 절반밖에 안 된다. 발효조는 나무로 만들어져 지극히 평범하지만, 팟 스틸이 정말 독특하다. 원래 '힐 스틸(Hill Still)'이라 불리던 루이스 전통의 밀주용 스틸을 그대로 크게 만든 형태다. 테이버른이 직접 디자인했다.

가열은 역시 스팀으로 진행하지만, 냉각은 전통적인 실내 웜 텁(worm tub) 방식을 사용

한다. 보리 재배에도 착수하여, 현재는 루이스
섬에서 생산된 보리로 전량 충당하고 있다.

■ Tasting Note(OB 논 에이지 46%)
아로마 : 보리 수프, 시리얼. 약간 숙성 연수가 낮은
느낌이고, 오일리하다. 펜넬(회향), 요거트.
플레이버 : 스위트하지만 어딘가 인공적인 뉘앙스.
셀룰로이드, 비닐. 니스 칠한 가구. 오크 향과 짠맛도
있다.
종합평가 : 매우 개성적이며 루이스 섬의 거친 풍경을
연상시킨다. 희미한 짠맛도 있어 소량의 물을 더하는
것을 추천.
SCORE : 77.5점

■ 증류소 정보
소재지 : Carnish, Isle of Lewis, Outer Hebrides
HS2 9EX
홈페이지 : https://www.abhainndearg.co.uk/
소유자 : 마크 테이버른
설립 연도 : 2008년
발효조 : 더글러스 퍼 2기
증류기 : 초류 1기, 재류 1기
용수 : 아빈 자락 강
연간 생산능력 : 2만ℓ
블렌디드 위스키 :

아일사 베이 ◉ Ailsa Bay

남서 스코틀랜드의 에어셔(Ayrshire)는 스코틀랜드의 국민 시인 로버트 번스(Robert Burns, 1759~1796)[1]가 태어난 땅이자, 번스의 유서 깊은 장소가 많이 있는 곳이다. 그 에어셔의 바다가 내려다보이는 고지대에 세워진 것이 거번(Girvan) 그레인 위스키 증류소이다.

거번이 세워진 것은 1963년이다. 증류는 이듬해인 1964년에 시작되었다. 소유주는 윌리엄 그랜트 앤 선즈(William Grant & Sons)이다. 이 회사는 글렌피딕(Glenfiddich)과 발베니(Balvenie)라는 두 개의 몰트 증류소를 소유하고 있었지만, 그레인 위스키 증류소는 없었다. 1960년대는 블렌디드 스카치 위스키의 전성시대였고, 이 회사의 블렌디드 위스키 그란츠(Grant's) 역시 매출이 급속도로 늘고 있었다. 그란츠에 쓸 그레인 위스키 원액 확보를 위해 세워진 것이 거번 증류소다.

거번에는 1966년부터 1975년까지 9년간만 가동했던 몰트 위스키 증류소 레이디번(Lady-burn)이 있었으나, 그레인 위스키 공장 확장과 함께 1975년에 철거되었다. 레이디번 폐쇄 32

년 후인 2007년에 새로 건설된 것이 바로 아일사 베이 증류소이다. 윌리엄 그랜트 앤 선즈에게는 글렌피딕, 발베니, 키닌비(Kininvie)에 이은 네 번째 몰트 증류소이다.

아일사 베이는 거번 앞바다에 있는 아일사 크레이그(Ailsa Craig) 섬에서 이름이 유래됐다. 이곳은 동계 스포츠 컬링 경기에서 사용하는 스톤을 채취하는 섬으로 유명하다.

아일사 베이는 현대적인 증류소로 연간 생산능력이 1200만ℓ에 가깝지만 운영 인원은 단 한 명이다. 한 번 생산할 때 맥아 12t을 사용하며, 논-피티드(Non-peated), 라이트 피티드, 헤빌리 피티드의 세 종류 맥아를 사용한다. 더 나아가 맥즙의 당도를 바꾸거나 냉각 방식을 변경해 약 5가지 종류의 원액을 구분

벌지형 팟 스틸. 오른쪽 안쪽 스틸의 콘덴서가 스테인리스제 셸 앤 튜브 방식이다.

하여 생산하고 있다.

　발효조는 모두 스테인리스 재질로 총 24기가 있다. 팟 스틸은 초류 8기, 재류 8기 등 총 16기가 가동된다. 그중 한 쌍의 스틸은 구리제 콘덴서(응축기) 대신 스테인리스제 셸 앤 튜브(shell and tube) 방식을 채택하고 있다. 스틸과 마찬가지로 콘덴서도 구리여야 한다는 업계의 상식을 훌륭하게 뒤엎었다. 이를 통해 약간의 황 화합물 향(Sulphury)과 묵직한 술 품질을 얻을 수 있다고 한다.

■ **Tasting Note(OB 릴리스 1.2 스위트 스모크 48.9%)**
아로마 : 스모키하지만 쥬시하고 스위트. 콘텐츠가 꽉 차 있어 두터운 느낌이다. 물을 더하면 더욱 스모키해진다.
플레이버 : 스위트하고 매끄럽다. 스모키하며 어딘가 약품 같은 느낌이 든다. 여운은 길고 스모키하며 스파이시하다. 약간의 황 화합물 향. 리치하고 딥하다.
종합평가 : 매우 흥미롭다. 스테인리스 콘덴서의 효과가 두드러진다. 소량의 물을 더하는 것을 추천한다.
SCORE : 87.5점

■ **증류소 정보**
소재지 : Girvan, South Ayrshire KA26 9PT
홈페이지 : https://www.ailsabay.com
소유자 : 윌리엄 그랜트 앤 선즈
설립 연도 : 2007년
발효조 : 스테인리스 24기
증류기 : 초류 8기, 재류 8기
용수 : 펜해플 저수지(Penwhapple Reservoir)
연간 생산능력 : 1200만ℓ
블렌디드 위스키 : 그란츠

알타바인 ⦿ Allt-Á-Bhainne

아시아 시장에서 인기가 급상승 중인 100 파이퍼스의 몰트 원액

1970년대 캐나다의 씨그램이 스페이사이드(Speyside)의 산 깊은 곳에 두 곳의 증류소를 연이어 세웠다. 하나는 지금의 브레이발(Brae-val)이고, 다른 하나가 알타바인이다. 둘 다 당시에는 최첨단 시설을 갖춘 현대적인 증류소였지만, 건물 디자인에는 전통적인 파고다 지붕(Pagoda Roof)[1]을 사용하는 등 복고적인 면도 있었다.

알타바인은 게일어로 '우유 빛깔의 작은 시내'라는 뜻이다. 증류소 옆을 흐르는 알타바인 강에서 이름을 따왔다. 옛날 농부들이 젖을 짜고 난 뒤 양동이 등을 이 강에서 씻었기 때문에 이런 이름이 붙었다고 전해진다.

증류소는 1975년에 설립됐다. 매시 턴과 발효조는 모두 스테인리스 스틸로 만들어졌다. 특히 8개의 워시백은 아래쪽이 원뿔 모양으로 특이하다. 밑술을 더 효율적으로 회수하기 위해서라고 한다. 팟 스틸은 스트레이트 헤드형과 벌지형 두 종류가 있다. 초류와 재류를 합쳐 4기를 사용한다. 워시 스틸 1기는 외부 가열 방식을 채택하고 있다.

위스키 제조에는 알타바인 강물이 아니라 벤 리네스 산 중턱에서 솟아나는 13개의 샘물을

스틸은 초류, 재류 총 4기다. 앞에 보이는 스트레이트 헤드형이 초류 스틸이고, 뒤쪽의 벌지형이 재류 스틸이다.

사용한다. 숙성 창고는 따로 없어서, 오크통에 담긴 몰트 원액은 모두 키스(Keith)에 있는 시바스(Chivas)의 집중 숙성 창고로 옮겨진다.

2000년에 씨그램이 주류 사업을 정리하면서 페르노리카가 인수했다. 직후인 2002년에 한 차례 모스볼(Mothball)[2]이 됐지만, 3년 뒤인 2005년에 재가동을 시작했다. 현재는 연간 약 400만ℓ를 생산한다.

한 번 생산할 때 9t의 맥아를 사용하고, 총 8개의 발효조를 운영한다. 생산된 원액의 대부분은 '100 파이퍼스(100 Pipers)' 블렌딩 용으로 사용되고, 싱글 몰트로 판매되는 양은 극소량에 불과하다. 100 파이퍼스는 아시아, 특히 태국과 인도에서 최근 판매량이 크게 늘어 연간 1700만 병이 팔리고 있다. 이 원액에 스모키한 풍미가 필요해지면서, 현재는 생산량의 30~50%를 페놀 수치 10~20ppm의 피티드

---

[1] 증류소의 상징과도 같은 탑 모양의 지붕. 초기에는 증류소에서 사용하는 맥아 건조 과정 중 환기를 위해 사용했지만, 현재는 대부분 상징적인 의미로 남아 있다.

[2] 공장이나 시설을 일시적으로 가동 중단하고 장비를 보존하는 상태. 벌레가 먹지 않도록 나프탈렌을 넣는 것에서 유래한 용어이다.

외관은 증류소 같지 않지만, 주변 풍경과 잘 어우러진다.
마치 컨트리 호텔 같다.

맥아로 만들고 있다.

■ Tasting Note(GM 코니서스 초이스[3] 1996 46%)

아로마 : 온화하고 소프트. 시트러스 계열의 과일 향, 바나나, 파인애플 통조림, 청사과.

플레이버 : 스위트하고 프루티하며, 마일드. 바디는 중간 정도고, 피니시는 살짝 희미하다.

종합평가 : 이것은 GM의 옛 코니서스 라벨이다. 증류소의 위치처럼 불필요한 것을 덜어낸 듯한 깔끔함이 있다. 스트레이트로 마시는 것을 추천한다.

SCORE : 87.0점

■ 증류소 정보

소재지 : Glenrinnes, Moray AB55 4DB

소유자 : 페르노리카

설립 연도 : 1975년

발효조 : 스테인리스 8기

증류기 : 초류 2기, 재류 2기

용수 : 벤리네스 산 중턱의 13개 샘물

연간 생산능력 : 420만ℓ

블렌디드 위스키 : 시바스 리갈, 패스포트, 100 파이퍼스

3 독립병입자 고든 앤 맥페일(Gordon and Macphail, GM)이 제작한 병입 시리즈.

아난데일 ● Annandale

번스와 브루스 왕에게서 이름을 따온 '말의 사람'과 '칼의 사람'

스코틀랜드에서 잉글랜드와 국경을 접하는 로우랜드 지방의 최남단은 덤프리스셔(Dumfriesshire)이다. 이곳의 아난(Annan) 마을에 1836년 아난데일 증류소가 문을 열었다.

이곳은 1895년 '존 워커 앤 선즈(John Walker & Sons)'에 인수되어 조니워커(Johnnie Walker)의 원액을 담당하는 증류소가 되었다. 하지만 설비 노후화로 1919년 폐쇄가 결정됐고, 1924년부터 2007년까지 오트밀 가공 공장으로 사용됐다.

이 지역 출신의 데이비드 톰슨(David Thomson)은 2010년 이곳을 매입해 원래의 증류소 모습으로 되돌리려 했다. 그는 200여억 원을 투입하고 3년의 시간을 들여 증류소를 부활시키는 데 성공했다.

톰슨은 그 과정을 다음과 같이 설명했다. "증류소는 기적적으로 설립 당시의 모습을 간직하고 있었습니다. 붉은 벽돌 건물도, 킬른(Kiln)의 파고다 지붕도 200년 가까이 된 것이었죠. 하지만 역사적 건물로 지정되어 외관 변경이 허용되지 않았어요. 그래서 새로 짓는 것보다 두 배 가까운 자금과 3년 가까운 시간이 걸렸습니다."

아난데일이 첫 제조를 시작한 것은 2014년 11월이다. 한 번 생산할 때 맥아 2.5t을 사용한다. 사용하는 맥아는 논-피티드(Non-peated)

포사이스가 제작한 팟 스틸. 안쪽의 스트레이트 헤드형이 초류 스틸이고, 앞쪽의 벌지형이 재류 스틸이다

와 헤빌리 피티트(45ppm) 두 종류이다. 발효조는 더글러스 퍼 재질로 총 6기가 있다. 스틸은 초류가 스트레이트 헤드형 1기, 재류가 벌지형 2기로 총 3기가 가동된다. 즉 1대2 비율인데, 구리와의 접촉을 늘려 깨끗하고 과일 향이 풍부한 원액을 얻기 위해서라고 한다.

아난데일의 싱글 몰트 위스키는 2018년 6월에 출시되었다. 창업 때부터 브랜드명은 '맨 오워즈(Man O'Words)'와 '맨 오스워드(Man O'Sword)' 두 가지로 정했다. 전자는 논-피티드, 후자는 헤빌리 피티드 제품이다.

말의 사람(Man O'Words)은 로버트 번스(Robert Burns)를, 칼의 사람(Man O'Sword)은 역시 덤프리스와 인연이 있는 로버트 더 브루스(Robert the Bruce) 왕[1]을 가리킨다. 브루스 왕은 이 지역에서 정적인 더글러스 커밍 경을 칼로 암살했다.

---

[1] 스코틀랜드의 왕 로버트 1세(1274-1329). 제1차 스코틀랜드 독립전쟁에서 승리해 스코틀랜드 왕국을 잉글랜드 왕국의 지배에서 벗어나게 했다. 스코틀랜드인들에게 영웅으로 추앙받는다.

2019년에는 블렌디드 위스키인 '네이션 오
브 스코츠(Nation of Scots, 스코트족의 나라)'와
'아웃로 킹(Outlaw King, 무법자 왕)' 2종도 출시
했다. 덤프리스 일대는 스코트족의 고향이며,
'무법자 왕'은 로버트 더 브루스 왕을 뜻한다.

■ **Tasting Note(A.D. 라트레이[2] 3년, 61.4%)**

아로마 : 스위트하지만, 유산균이나 요구르트 같은 향이
난다. 스모키하고, 훈제 고기를 연상시킨다.

플레이버 : 스위트하고 스모키. 라이트 바디. 모닥불과
훈제. 물을 더하면 더 스위트해진다.

종합평가 : 오피셜 보틀로 따지면 피트(peat) 향이 강한
'맨 오스워드'와 비슷할 것 같다.

SCORE : 84.5점

■ **증류소 정보**

소재지 : Northfield, Annan, Dumfries & Galloway
DG12 5LL

홈페이지 : http://annandaledistillery.com

소유자 : 아난데일 디스틸러리

설립 연도 : 2014년

발효조 : 더글러스 퍼 6기

증류기 : 초류 1기, 재류 2기

용수 : 우물물

연간 생산능력 : 50만ℓ

블렌디드 위스키 :

2 앤드류 듀어 라트레이(A.D. Rattray)는 1868년 스코틀랜드
에서 설립돼 오랜 역사를 지닌 독립병입자(Independent
Bottler)이자 스피릿 유통사이다.

아비키 ⦿ Arbikie

모든 원료를 직접 재배하는 '필드 투 글라스' 증류소

'에스테이트(Estate)'라고 하면 한국에서는 아파트나 주택가를 떠올리지만, 스코틀랜드에서는 예로부터 이어져 온 광대한 농지나 영지를 의미한다.

스코틀랜드 동해안, 앵거스(Angus) 지방의 북해를 내려다보는 광대한 아비키 에스테이트에 2015년 문을 연 곳이 아비키 증류소이다. 여의도 2.7배 면적인 800헥타르(8㎢)의 농지에서 대대로 농사를 지어 온 스털링(Stirling) 형제가 설립했다.

아비키는 스페이사이드(Speyside)의 발린달로크(Ballindalloch)와 마찬가지로 '싱글 에스테이트 증류소'를 표방한다. 광대한 농지에서 직접 재배한 곡물, 과일, 채소 등을 원료로 모든 제품을 만들기 때문이다. 한마디로 '밭에서 곧바로 잔으로(Field to Glass)'이다.

발린달로크 몰트 위스키만 만들지만, 아비키는 진, 보드카, 리큐르, 브랜디, 호밀을 원료로 한 라이(Rye) 위스키도 만든다. 농장 창고를 개조한 증류소 밖으로 나가보면, 눈앞에 패치워크(Patchwork)처럼 색깔이 다른 밭이 멀리 북해까지 이어져 있다. 가장 가까운 곳이 감자밭이고, 그 옆이 밀밭, 그리고 보리밭과 호밀밭이 차례로 이어진다.

아비키가 첫 증류를 시작한 것은 2015년 가을이었다. 처음 만든 것은 감자를 원료로 한 보드카였다. 이듬해인 2016년부터는 진, 그리고 몰트 위스키와 라이 위스키 제조도 시작했다. 매시 턴은 스테인리스 스틸로 된 세미 라우터 턴이며, 한 번에 0.75t의 맥아를 사용하는 최소 크기이다. 발효조도 스테인리스 스틸로 4기밖에 없다.

스틸은 독일 업체 칼(Carl) 제품으로, 최소 단위인 2기만 있다. 이와 별도로 보드카와 진을 위해 원액의 알코올 도수를 96%까지 높일 수

2016년부터 위스키를 생산했다. 첫해 생산한 위스키를 담은 캐스크(cask). 일반적인 캐스크의 4분의1 크기인 쿼터 캐스크도 사용했다.

독일 업체 칼이 만든 팟 스틸이다. 별도로 진과 보드카용 컬럼 스틸도 있다.

있는 40단의 버블 캡(Bubble Cap)[1]이 달린 컬럼 스틸(Column Still)[2]이 넓은 건물 중앙에 설치되어 있다.

　라이 위스키의 레시피는 호밀 52%, 밀 33%, 보리 맥아 15% 비율이다. 이 제품은 2018년 12월에 출시되었다. 스코틀랜드에서 라이 위스키가 제조되어 제품으로 나온 것은 무려 100년 만의 일이었다고 한다.

---

1 컬럼 스틸의 내부 트레이에 있는 캡. 증기가 통과하면서 증류 효율을 높이는 역할을 한다.

2 연속식 증류기.

■ Tasting Note(AK'S 진, 43%)

아로마 : 주니퍼베리, 레몬, 오렌지 필, 고수 씨앗. 프레시하고 클린. 밸런스도 좋다.

플레이버 : 스위트하고 소프트. 스무스해서 언제까지라도 계속 마시고 싶어진다. 칵테일에 잘 어울리지만 토닉워터에 타서 마시는 것도 좋다.

종합평가 : 베이스 스피릿도 직접 만들어 클린하고 퓨어하다. 세련된 맛이다.

SCORE : 87.5점

■ 증류소 정보

소재지 : Inverkeilor, Arbroath, Angus DD11 4UZ

홈페이지 : https://www.arbikie.com/

소유자 : 아비키 디스틸링

설립 연도 : 2015년

발효조 : 스테인리스 스틸 4기

증류기 : 초류 1기, 재류 1기

용수 : 현지의 우물물

연간 생산능력 : 20만ℓ

블렌디드 위스키 :

아드벡 ◉ Ardbeg

아일라 섬 남동부에 위치한 아드벡 증류소. 우거진 암초 지대에 많은 바다표범이 서식한다.

전 세계에 열광적인 팬이 있는
아일라 최강의 싱글몰트

아일라(Islay) 섬 남쪽 해안에 있는 아드벡, 라가불린, 라프로익 3개 증류소는 옛 교구(教區)의 이름을 따 '킬달튼 3형제'로 불린다. 킬달튼은 8세기에 지어진 오래된 교회로 정원에는 길달튼 십자가라는 유명한 켈트 십자가가 있어 아일라 섬의 관광 명소 중 하나다. 그 킬달튼 십자가에서 가장 가까운 곳이 아드벡 증류소다.

아드벡 증류소는 아일라 섬 주민인 존 맥도겔(John MacDougall)이 1815년에 지었다. 이후 맥도겔 가문이 운영한 후, 1973년 캐나다의 하이람 워커(Hiram Walker and Sons)[1]와 DCL(현 디아지오)이 사들였다. 이후 아드벡의 맥아 생산 시설은 폐쇄되었고, 1975년부터는 포트 엘런(Port Ellen)의 맥아를 사용한다. '아드벡의 킬른(Kiln)은 굴뚝 기능이 없어 연기가 안에서 자욱하게 머물러 위스키 맛이 이상할 정도로 강해진다'는 말이 돌았는데, 이런 아드

---

1 하이람 워커(1816-1899)가 세운 캐나다의 주류 회사다. 현재는 글로벌 주류 기업 페르노리카의 일부이다. 하이램 워커 앤드 선즈의 대표적인 위스키인 캐나디안 클럽(Canadian Club) 브랜드는 일본의 주류 업체 산토리가 소유하고 있다. 다만 캐나다인 클럽 위스키는 여전히 하이람 워커가 세운 증류소에서 만들어진다.

벡 전통의 맥아는 없어졌다.

 그 뒤 아드벡의 운명은 킬달튼 3형제 중 가장 부침이 많았다. 1981년 3월에는 미증유의 위스키 불황으로 폐쇄가 결정되었다. 1989년 당시 소유주였던 얼라이드 라이온스(Allied Lyons, 현 페르노리카)의 밑에서 조업이 재개되었지만, 1990년대에 들어와서도 1년에 2~3개월 정도만 조업할 수 있었다. 얼라이드 라이온스는 당시 아드벡 외에 라프로익도 소유하고 있어 아일라 섬에 2개의 증류소가 필요 없었기 때문이다.

■ **Tasting Note(OB 10년 46%)**
아로마: 스모키하지만 깨끗하고 라이트함. 오일리하며, 희미한 잉크. 늦게 요오드, 해초, 타르, 어망의 뉘앙스.
플레이버: 라이트하지만 스모키하고 스위트함. 독특한 감칠맛이 느껴짐. 훈제 해덕(Haddock) 같은 느낌.
종합평가: 정류기 작용으로 스모키함에도 더욱 클린하게 완성됨. 요오드와 단맛의 균형이 탁월함.
SCORE : 87.0점

■ **증류소 정보**
소재지 : Port Ellen, Isle of Islay, Argyll & Bute PA42 7EA
웹사이트 : https://www.ardbeg.com/
소유자 : 모엣헤네시루이비통(MHLV)
설립 연도 : 1815년
발효조 : 오리건 파인 11기
증류기 : 초류 2기, 재류 2기
용수 : 우거다일 호(Loch Uigeadail)
연간 생산능력 : 240만ℓ
블렌디드 위스키 : 발렌타인(Ballantine's), 베일리 니콜 자비(BNJ)

아드벡 ● Ardbeg

2020년 가을, 아쉬워하며 은퇴한 마이클 헤즈 씨. 낚시를 아주 좋아해서 보트도 갖고 있다.

그 뒤 1995년에 다시 폐쇄됐고, 정식으로 매각이 결정됐다. '설비가 너무 낡아서 못 만든다'는 말이 실제라는 듯 라프로익의 장인이 시범적으로 1년에 1~2개월 정도 생산했다고 한다.

지금에 와서는 생각하기 힘든 이야기지만, 최종적으로 1997년에 아드벡을 700만 파운드에 매수한 것이 현 소유주인 글렌모렌지(루이비통)[1]였다. 그 이후 아드벡의 약진은 전 세계의 몰트 위스키 팬이 아는 것과 같다. 차례차례로 화제가 된 새로운 라인업을 발매해 오늘날의 아일라 몰트 붐, 피트 붐, 열렬한 아드벡 팬을 만들어 냈다.

아드벡은 한 번 생산할 때 포트 엘런제 맥아 5t을 사용하며, 페놀 수치는 55~65ppm이다. 아일라 증류소에서 가장 높은 수치다. 매시 턴은 세미 라우터 턴으로, 얻을 수 있는 맥즙은 2만3000ℓ이다. 발효조는 오리건 파인

(Oregon Pine)[2] 재질의 6기였으나, 현재 제2증류소가 완성되어 총 11기를 보유하고 있다. 사용하는 효모는 마우리(Mauri)[3]의 드라이 이스트다. 발효 시간은 64시간이고, 밑술의 알콜 도수는 8.6%로 설정돼 있다.

팟 스틸은 키가 큰 랜턴 헤드형이다. 현재는 초류와 재류 각 2기씩 총 4기로, 그중 한 쌍은 새로 지은 증류동에 설치돼 있다. 초류 증류기 용량은 1만1500ℓ, 재류 증류기 용량은 1

2 미국 서부 오리건 주에 많이 자란다. 대단히 크게 자라는 나무다. 나무로 만든 발효조는 스테인리스 발효조에 비해 복합적인 풍미를 만들어낸다.
3 뉴질랜드의 유명한 제빵 및 양조용 이스트 브랜드.

랜턴 헤드형 팟 스틸. 앞이 초류 증류기, 뒤가 재류 증류기다. 재류 증류기에는 아일라 섬 증류소에서 유일한 정류기가 붙어 있다.

---

1 글렌모렌지는 루이비통의 모회사인 LVMH가 소유하고 있다.

던니지(Dunnage) 방식의 창고. 전통적인 방식으로 지어진 낮은 창고로, 바닥은 흙으로 돼 있다. 사용하는 오크통의 90% 이상은 아메리칸 오크 버번 배럴이다.

만3000ℓ이다. 재류 증류기가 초류보다 더 큰 것은 초류 2회 분의 로우 와인을 합쳐서 1기의 재류 증류기에 넣기 때문이다.

　아드벡의 가장 큰 특징은 아일라 섬에서 유일하게 재류 증류기 라인 암(lyne arm)에 정류기(purifier)가 설치돼 있다는 것이다. 아드벡이 아일라에서 가장 강한 피트(peat) 맥아를 사용하면서도 프루티하고 스위트하다고 알려진 풍미를 내는 것은 이 정류기의 환류 효과 영향이 크다고 증류소 장인들은 말한다.

　과거 연간 생산 능력은 130만ℓ였지만 현재는 거의 두 배로 증가한 240만ℓ다. 매출도 매년 상승해 아일라 몰트 3위인 보모어를 맹추격하고 있다.

코리브레칸(Corryvreckan)
57.1% / 700㎖

우거다일(Uigeadail
54.2% / 700㎖

위 비스티(Wee Beastie)
47.4% / 700㎖

아드모어 ● Ardmore

티처스의 원액을 위해
스모키한 몰트를 생산

애버펠디(Aberfeldy)가 듀어스(Dewar's)의 원액을 확보하기 위해 세워진 증류소였다면, 아드모어 증류소는 티처스(Teacher's)의 원액을 확보하기 위해 세워졌다. 1898년에 설립되었고, 윌리엄 티처(William Teacher)의 2대손 아담 티처(Adam Teacher)가 이스트 하이랜드의 케네스몬트(Kennethmont) 지역을 택했다.

아드모어는 게일어로 '큰 곳'이라는 뜻이다. 바다에서 멀리 떨어진 하이랜드 산속에 있는데 왜 곳이라고 했을까? 사실 아드모어는 창업자 윌리엄 티처가 살았던 글래스고에 있는 저택의 이름이었다. 아담은 새로운 증류소 이름에 지명 대신 아버지와 자신이 태어나고 자란 집 이름을 붙였다.

아드모어는 한 번 생산할 때 맥아 12t을 사용한다. 당화조는 세미 라우터 턴 방식의 거대한 매시 턴이다. 발효조는 더글러스 퍼로 만들어졌고 총 14개가 있다. 스틸은 초류 4기, 재류 4기 등 총 8기가 가동되고 있다. 이 스틸들이 거대한 증류동 안에 한 줄로 늘어선 모습은 장관이다. 연간 생산능력은 555만ℓ로, 소규모 증류소가 많은 이스트 하이랜드 지역에서는 최대 규모를 자랑한다.

과거에는 살라딘 박스(Saladin Box)[1] 방식의 제맥(製麥) 시설이 있었고, 스틸은 2001년까

스트레이트 헤드 형태의 스틸 8기가 한 줄로 늘어서 있다. 아래에는 과거 석탄 직화 방식의 흔적이 남아 있다.

지 석탄 직화 방식으로 가열했다는 점도 주목할 만하다. 하지만 아드모어에서 가장 잘 알려지지 않은 사실은 예전부터 피티드 몰트와 논-피티드 몰트 두 종류의 원액을 만들어 왔다는 것이다.

피티드 맥아의 페놀 수치는 12~14ppm이다. 이것으로 만든 것이 아드모어(Ardmore)이고, 논-피티드(Non-peated) 몰트는 아드레아(Ardlair)라고 불려왔다. 이는 티처스를 위해 스모키한 원액이 필요했기 때문이며, 논-피티드인 아드레아는 다른 회사와의 원액 교환용이었다. 따라서 아드레아는 공식적으로 병입된 적이 없다. 현재도 두 가지를 모두 생산하며, 비율은 60대 40 정도라고 한다(매년 달라짐).

과거에는 모든 생산량이 블렌디드 위스키용이었고, 싱글 몰트 위스키에는 힘을 쏟지 않았다. 하지만 소유주가 2014년 산토리[2]로 바

---

1 보리를 발아시키기 위해 사용하는 상자 형태의 시설.

2 일본 주류 업체 산토리는 2013년에 아메리칸 위스키 '짐 빔'을 만드는 빔(Beam Inc.)를 160억 달러에 인수했다. 이

꿰면서, 아드모어 레거시(Ardmore Legacy)에 주력하고 있다. 아드모어 레거시는 피티드 원액 80%에 논-피티드 원액 20%를 블렌딩했다고 한다. 산토리가 소유한지 5년도 채 되지 않아 아드모어 레거시의 매출은 2.7배로 증가했다.

티처스는 블렌디드 위스키치고는 드물게 스모키한 풍미를 가지고 있다. 이 특징은 아드모어 레거시를 마셔보면 잘 알 수 있다.

후 산토리에서 증류주 사업을 담당하는 자회사 명칭은 빔 산토리로 변경됐다. 산토리 그룹은 2024년 4월 빔 인수 10년을 맞아 '산토리 글로벌 스피리츠(Suntory Global Spirits)'로 사명을 변경했다.

■ Tasting Note(OB 레거시 40%)

아로마 : 온화하고 깔끔하다. 은은한 스모크. 모닥불의 잔향. 맥아당, 바닐라. 물을 더하면 크림.

플레이버 : 스무스하고 라운드. 바디는 가볍지만 밸런스가 잘 잡혀 있어 계속 마시고 싶다.

종합평가 : 역시 티처스의 키 몰트(key malt). 온화한 스모크 향이 식욕을 돋운다. 하이볼로도 즐길 수 있다.

SCORE : 84.5점

■ 증류소 정보

소재지 : Kennethmont, Huntly, Aberdeenshire AB54 4NH

홈페이지 : https://www.ardmorewhisky.com/

소유자 : 산토리 글로벌 스피리츠(옛 빔 산토리)

설립 연도 : 1898년

발효조 : 더글러스 퍼 14기

증류기 : 초류 4기, 재류 4기

용수 : 녹칸디힐(Knockandy hill)에 있는 15개 샘물

연간 생산능력 : 555만ℓ

블렌디드 위스키 : 티처스

아드나호 ● Ardnahoe

주라 섬의 웅장한 파노라마가
펼쳐지는 아일라 섬의 아홉 번째
증류소

'올드 몰트 캐스크(Old Malt Cask, OMC)'로 알려진 독립병입업체 헌터랭(Hunter Laing)이 2018년에 아드나호 증류소를 열었다. 이곳은 아일라(Islay) 섬의 아홉 번째 증류소이다. 증류는 2019년 1월에 시작됐다.

아드나호는 게일어로 '높은 언덕 위'라는 뜻이다. 이름 그대로 주라(Jura) 섬과 아일라 해협(Sound of Islay)이 내려다보이는 높은 지대에 세워졌다. 근처에 같은 이름의 호수가 있어

언덕의 경사면에 지어져 정면에서 보면 작아 보인다. 갓 만들어진 나무 '웜 텁'이 눈에 띈다.

증류소 이름은 이 호수에서 따왔다. 이 호수는 아일라 섬에서 가장 깊은 호수이며, 이곳을 부지로 택한 이유는 위스키를 만들 때 쓸 용수와 냉각에 필요한 냉수를 풍부하게 얻을 수 있기 때문이다. 이를 가능하게 한 것이 나무로 만들어진 야외 '웜 텁(worm tub)'이며, 이는 아일라 섬에서 유일하다.

아드나호는 한 번 생산할 때 맥아 2.5t을 사용한다. 맥아는 포트 엘런(Port Ellen)에서 생산한 것으로, 5ppm의 라이트 피티드부터 50ppm의 헤빌리 피티드까지 여러 종류를 사용한다.

매시 턴은 전통적인 세미 라우터 턴이다. 얻는 맥즙은 약 1만2500ℓ이며, 2회분을 합쳐서 발효조에 넣는다. 발효조는 오리건 파인으로 만들어졌고, 총 4개가 있다. 효모는 마우리(Mauri)의 드라이 이스트를 사용한다.

팟 스틸은 2기가 있다. 아드나호의 또 다른 특징은 약 7.3m에 달하는, 이례적으로 긴 라인 암(Lyne Arm)이다. 스코틀랜드에서 가장

스틸 하우스 증류기 2기가 있다. 라인 암은 스코틀랜드에서 가장 길다. 창밖으로는 주라 섬이 보인다.

길다.

　긴 라인 암은 환류를 늘려 더 깨끗하고 에스테르(Ester)[1]가 풍부한 스타일을 추구하기 위해서다. 실제로 뉴 팟(New Pot)은 놀라울 정도로 풍부하고 에스테르적인 향미가 가득하다. 현재는 아일라 섬에 숙성고가 없어 글래스고의 집중 숙성 창고로 옮겨 숙성시키고 있다. 하지만 장래에는 아일라 섬에 숙성고를 세울 예정이다.

---

1 알코올과 유기산이 결합하여 만들어지는 화합물. 과일 향이나 꽃 향을 만든다.

■ 증류소 정보

소재지 : Ardnahoe, Isle of Islay, Argyll & Bute PA46 7RN
홈페이지 : https://ardnahoedistillery.com/
소유자 : 헌터랭
설립 연도 : 2018년
발효조 : 오리건 파인 4기
증류기 : 초류 1기, 재류 1기
용수 : 아드나호 호
연간 생산능력 : 100만ℓ
블렌디드 위스키 :

농부가 기르고 트랙터로 수확하는 굴!?

　스코틀랜드의 해산물 중에는 굴이 있다. 특히 아일라 섬이나 스카이(Skye) 섬, 오크니(Orkney) 제도의 굴이 유명하다. 모두 양식 굴이며, 종류는 참굴(Pacific oyster)이다. 유럽에서는 본래의 굴은 거의 전멸했고, 현재는 대부분 양식하고 있다.

　양식업자들은 치패(稚貝)를 전문 수산 회사에서 구입하여 기른다. 양식은 바다 밑에 금속 선반을 만들고 그 위로 자루에 넣은 굴을 놓아 기르는 방식이다.

　아일라 섬에서 양식 방법을 본 적이 있다. 그곳은 후미진 만의 안쪽이었다. 조수간만의 차가 매우 심한 곳이라, 선반 위에 놓인 굴은 만조 때는 수면 아래에 있다가 간조 때에는 물 밖으로 노출된다. 이런 곳은 플랑크톤이 풍부하여, 굴은 영양분을 듬뿍 저장하고 통통하게 자란다.

　수확은 마치 밭에서 채소를 캐는 것처럼, 트랙터를 타고 직접 바다 밑으로 들어가서 한다. 섬에 한 곳 있는 양식업자의 본업은 농부이고, 굴 양식은 부업이다.

　아일라 섬에서 추천하는 굴 먹는 방법은, 껍데기째의 생굴에 스모키한 아일라 몰트 위스키를 뿌려 먹는 것이다. 굴의 짠 향이 더해져 순식간에 스모크드 오이스터(Smoked Oyster)로 변한다. 하지만 너무 많이 뿌리는 것은 주의해야 한다. 6개만 먹어도 취해버릴 수 있다.

아드나머칸 ◉ Ardnamurchan

설립자는 브루스 왕의 후손, 아델피의 크래프트 증류소

아드나머칸 증류소는 스코틀랜드 본토 최서단, 아드나머칸 반도의 글렌베그(Glenbeg)라는 작은 마을 외곽에 2014년에 설립됐다. 설립자는 독립병입업체인 아델피(Adelphi)이다.

"본사는 로우랜드의 파이프(Fife) 지방에 있습니다. 2012년쯤부터 증류소를 건설할 부지를 찾고 있었는데 마땅한 곳이 없어서, 결국 공동 경영자 중 한 명인 도널드가 가지고 있던 이 땅으로 결정했습니다."

아드나머칸 설립자 중 한 명인 알렉스 브루스(Alex Bruce)가 한 말이다. 알렉스는 1314년 배넉번 전투(Battle of Bannockburn)[1]로 유명한 로버트 더 브루스(Robert the Bruce) 왕[2]의 후손이다.

아드나머칸은 한 번 생산할 때 맥아 2t을 사용한다. 사용하는 맥아는 논-피티드(Non-peated)와 피티드 두 종류인데, 피티드 맥아는 플로어 몰팅(Floor Malting)을 사용하며, 장래에는 자체 제맥(製麥)을 할 예정이라고 한다.

매시 턴은 세미 라우터 턴으로, 약 1만ℓ의 맥즙을 추출해 1기의 발효조에 투입한다. 알렉스는 일본을 몇 차례 방문했는데, 치치부 증류소[3]가 미즈나라(Mizunara)[4] 재질의 발효조를 사용하는 것에 영감을 받아 4기의 발효조를 유러피안 오크로 만들었다(별도로 스테인리스 스틸 3기도 있음). 그러나 현재는 그중 2기를 오리건 파인 재질로 교체했다.

팟 스틸은 초류와 재류가 각각 1기씩 있으며, 냉각 장치는 야외 셸 앤 튜브 콘덴서(shell and tube condenser)이다. 최근에는 스테인리스 스틸 서브 쿨러를 추가하는 등 다양한 방

포사이스가 제작한 스틸. 이것은 재류 스틸로, 냉각은 야외 셸 앤 튜브(shell and tube) 방식이다.

---

1 스코틀랜드 독립 전쟁 중 스코틀랜드가 잉글랜드를 물리친 중요한 전투. 영화 '브레이브 하트' 마지막 장면에서 나오는 "1314년 스코틀랜드는 비로소 자유를 얻게 되었다" 대사는 이 전투의 승리를 가리킨다.
2 14세기 스코틀랜드 왕으로, 독립 전쟁을 이끌었다. 오늘날 스코틀랜드인으로부터 영웅으로 추앙받는다.
3 일본 사이타마 현 치치부(秩父) 시에 있는 크래프트 위스키 증류소. 아쿠토 이치로(肥土伊知郎)가 2008년 설립했다. 치치부의 풍토나 큰 연교차를 살린 위스키를 만든다. 이치로스 몰트(Ichiro's Malt) 브랜드의 위스키를 출시하고 있다.
4 아시아 전역에서 자라는 물참나무(Mizunara Oak). 미즈나라 캐스크에 위스키를 숙성하면 독특한 풍미를 낸다.

법으로 원액의 품질을 달리하기 위한 시도를 하고 있다. 연간 생산능력은 50만ℓ이지만, 현재는 30만~35만ℓ를 생산하고 있다. 이 중 약 40%는 다른 회사의 블렌딩 위스키용으로 사용된다.

당초 싱글 몰트 출시는 2021년으로 정했으나, 2020년 10월에 'AD/09.20:01'이라는 제품이 처음으로 출시되었다. AD는 아델피를, 09.20은 2020년 9월을, 01은 첫 번째 출시를 의미한다.

■ **Tasting Note(AD/09.20:01, 46.8%)**

아로마 : 스위트하고 약간 신맛이 난다. 초콜릿, 카카오, 티라미스. 희미하게 허브와 오크 향.

플레이버 : 스위트하고 프루티. 콘텐츠는 견고하지만 아직 숙성 연수가 짧다. 물을 더하면 마시기 편해진다.

종합평가 : 어딘가 모르게 특징을 잡기 어려운 인상. 아직 숙성 연수가 짧으므로 앞으로의 성장이 기대된다.

SCORE : 83.5점

■ **증류소 정보**

소재지 : Ardnamurchan, Argyll, Highland PH36 4JG

홈페이지 : https://www.adelphidistillery.com

소유자 : 아델피 디스틸러리

설립 연도 : 2014년

발효조 : 유러피안 오크 2기, 오리건 파인 2기, 스테인리스 스틸 3기

증류기 : 초류 1기, 재류 1기

용수 : 글렌모어 강(Glenmore River) 및 증류소 위쪽 샘물

연간 생산능력 : 50만ℓ

블렌디드 위스키 :

오켄토션 ◉ Auchentoshan

몇 안 되는 3회 증류를 지금껏 이어오고 있는, 젊은 층에 인기 많은 어반 몰트

'글래스고 몰트' '어반 몰트'로 글래스고 시민들에게 인기가 많은 것이 오켄토션이다. 게일어로 '들판 한구석'을 뜻한다. 증류소는 1800년쯤에 설립되었지만, 정식으로 문을 연 것은 1823년이다. 창립자는 아일랜드인이었으며, 오켄토션이 지금도 3회 증류를 이어가는 것은 로우랜드의 전통이기보다는 창립자가 아일랜드인이었기 때문이라는 이야기도 있다.

증류소는 1903년 맥라클란(McLachlan)이 인수해 1960년까지 운영했다. 이 해에 대형 맥주 회사인 테넌트(J&R Tennent)가 인수했고, 1984년에는 모리슨 보모어(Morrison Bowmore)의 소유가 되었다. 1994년부터는 보모어, 글렌 기어리(Glen Garioch)와 함께 산토리의 소유가 되었다.

오켄토션은 한 번 생산할 때 6.8t의 맥아를 투입한다. 발효조는 오리건 파인제 4기, 스테인리스제 3기로 총 7기이다. 사용하는 효모는 앵커(Anchor)의 드라이 이스트이며, 1기의 발효조에 45kg을 투입한다. 발효 시간은 최장 120시간으로 상당히 긴 편이며, 알코올 도수 약 8%의 밑술을 얻는다. 여기까지는 일반적인 과정이지만, 오켄토션의 가장 큰 특징은 3회 증류를 진행하는 3개의 스틸이 있다는 점이다.

첫 번째 증류하는 초류 스틸과 3차 증류를 하는 재류 스틸 중간에 인터미디에이트 스틸(Intermediate Still)이라고 불리는 후류 스틸(중류 스틸)을 설치한 것이 2회 증류와 크게 다른 점이다.

일반적으로 증류를 거듭할수록 알코올 도수가 높아진다. 2회 증류로 추출되는 스피릿(Spirit)의 도수는 평균 70~72%이지만, 오켄토션의 경우 도수가 81~82%로 상당히 높다. 미들 컷(Middle Cut)의 범위는 80%에서 82%까지로 극단적으로 좁다. 이것이 깔끔하고 가벼우며 부드럽다고 알려진 오켄토션의 개성을 만들어낸다고 한다.

오켄토션은 면세점을 중심으로 지난 10년간 급격히 매출을 늘려왔다. 그 양은 2010년의 두 배에 달한다. 연간 판매량은 약 170만 병이며, 그중 약 3분의 1이 면세점에서 판매된다. 물론 런던이나 뉴욕과 같은 대도시에서도 젊은 층을 중심으로 인기가 높아져, '어반 몰트', 즉 도시적인 위스키라는 말이 정착되어 있다.

3회 증류 스틸. 오른쪽부터 초류 스틸, 후류 스틸, 그리고 3번째 증류를 하는 재류 스틸이다.

■ Tasting Note(OB 12년, 40%)

아로마 : 맥아나 허브와 같은 섬세한 향이 난다. 약간 오일리하고 푸른 풀 향이 난다. 물을 더하면 목공소, 염색 공장과 같은 뉘앙스가 느껴진다.

플레이버 : 라이트하고 상큼. 맥아당. 스무스하고 스파이시하다. 물을 더하면 초콜릿 맛이 나고, 점차 스위트해진다.

종합평가 : 진정으로 어반 몰트. 젊은 세대에게 새로운 마시는 방법을 제안할 수 있을 것 같다.

SCORE : 83.0점

■ 증류소 정보

소재지 : Clydebank Dalmuir, West Dunbartonshire G81 4SJ

웹사이트 : https://www.auchentoshan.com/

소유자 : 산토리 글로벌 스피리츠

설립 연도 : 1823년

발효조 : 오리건 파인 4기, 스테인리스 3기

증류기 : 초류 1기, 후류 1기, 재류 1기.

용수 : 카트린 호(Loch Katrine)

연간 생산능력 : 200만ℓ

블렌디드 위스키 : 로브 로이(Rob Roy), 아일라 레전드(Islay Legend)

오크로이스크 ● Auchroisk

고든스 진의 백업!?
J&B의 원액 증류소

키스(Keith)에서 로시스(Rothes)로 이어지는 B9103번 국도를 달리다 보면 오른쪽에 현대적인 건물들이 눈에 들어온다. 1974년에 설립된 오크로이스크는 블렌디드 스카치 위스키 J&B로 유명한 저스테리니 앤 브룩스(Justerini & Brooks)와 길비(Gilbey)가 합작해 세웠다.

오크로이스크는 당시로서는 이상적인 모습을 추구한 최신식 증류소였다. 250에이커(약 31만 평)의 광활한 부지에 회색과 크림색의 현대적인 건물들이 늘어서 있다. 녹칸두(Knockando)와 마찬가지로 J&B의 원액을 생산했고, 1997년부터는 디아지오 계열이 되었다.

매시 턴은 스테인리스 스틸제 풀 라우터 턴(full lauter tun)이며, 한 번 생산할 때 맥아 12t을 사용하는 거대한 규모이다. 이것으로 약 5만ℓ의 맥즙을 추출한다. 발효조는 스테인리스 스틸로 총 8기가 있다. 팟 스틸은 랜턴 헤드형으로, 초류 4기, 재류 4기 등 총 8기가 가동된다.

용수는 도리스 웰(Dorie's Well)이라는 샘물을 사용한다. 이 물은 위스키 제조에 이상적인 물로, 화강암과 사암 사이에서 솟아난 매우 질 좋은 연수(軟水, Soft Water)[1]라고 한다. 사실 오크로이스크 증류소를 건설한 이유도 이 좋은 물을 발견했기 때문이었다. 이 물을 사용한

모노톤의 현대적인 디자인이 눈길을 끈다. 주변에는 인가가 없이 목초지와 보리밭이 펼쳐져 있다.

시험 증류는 J&B 계열사인 글렌 스페이(Glen Spey) 증류소에서 이루어졌다고 한다.

원래는 블렌딩용 원액 생산이 주 목적이었지만, 싱글 몰트는 1986년이라는 상당히 이른 시기에 출시되었다. 이때 오크로이스크 이름이 발음하기 어렵다는 이유로 싱글톤(Singleton)이라는 브랜드명이 사용되었다.

이 제품은 위스키 팬들 사이에서 평판이 좋았지만, 2001년에 싱글톤이라는 이름이 다른 시리즈[2]에 사용되면서 '꽃과 동물 시리즈'의 10년 숙성 제품으로 대체되었다. 라벨에는 스페이사이드(Speyside)에 봄을 알리는 제비의 모습이 그려져 있다.

오크로이스크의 연간 생산능력은 590만ℓ로, 디아지오 계열 증류소 중 상위 10위 안에 드는 규모다. 거대한 숙성고에는 약 27만 개의 오크 캐스크(cask)를 저장할 수 있는 공간

---

1 칼슘, 마그네슘 등 미네랄 성분이 적은 물.

2 디아지오는 현재 글렌 오드(Glen Ord), 글렌둘란(Glendullan), 더프타운(Dufftown) 등 3개 증류소의 싱글 몰트를 싱글톤 브랜드로 출시하고 있다.

이 있다고 한다. 그래서 오크로이스크뿐만 아니라 인근의 디아지오 계열 증류소의 몰트 원액도 이곳에서 숙성되고 있다.

　더 독특한 점은 이곳이 디아지오의 고든스(Gordon's) 진(Gin)의 백업 증류소 역할을 하고 있다는 것이다. 고든스 진을 만드는 카메론 브리지(Cameron Bridge) 증류소에 문제가 생기면 오크로이스크에서 생산할 수 있도록 되어 있다고 한다. 오크로이스크에서 만든 고든 진도 한번 마셔보고 싶다.

■ Tasting Note(OB 10년, 43%)

아로마 : 스위트하고 프루티. 메론, 복숭아, 크림, 토피. 물을 더하면 더욱 향긋해진다.

플레이버 : 스위트하고 깊은 맛이 있으며, 매끄럽다. 미디엄 바디이지만 맛이 좋다. 물을 더하면 더 마시기 편해진다.

종합평가 : 역시 오크로이스크! 스페이사이드 몰트의 좋은 점을 잘 보여준다. 꼭 스트레이트로 마시기를 추천한다.

SCORE : 87.5점

■ 증류소 정보

소재지 : Auchroisk, Mulben, Moray AB55 6XS

홈페이지 : https://www.malts.com/

소유자 : 디아지오

설립 연도 : 1974년

발효조 : 스테인리스 스틸 8기

증류기 : 초류 4기, 재류 4기

용수 : 도리스 웰

연간 생산능력 : 590만ℓ

블렌디드 위스키 : J&B

올트모어 ● Aultmore

 게일어로 '큰 강'을 의미하는 올트모어 증류
소가 키스(Keith) 교외에 세워진 것은 1897년
이었다. 창업자는 벤리네스(Benrinnes) 증류소
의 소유주였던 알렉산더 에드워드(Alexander
Edward)였으나, 1923년 존 듀어스 앤 선즈
(John Dewar & Sons)에 매각되었다.

 듀어스(Dewar's)는 존 워커(John Walker), 뷰
캐넌스(Buchanan's)와 함께 3대 블렌딩 회사
로, 당시에는 '빅3'로 불렸다. 이 세 회사가 합
병해 DCL(현 디아지오) 산하에 들어간 것은
1925년으로, 올트모어도 이때 DCL 산하가 되
었다. 하지만 현재는 듀어스가 바카디에 매각
되면서, 올트모어도 바카디가 경영하고 있다.

 올트모어는 1960년대부터 70년대에 걸쳐
근대적인 새 증류소로 재건축되었다. 사실 당
시 DCL은 스코틀랜드에 45개의 몰트 증류소
를 소유하고 있었는데, 이 시기에 모든 증류소

묵직한 스트레이트 헤드형 스틸이다. 앞쪽과 뒤쪽의 스
틸이 초류이고, 가운데 2기가 재류이다.

의 개수 공사나 재건축을 진행했다. 스카치 위
스키의 제2 황금 시대로, 늘어나는 수요에 부
응하기 위해 생산량 증대와 현대화를 추진했
기 때문이다.

 올트모어는 듀어스 산하의 크레이겔라키
(Craigellachie)나 로얄 브라클라(Royal Brackla)
와 마찬가지로, 모든 원액을 탱크로리로 글래
스고에 운반해 그곳에서 캐스크(cask)에 담아
숙성시키고 있다.

 한 번 생산할 때 맥아 10t을 사용한다. 논-피
티드 맥아를 사용하며, 매시 턴은 스테인네커
(Steinecker) 제품의 최신 풀 라우터 턴이다. 물
론 모든 것이 컴퓨터로 관리된다.

 발효조는 낙엽송 재질로 총 6기이다. 사용
하는 효모는 케리(Kerry)의 리퀴드 이스트이
다. 팟 스틸도 모두 스트레이트 헤드형이며,
형태와 크기가 자매 증류소인 애버펠디(Ab-
erfeldy), 크레이겔라키, 로얄 브라클라와 매
우 유사하다. 다른 점은 발효 시간(올트모어는
56~70시간)과 원액의 알코올 도수로, 올트모

1970년대에 탄생한 새로운 올트모어. 작아 보이는 것은
숙성고가 없기 때문이다.

어에서는 69%로 설정되어 있다고 한다.

올트모어의 연간 생산 능력은 약 320만ℓ로, 듀어스의 4개 증류소 중 가장 적다. 생산량 대부분은 블렌디드 위스키 듀어스의 원액으로 사용되며, 싱글 몰트로 유통되는 양은 극히 적다. 오피셜 보틀은 12년과 18년 정도밖에 없다.

■ **Tasting Note(OB 12년, 46%)**
아로마 : 스위트하고 아로마틱. 싱싱한 프루츠, 청사과, 허브. 물을 더하면 꿀 같은 단맛.
플레이버 : 스위트하고 마일드. 미디엄 바디이지만, 묵직함이 있으며, 맛있다.
종합평가 : 매우 밸런스가 잡힌 스페이사이드의 숨겨진 명주이다. 꼭 스트레이트로 마셔보길.
SCORE : 87.0점

■ **증류소 정보**
소재지 : Aultmore, Keith, Moray AB55 6QY
홈페이지 : https://www.aultmore.com
소유자 : 바카디
설립 연도 : 1897년
발효조 : 낙엽송 6기
증류기 : 초류 2기, 재류 2기
용수 : 포기 모스(Foggy Moss) 샘물
연간 생산능력 : 320만ℓ
블렌디드 위스키 : 듀어스

발블레어 ◉ Balblair

켄 로치 감독 영화의 무대,
에더턴 마을의 유서 깊은 증류소

발블레어는 북부 하이랜드의 에더턴(Edderton) 마을 외곽에 1790년에 지어졌다. 하이랜드에서 두 번째로 오래된 증류소이다. 다만 현재의 증류소는 1894년에 원래 장소에서 약 5㎞ 떨어진 곳에 다시 지어진 것으로, 그런 의미에서는 1894년을 창업 연도로 볼 수도 있다.

발블레어는 창업 이래 주인이 여러 차례 바뀌었다는 점으로도 유명하다. 한때 발렌타인(Ballantine's) 산하에서 중요한 원액을 생산했으나, 현재는 태국 자본인 인버하우스(Inver House) 산하에 있다. 같은 하이랜드의 풀트니(Pulteney)나 녹두(Knockdhu) 등과 지배 구조가 같다.

에더턴 마을 일대는 일명 '피트 교구'라고 불리는 곳으로, 주변에 민가도 거의 없다. 북부 하이랜드의 전형적인 증류소로, 많은

발효조는 전통적인 오리건 파인제이며 총 6기가 있다. 생산동은 아담하며, 고요한 시간이 흐르고 있다.

TV 드라마나 영화의 촬영지로도 사용되어 왔다. 가장 유명한 것은 명장 켄 로치(Ken Loach) 감독의 영화 〈앤젤스 셰어: 천사를 위한 위스키〉(2013년)로, 후반부의 중요한 장면들이 대부분 발블레어 증류소에서 촬영되었다.

발블레어는 한 번 생산할 때 4.4t의 맥아를 투입한다. 발효조는 오리건 파인제 6기가 있다. 발효 시간은 짧은 것과 긴 것 두 가지가 있었으나, 현재는 60시간으로 통일되었다. 팟 스틸은 초류 1기, 재류 1기씩이다. 연간 생산능력은 180만ℓ로, 하이랜드 증류소 중에서도 작은 편이다.

인버하우스가 인수한 후, 기존의 연수 표기를 없애고 증류 연도를 표기한 빈티지 보틀(Vintage Bottle)로 변경되었었다. 하지만 2019년 가을 다시 원래의 연수 표기로 되돌아갔다. 스코틀랜드 증류소 중 빈티지 표기를 사용했던 곳은 글렌로시스(Glenrothes)와 발블레어뿐이었다. 글렌로시스는 2017년에, 발블레어도 2019년에 연수 표기로 바뀌었다. 이유는 빈티지 표기가 소비자에게 이해하기 어렵다는 것이었다.

병 모양은 기존과 변함이 없다. 현재는 12년, 15년, 18년, 25년이 정규 제품으로 출시되고 있다. 이전 병에는 켈트 문화를 상징하는 켈트 문자가 새겨져 있었으나, 현재는 그 대신 픽트(Pict) 족[1]의 기묘한 문양이 그려져 있다.

---

[1] 고대 브리튼 섬의 부족. 로마 제국 시기부터 10세기까지 칼레도니아(스코틀랜드) 동부·북부에 거주했다.

지금은 사용되지 않지만 돌로 지어진 킬른(Kiln)동이 특히 눈길을 끈다. 오른쪽은 당화와 발효를 진행하는 턴 룸(Tun Room)이다.

■ Tasting Note(OB 12년, 46%)

아로마 : 스위트하고 프루티. 복숭아, 바나나, 잘 익은 사과 향. 크리미하고 꿀 같으며, 파운드케이크 향도 난다.

플레이버 : 소프트하고 크리미. 스위트하고 밸런스도 좋다. 물을 더하면 더 스위트해진다.

종합평가 : 이전 제품에 비해 세련된 느낌이지만, 다소 단조로울 수 있다. 아주 약간의 물을 더해 즐기는 것이 좋다.

SCORE : 84.0점

■ 증류소 정보

소재지 : Edderton, Ross & Cromarty, Highland IV19 1LB

홈페이지 : https://www.balblair.com/

소유자 : 타이 비버리지(Thai Beverage)

설립 연도 : 1790년

발효조 : 오리건 파인 6기

증류기 : 초류 1기, 재류 1기

용수 : 올트 더그 강(Ault Dearg burn)

연간 생산능력 : 180만ℓ

블렌디드 위스키 : 인버하우스

발린달로크 ⊙ **Ballindalloch**

싱글 몰트가 아닌
'싱글 에스테이트 몰트'란 무엇인가

스페이 강 중류, 딱 스페이 강과 에이번 (Avon) 강(현지 발음으로는 아안 강)이 합류하는 지점에 발린달로크 성이 있다. 그리고 그 에이번 강 기슭에 2014년에 탄생한 것이 발린달로크 증류소이다. 정식 오픈은 2015년 5월이었다. 개관식에는 당시 찰스 왕세자(현 찰스 3세) 부부가 참석해 테이프를 끊었다.

발린달로크 성은 7200헥타르(72㎢)[1]에 달하

---

1   여의도의 25배. 서울 강남구와 송파구를 합친 면적, 울릉도 면적과 비슷하다.

포사이스가 제작한 팟 스틸이다. 앞쪽이 재류 스틸이고 뒤쪽이 초류 스틸이다. 냉각은 야외 목재 웜 텁(worm tub) 방식을 사용한다.

맥퍼슨-그랜트 가문의 발린달로크 성이다. 이곳의 애버딘 앵거스(Aberdeen Angus) 소가 유명하다.

는 광대한 영지(에스테이트)를 소유한 성이다. 현재 성주는 23대손인 가이 맥퍼슨-그랜트 (Guy and Victoria Macpherson-Grant)이다. 가이는 영지를 물려받기 전까지 런던에서 변호사로 일했던 독특한 이력을 가지고 있다.

원래 스페이사이드(Speyside) 일대는 보리의 주요 생산지이다. 농부들은 보리 재배와 함께 소나 양을 키우며 생계를 유지했다. 발린달로크에서 사용하는 보리는 모두 영지에서 수확한 것이다. 현재는 제맥 시설이 없어 인버네스의 베어즈 몰트(Bairds Malt)에 맥아 생산을 위탁하고 있지만, 언젠가 자체 제맥도 시작하고 싶다고 한다.

생산 과정에서 나오는 맥아 찌꺼기는 그대로 영지에 있는 소, 양, 돼지의 사료가 된다. 하나의 에스테이트 내에서 모든 것이 완결되는 이 시스템을 가이는 굳이 '싱글 몰트'가 아닌 '싱글 에스테이트 몰트'라고 부른다.

물론 규모는 크래프트 증류소이지만, 제조 방식은 지극히 전통적이다. 한 번 생산할 때 맥아 1t을 사용하여 약 5000ℓ의 맥즙을 추출한다. 발효조는 전통적인 오리건 파인 재질이며, 2기의 스틸 냉각 장치도 일반적인 실내 셸 앤 튜브(shell and tube) 방식이 아닌, 비용과 시간이 많이 드는 야외 '웜 텁' 방식을 고수한다. 심지어 오리건 파인 재질의 나무 웜 텁이다.

요즘 유행하는 진이나 다른 증류주를 만들 생각도 없고, 숙성을 빠르게 하기 위한 작은 캐스크도 사용하지 않는다. 제품은 8~10년 후에 출시됐다. 말 그대로 스페이사이드의 전통을 계승하는 정통파 증류소이다.

■ **증류소 정보**
소재지 : Ballindalloch, Moray AB37 9AX
홈페이지 : https://www.ballindallochdistillery.com/
소유자 : 발린달로크 디스틸러리
설립 연도 : 2015년
발효조 : 오리건 파인 4기
증류기 : 초류 1기, 재류 1기
용수 : 에이번 강
연간 생산능력 : 10만ℓ
블렌디드 위스키 :

'수프의 왕국' 스코틀랜드의 대구로 만든 전통 요리

스코틀랜드는 '수프의 왕국'이라 불릴 정도로 수프가 유명하다. '여자아이는 수프를 젓는 나무 주걱을 가지고 태어난다'는 말이 있을 정도다. 전통적인 수프로는 스카치 브로스(Scotch broth)[1], 코카리키(Cock-a-leekie)[2] 등이 있지만, 생선을 사용한 해산물 수프는 컬렌 스킨크(Cullen skink)가 대표적이다. 북해에 접한 작은 항구 마을 컬렌에서 탄생한 수프로, 훈제한 대구 살을 잘게 찢어 넣는 것이 특징이다.

이때 사용하는 것은 대서양 대구가 아닌, 해덕(Haddock)이라 불리는 연안 대구의 일종이다. 수심 20~100m 정도에 사는 물고기로, 대서양 대구보다 한두 단계 작은 물고기이다.

컬렌 스킨크에서는 이 해덕을 그대로 사용하는 것이 아니라, 한 번 훈제한 후 사용한다. 현재는 오크 칩 등을 훈연재로 사용하지만, 옛날에는 피트를 사용해 훈제했다고 한다. 특히 애버딘 근처의 피난(Finnan)이라는 어촌에서 잡히는 해덕이 유명한데, 이 해덕을 특별히 피난 해덕이라고 부른다.

피난 해덕은 지금은 더 이상 피트(peat)로 훈제하지 않지만, 아브로스(Arbroath) 마을에서는 옛 방식대로 통째로 피트로 훈제한다. 이것이 유명한 아브로스 스모키(Arbroath smokie)로, 지금도 아침 식사 메뉴에 오르며 미식가들의 찬사를 받고 있다.

[1] 양고기나 소고기, 보리, 당근, 순무 등을 넣고 끓여 만든다. 추운 날씨에 몸을 따뜻하게 해주는 음식이다.
[2] 닭고기와 서양 대파(leek), 보리, 말린 자두 등을 넣고 맑게 끓여낸 요리.

발메낙 ● Balmenach

자코바이트 용사들이 모였던 크롬데일 언덕에 설립

19세기 초, 깊은 산속 토민타울(Tomintoul) 계곡에서 세 명의 맥그리거(MacGregor) 형제가 크롬데일(Cromdale)로 왔다. '호즈 오브 크롬데일(Haughs of Cromdale, 'Haugh'는 게일어로 '강변 대지'를 뜻함)이라 불리는 땅으로, 크롬데일 언덕에서 여러 작은 개울이 흘러 스페이 강 본류로 합류한다. 이곳은 스코틀랜드 독립을 외쳤던 자코바이트(Jacibite)[1] 용사들이 잉글랜드 군에게 끝까지 저항했던 곳이다. 패전의 비극은 민요(The Haughs O'Cromdale)로도 전해진다.

이 크롬데일 언덕에 세 형제 중 한 명인 제임스 맥그리거가 세운 것이 발메낙 증류소이다. 당국의 허가를 받고 증류소로 정식 운영을 시작한 것은 1824년이지만, 그전부터 밀주를 만들고 있었다. 《스카치(Scotch)》(1951)라는 책을 쓴 로버트 브루스 로커트(Robert Bruce Lockhart)는 제임스의 후손으로, 면허 취득 과정을 다음과 같이 기록했다.

"어느 날, 세무 공무원이 맥그리거의 농장을 방문했고, 성대한 환대를 받았다. 문득 밖을 보니 수상한 오두막이 눈에 띄었다. '저것은 무엇

벌지형 팟 스틸이 총 6기 있다. DCL 산하의 애버크롬비(Abercrombie)가 관리하고 있다.

이냐'는 공무원의 질문에 제임스는 '피트 창고'라고 답했다. 술자리는 무르익었고, 공무원은 떠나기 전에 조용히 '저 피트(peat) 창고를 위해 면허를 받는 게 좋겠다'고 충고했다고 한다."

증류소는 설립 100년 후인 1925년 DCL에 인수되었다. 이후 1960년대에 개축 공사가 진행되어 1962년에 스틸이 4기에서 6기로 증설되었다. 1980년대 위스키 불황기에도 운영은 계속되었지만, 1993년 5월에 폐쇄되었다. 이후 태국의 인버하우스(Inver House)에 매각되었다.

한 번 생산할 때 맥아 8t을 사용하며, 발효조는 더글러스 퍼 재질로 총 6기가 있다. 팟 스틸은 모두 벌지형으로 6기가 가동된다. 이 중 1기는 1977년 퀸즈 주빌리(Queen's Jubilee)[2] 행사 때 런던 박람회에 전시된 경력이 있다. 공식 싱글 몰트 제품은 없지만, '카우룬(Caorunn)'이라는 진을 만드는 것으로도 유명하다. 카우룬은

---

[1] 1688년 영국 명예혁명으로 추방된 스튜어트 왕조의 제임스 2세와 그 후손의 복위를 주장하며 일어난 운동. 여러 차례 일어난 자코바이트 반란의 목표는 스코틀랜드 혈통의 스튜어트 왕가를 잉글랜드와 스코틀랜드 왕좌에 앉히는 것이었다. 1746년 4월 6일 컬로든 전투(Battle of Culloden)에서 패배하면서 이런 시도는 좌절됐다.

[2] 고(故) 엘리자베스 2세 여왕(1952-2022)의 즉위 25주년 기념 실버 주빌리(Silver Jubilee).

던니지(dunnage) 방식 숙성고이다. 대부분 버번 배럴을 사용하며, 여러 번 재사용하고 있다.

게일어로 '마가목'[4]을 뜻하며, 그 열매를 원료로 사용한다고 한다.

4 장미목 장미과에 속하는 관속식물.

■ **Tasting Note(GM 코니서스 초이스[3] 2006, 46%)**

아로마 : 깊고 진하다. 프루티하고, 약간의 산미가 느껴진다. 독특한 깊은 맛과 하이 카카오 초콜릿.

플레이버 : 스위트하고 깊은 맛이 있으며 매끄럽다. 꿀. 단맛, 매운맛, 신맛의 균형이 뛰어나다. 여운이 길고 스파이시.

종합평가 : DCL의 옛 플래그십 증류소 답게 깊고 진한 풍미가 훌륭하다.

SCORE : 87.5점

■ **증류소 정보**

소재지 : Cromdale, Badenoch & Strathspey, Highland PH26 3PF

홈페이지 : https://www.caorunngin.com/

소유자 : 타이 비버리지(Thai Beverage)

설립 연도 : 1824년

발효조 : 더글러스 퍼 6기

증류기 : 초류 3기, 재류 3기

용수 : 크롬데일 강(Cromdale Burn)

연간 생산능력 : 280만ℓ

블렌디드 위스키 : 로얄 카리스(Royal Chalice), 피터 도슨(Peter Dawson)

3 독립병입자 고든 앤 맥페일(Gordon and Macphail, GM)이 제작한 병입 시리즈.

발베니 | ◉ Balvenie

기업가 정신에 불을 지핀
글렌피딕의 두 번째 증류소

글렌피딕 창업으로부터 5년 후인 1892년, 윌리엄 그랜트는 글렌피딕 증류소에 인접한 '발베니 하우스'라는 이름의 영주의 저택을 매입해 급히 증류소로 개조했다. 글렌고든(Glen Gordon)이라 불린 발베니 증류소는 이것이 시초였다.

그랜트가 발베니 창업을 서두른 것은 같은 스페이사이드에 있는 글렌리벳 증류소가 화재로 일부 설비를 잃었기 때문이다. '스미스의 글렌리벳'으로 명성을 떨치던 글렌리벳은 압도적인 점유율을 자랑했다. 당시 세워진 많은 증류소들이 자신들의 증류소 이름 뒤에 '글렌리벳'을 붙일 정도였다.

그 글렌리벳이 화재로 소실됐고, 글렌피딕을 막 창업한 그랜트에게는 다시는 없을 기회였다.

글렌피딕은 가족이 총출동해 돌을 쌓아 올

발베니는 전통적인 자체 맥아 제조를 고집하고 있다. 이것은 맥아를 건조시키는 킬른(Kiln) 탑의 내부다.

더프타운으로 향하는 간선도로에서 증류소가 보인다. 용수는 뒤쪽 언덕에서 끌어온다.

리고 1년 이상 걸려 완성한 증류소다. 발베니는 말하자면 '기존 건물 활용' 방식의 증류소였다. 글렌피딕의 팟 스틸은 카듀(Cardhu) 증류소의 중고 장비였고, 발베니도 글렌알빈(Glen Albyn)과 라가불린(Lagavulin)의 중고 장비를 사와 건물 내에 설치했다. '기회를 보는 데 민첩할 것', 기업가에게 필요한 자질이 무엇인지 발베니의 사례가 잘 보여준다.

당초 2기뿐이던 팟 스틸도 현재는 초류 5기, 재류 6기 등 총 11기로 확대됐다. 한 번 생산할 때 사용하는 맥아는 11.8t, 발효조는 오리건 파인 재질 9기, 스테인리스 5기 등 총 14기이다. 연간 생산량은 700만ℓ로 스페이사이드 지역 내에서도 큰 규모에 속한다.

발베니의 특별함은 지금도 플로어 몰팅(전통식 맥아 제조 방법)을 하고 있다는 점이다. 한 번에 9t을 몰팅하며, 토민툴 지역의 피트(peat)를 사용해 맥아를 건조시킨다. 일부이지만 그랜트 가문 소유의 농장에서 수확한 보리도 사용한다.

사실 발베니 하우스의 벽 일부는 지금도 남아 있다. 증류소 투어에 참가한 사람들은 그곳에서 창업자 윌리엄 그랜트의 기업가 정신을 생생히 느낄 수 있다.

■ Tasting Note(OB 12년, 40%)

아로마 : 온화하지만 깊이 있다. 플루티하고 복합적이다. 루바브(Rhubarb), 맥아당, 바닐라, 민트. 물을 조금 타면 초콜릿 향도 느껴진다.

플레이버 : 짜임새 있다. 풍부하고 부드러운 단맛이다. 물을 타면 과일 향이 더욱 풍부해진다.

종합평가 : 바디는 중간 정도지만 깊이 있고 복합적인 향미를 즐길 수 있다. 가능하다면 스트레이트로 즐길 것.

SCORE : 86.0점

■ 증류소 정보

소재지 : Dufftown, Moray AB55 4BB
홈페이지 : www.thebalvenie.com
소유자 : 윌리엄 그랜트 앤 선즈
설립 연도 : 1892년
발효조 : 오리건 파인 9기, 스테인리스 5기
증류기 : 초류 5기, 재류 6기
용수 : 콘발 힐(Conval Hill)의 샘물
연간 생산능력 : 700만ℓ
블렌디드 위스키 : 클랜 맥그리거(Clan MacGregor), 그랜츠(Grant's), 몽키 숄더(Monkey Shoulder)

벤 네비스 ● Ben Nevis

포트 윌리엄(Fort William) 교외에 있는 벤 네비스 증류소. 뒤에 보이는 산이 영국에서 가장 높은 벤 네비스 산이다.

벤 네비스 산기슭에 위치한
닛카의 증류소

스코틀랜드 위스키 역사에서 독특한 인물로 알려진 이들 중 한 명은 벤 네비스를 창업한 롱 존(Long John), 존 맥도널드(John McDonald)이다. 존은 키가 193㎝로 컸으며, 아가일 지방 족장인 맥도널드 가문(McDonald Clan)의 우두머리 후손이었다. '롱 존'이라는 애칭은 유명한 블렌디드 스카치 위스키의 브랜드 이름이 됐고, 현재까지도 전 세계 사람들에게 사랑받고 있다. 존이 벤 네비스 증류소를 오픈한 것은 1825년이다. 포트 윌리엄(Fort William) 지역에서는 가장 오래된 공인 증류소였다. 벤 네비스는 같은 도시 뒤에 솟아 있는 산의 이름이자, 영국 최고봉(해발 1345m)이기도 하다. 벤(ben)은 게일어로 산, 네비스(nevis)는 게일어로 물을 의미한다.

맥도널드 가문이 벤 네비스를 경영한 것은 1940년대까지였다. 그 후 여러 차례 소유주가 바뀌었고, 최종적으로 1989년 닛카 위스키가 인수하여 일본 기업이 소유한 스코틀랜드의 두 번째 증류소(첫 번째는 토마틴)가 되었다.

벤 네비스는 한 번 생산할 때 맥아 10t을 사용한다. 발효조는 스테인리스 6기, 오리건 파인 2기 등 총 8기이다. 발효 시간은 48시간으로, 다른 증류소에 비해 짧게 설정되어 있다.

연간 생산능력은 200만ℓ 정도로, 현재 거의 풀가동 중이다. 그중 약 5만ℓ는 헤빌리 피티드 원액이다. 용수는 벤 네비스 산의 호수에서 흘러나오는 올트 어 무일린(Allt a' Mhuilinn, '방앗간 시냇물'이라는 뜻)의 물을 사용하고 있다.

닛카가 인수한 이후 싱글 몰트에 힘을 쏟았다. 하지만 지난 10년 간은 그 이상으로 생산량의 75%를 원액 상태로 일본에 보내 닛카 제품에 사용해 왔다. 스코틀랜드의 현행법상 위스키 벌크 수출은 허용된다. 더구나 원액 상태에서는 스카치 위스키가 아니므로(스카치 위스키는 3년 이상 오크 캐스크에서 숙성되어야 한다), 단순한 브리티시 스피릿이다. 물론 일본 주세법상으로도 문제가 없다(현재는 재패니즈 위스키라고 부를 수 없게 됐다).

벤 네비스에서는 1985년부터 증류소의 소장을 역임했던 콜린 로스(Colin Ross)가 2020년에 은퇴한 것이 큰 뉴스였다. 벤 네비스를 포함해 경력이 55년에 달한다고 하니, 또 한 명의 '전설적인 인물'이 은퇴한 셈이다.

■ Tasting Note(OB 10년, 43%)

아로마 : 상쾌한 과일, 맥아당, 시트러스, 크림. 가볍지만 스위트하고 기분이 좋다. 물을 더하면 스위트하고 프루티해진다.

플레이버 : 스위트하고 신선하며 프루티하다. 묵직한 바디감이 있으며, 밸런스도 우수하다.

종합평가 : 쥬시한 감칠맛이 농축되어 있다. 하이랜드의 명주로, 잠재력이 크다.

SCORE : 88.5점

■ 증류소 정보

소재지 : Fort William, Inverness, Highland PH33 6TJ

홈페이지 : http://www.bennevisdistillery.com/

소유자 : 닛카 위스키

설립 연도 : 1825년

발효조 : 스테인리스 6기, 오리건 파인 2기

증류기 : 초류 2기, 재류 2기

용수 : 올트 어 무일린(Allt a' Mhuilinn) 강

연간 생산능력 : 200만ℓ

블렌디드 위스키 : 벤 네비스, 닛카 세션(Nikka Session)

벤리악 ● Benriach

아일라 타입과 로우랜드 타입 등 시대에 따라 원액을 다르게 생산

벤리악은 롱몬(Longmorn) 증류소의 설립자인 존 더프(John Duff)가 1897년에 세웠다. 그러나 블렌딩 위스키 최대 업체였던 패티슨스(Pattison's)가 파산한 여파로 곧바로 경영난에 직면했고, 거의 생산을 하지 못한 채 1900년에 폐쇄되었다. 이후 1966년에 생산이 재개될 때까지 65년간 문이 닫혀 있었다.

벤리악의 운명이 바뀐 것은 1965년 더 글렌리벳-글렌그란트 증류소(이후 시바스)가 롱몬 증류소와 함께 인수하면서 시작됐다. 이듬해인 1966년 생산 재개가 결정되었다.

이곳이 독특한 점은 생산 재개 직후부터 스페이사이드에서는 드물게 헤빌리 피티드 맥아를 사용했다는 것이다. 시바스가 소유주가 되면서 시바스 리갈(Chivas Regal)에 쓸 스모키한 원액이 필요했기 때문이다. 지금도 1년에 4주 동안만 페놀 수치 55ppm의 헤빌리 피티드 맥아로 제조하고 있다.

또 다른 독특한 점은, 역시 시바스의 요구에 따라 한때 3회 증류를 했다는 것이다. 이를 위해 스틸 1기를 추가하여 총 5기의 스틸로 3회 증류 방식의 로우랜드 타입 원액도 만들었다. 그 스틸은 이후 철거되었지만(일본의 소주 제조 업체에 매각), 2000년대 남아프리카의 디스텔(Distell) 그룹이 소유했을 때는 크리스마스 전 3일 동안만 특별히 3회 증류 원액을 생산했다고 한다.

벤리악은 소유주가 바뀔 때마다 아일라(Islay) 타입[1] 몰트 위스키나 로우랜드(Lowland) 타입[2] 원액을 제조했고, 이것이 다채로운 재고를 만드는 요인이 되었다. 현재는 미국의 브라운 포먼(Brown-Forman)[3]으로 소유주가 바뀌었지만, 소량이나마 플로어 몰팅을 계속하고 있으며, 다채로운 재고를 바탕으로 많은 제품을 출시하고 있다. 이는 벤리악이 걸어온 고난의 역사가 낳은 결과일지도 모른다.

현재 한 번 생산할 때 5.8t의 맥아를 사용하며, 발효조(스테인리스 스틸) 8기, 스틸 4기가 가동 중이다.

높은 스트레이트 헤드형 스틸. 앞쪽 빈 공간에는 과거 스틸 1기가 더 있었다.

---

1 강한 피트(peat) 향을 가진 위스키.
2 부드럽고 가벼운 위스키.
3 미국 버번 위스키 올드 포레스터(Old Forester), 우드포드 리저브(Woodford Reserve), 테네시 위스키 잭 다니엘스(Jack Daniel's)를 보유하고 있다. 싱글 몰트 스카치 위스키는 벤리악과 함께 글렌드로낙(GlenDronach), 글렌글라사(Glenglassaugh)를 갖고 있다.

건물 밖에 위스키 원액이 담기기를 기다리는 캐스크가 놓여져 있다. 뚜껑이 도색돼 있는 것은 리필 캐스크이다.

■ Tasting Note(OB 12년, 46%)

아로마 : 스위트하고 프루티. 프룬, 살구, 말린 무화과, 커스터드 크림. 물을 더해도 향이 무너지지 않는다.

플레이버 : 프루티하고 견고하다. 스무스하고 마시기 편하다. 피니시는 점차 스파이시해진다.

종합평가 : 셰리 캐스크에 숙성했지만 밸런스가 좋고 질리지 않는다. 아주 소량의 물을 더해 마시는 것이 좋다.

SCORE : 87.5점

■ 증류소 정보

소재지 : Elgin, Moray IV30 8SJ

홈페이지 : https://www.benriachdistillery.com/

소유자 : 브라운 포먼

설립 연도 : 1897년

발효조 : 스테인리스 스틸 8기

증류기 : 초류 2기, 재류 2기

용수 : 번사이드 샘물(Burnside Springs), 부지 내 깊은 우물

연간 생산능력 : 280만ℓ

블렌디드 위스키 : 섬씽 스페셜(Something Special), 퀸 앤(Queen Anne)

벤리네스 ● Benrinnes

검은 뇌조가 그려져 있는 위스키, 애호가 취향의 디아지오 이단아

벤리네스는 프루티하고 복합적인 아로마와 깊고 진한 향이 훌륭한 조화를 이루고 있다. 현재 시중에 유통되는 것은 '꽃과 동물 시리즈' 15년 숙성 제품이 유일하다. 라벨에는 벤리네스 산 주변에 서식하는 검은 뇌조가 그려져 있다. 벤리네스는 스페이사이드에서 가장 높은 산의 이름으로, 해발 840m이다. 증류소는 산의 북쪽 기슭 해발 213m 지점에 지어졌다. 원래는 현재 위치에서 1㎞ 남동쪽에 있는 화이트하우스 농장에 1826년 세워졌으나, 1829년 대홍수로 유실되었다. 1834년 존 이네스(John Innes)가 현재의 위치에 재건했다.

그 후 1864년 데이비드 에드워드(David Edward)가 인수했다. 1897년에는 벤리네스-글렌리벳(Benrinnes-Glenlivet)이 설립되었지만, 위스키 시장 불황으로 경영이 악화되었다. 1922년 존 듀어 앤 선즈(John Dewar & Sons, Ltd.)에 인수됐다. 1925년부터는 DCL 계열사가 됐고, 현재는 디아지오 계열이다. DCL 시대였던 1956년 오래된 건물이 철거되고 새로운 현대적인 증류소로 재건축되었다.

벤리네스는 한 번 생산할 때 8.5t의 맥아를 사용한다. 매시 턴은 세미 라우터 턴이며, 발효조는 오리건 파인 재질로 총 8기가 있다. 발효 시간은 65~100시간으로 설정되어 있다. 스틸은 초류 2기, 재류 4기 등 총 6기가 있지

디아지오의 이단아라고 불리는 벤리네스 증류소. 벤리네스 산기슭에 홀로 서 있다. 주변은 목초지이다.

만, 1966년부터 2009년까지 일부 3회 증류를 도입했다.

같은 디아지오의 몰트락(Mortlach)과 비슷하게 복잡한 시스템 때문에 '디아지오의 이단아'로 불렸다. 하지만 현재는 일반적인 2회 증류 방식을 사용한다고 한다. 용수는 벤리네스 산에서 흘러나오는 스커란 강(Scurran Burn)과 로완트리 강(Rowan Tree Burn)의 물을 이용한다.

스페이사이드는 스위트하고 플로럴한 스타일이 특징으로 알려져 있다. 하지만 벤리네스가 이단아로 불리는 이유는 증류 속도가 빠르고, 미들 컷(Middle Cut)의 하한선이 낮기 때문이다. 증류 속도가 빠르면 구리와의 접촉이 적어져 황 화합물의 영향이 커지고, 미들 컷을 길게 가져가면 그만큼 무거운 스타일이 되어 유황 냄새가 나는 풍미가 생긴다. 반면에 냉각 방식은 옛날 방식인 야외 웜 텁(worm tub)을 사용하는 등 매우 독특한 제조법을 가지고 있다. 이것 또한 이단아로 불리는 이유이다.

생산량의 99%가 J&B나 조니워커(Johnnie

Walker)의 원액으로 사용되며, 싱글 몰트로 유통되는 양은 극히 적다. 하지만 아는 사람만 아는 위스키 애호가 취향의 위스키로, 예전부터 위스키 팬들 사이에서 인기가 많았다. 스페이사이드 답지 않은 깊고 진한 맛이 인기의 비결일 수 있다.

■ Tasting Note(제임스 이디[1] 13년, 56.4%)

아로마 : 리치하고 콘텐츠가 응축돼 있다. 산미가 있는 드라이 후루츠. 스파이스. 미티(Meaty)하고 바비큐 소스 향.

플레이버 : 스위트하고 프루티. 리치하고 딥하다. 복합적이고 깊은 맛이 있고, 파워풀하고 스파이시.

종합평가 : 역시 디아지오의 이단아답다. 시가와도 잘 어울릴 것 같다. 아주 소량의 물을 더해서 마시는 것이 좋다.

SCORE : 90.0점

■ 증류소 정보

소재지 : Aberlour, Moray AB38 9NN
홈페이지 : https://www.malts.com/
소유자 : 디아지오
설립 연도 : 1826년
발효조 : 오리건 파인 8기
증류기 : 초류 2기, 재류 4기
용수 : 스커란 강, 로완트리 강
연간 생산능력 : 350만ℓ
블렌디드 위스키 : J&B, 조니워커

1 스코틀랜드의 독립병입자(Independent Bottler) 브랜드. 제임스 이디(James Eadie, 1827-1904)는 생전에 스코틀랜드에서 최대 200개의 펍을 운영했다. 제임스가 설립한 동명의 회사 '제임스 이디'는 블렌디드 스카치 위스키로 명성을 얻었다. 현재 독립병입업체 '제임스 이디'는 제임스의 증손자 루퍼트 패트릭이 공동 창업했고, 최고경영자(CEO)를 맡아 이끌고 있다. 루퍼트는 이안 맥클라우드(Ian Macleod), 빔 산토리(Beam Suntory), 디아지오 등에서 근무했다.

벤로막 ◉ Benromach

벤로막 증류소는 엘긴(Elgin)과 인버네스(Inverness)를 잇는 A96번 도로 선상에 위치한 포레스(Forres)라는 마을 북쪽에 세워져 있다. 포레스는 게일어로 '관목 숲'을 뜻한다. 매우 오래된 마을로, 로마인이 2000년 전 만든 브리튼 섬 지도에도 기재돼 있었다고 한다.

벤로막이 설립된 해는 1898년으로, 캠벨타운의 던컨 맥컬럼(Duncan MacCallum)과 리스(Leith)의 중개업자 F.W. 브릭만(F.W. Brick-man)의 공동 출자로 세워졌다. 그러나 생산 개시 직전인 1898년 10월, 블렌디드 위스키 업체 패티슨스(Pattisons)가 도산했다. 이 일로 패티슨스와 관계가 깊었던 브릭만은 벤로막에서 손을 뗄 수밖에 없었다. 남겨진 맥컬럼이 단독으로 증류소를 운영했지만 곧 생산을 중지했다. 1909년에 재가동되었지만, 이후로도 가동과 휴업을 반복했다. 소유주도 수차례 바뀌었다.

1938년에는 위스키 업계의 이단아로 알려진 조셉 홉스(Joseph Hobbs)가 사들였다. 그러나 그는 곧 미국의 내셔널 디스틸러스(National Distillers)에 벤로막을 다시 매각했다. 1953년에는 다시 DCL이 사들였으나, 1983년 또다시 폐쇄가 결정되는 등 격동의 역사였다

1993년 엘긴의 병입업체 고든 앤 맥페일(Gordon & MacPhail, GM)이 당시 소유주였던 UD(United Distillers)로부터 인수하여 5년에 걸쳐 개조를 진행했다. 1998년에 마침내 생산을 재개했다. 매시 턴, 발효조, 스틸은 이때 전부 새로운 것으로 교체됐다.

복원까지 5년이 걸린 것은 어떤 위스키를 만들어야 하는지 깊게 고민했기 때문이다. 그 결과로 탄생한 것이 '예전의 좋은 스페이사이드 몰트의 부활'이었다. 즉 페놀 수치 8~12ppm의 라이트리 피티드 몰트를 사용하는 방식이다. 과거 플로어 몰팅을 하던 시절에는 어느 증류소든 피트(peat)를 연료로 사용하여 완전한 논-피티드(Non-peated) 몰트는 존

1997년에 새로 도입된 팟 스틸. 앞쪽이 초류 스틸, 뒤쪽이 재류 스틸. 스틸은 이 두 기뿐이다.

재하지 않았기 때문이라고 한다. 따라서 벤로막은 논-피티드 맥아는 사용하지 않는다.

한 번 생산할 때 1.5t의 맥아를 사용하고, 발효조는 낙엽송으로 만든 13기가 있다. 다만 스틸은 초류·재류 2기뿐이다. GM이 지향하는 '전통의 스페이사이드 스타일'에 전 세계 몰트 팬들이 주목하고 있다.

■ Tasting Note(OB 10년, 43%)

아로마 : 스모키하고 피티. 훈제 청어(Kippers), 뿌리 채소, 오크. 말린 과일, 구운 아몬드. 매우 리치하다.

플레이버 : 달콤하고 스모키. 풍미가 응축되어 있으며, 복합적이면서도 균형감이 뛰어나다.

종합평가 : 스페이사이드 몰트로서는 놀라울 정도로 스모키하며, 뛰어난 싱글 몰트.

SCORE : 90.5점

■ 증류소 정보

소재지 : Invererne Road, Forres, Moray IV36 3EB

홈페이지 : https://www.benromach.com

소유자 : 고든 앤 맥페일

설립 연도 : 1898년

발효조 : 낙엽송 13기

증류기 : 초류 1기, 재류 1기

용수 : 채플턴(Chapelton)의 샘

연간 생산능력 : 70만ℓ

블렌디드 위스키 : 스페이캐스트(Spey Cast), 디 안티쿼리(The Antiquary)

블라드녹 ◉ Bladnoch

스코틀랜드 증류소 중 오랜 역사 동안 여러 번 주인이 바뀐 경우는 흔하지만, 10회 이상 소유주가 바뀐 경우는 드물다. 블라드녹은 1817년에 설립되었으나, 1911년 북아일랜드의 던빌(Dunville)이 인수에 성공했다. 이 회사는 벨파스트(Belfast)에 로얄 아이리시(Royal Irish) 증류소를 소유하고 있던 회사로, 스코틀랜드와 아일랜드 양쪽에 증류소를 소유하게 되었다. 그러나 26년 후인 1937년 DCL(현 디아지오)가 던빌를 인수했고, 벨파스트의 증류소는 철거되었다.

블라드녹은 폐쇄를 면했지만 그 후 소유주가 5~6차례 바뀌었고, 1983년 아서벨(Arthur Bell)이 인수했다. 벨 이후 아일랜드의 기네스(Guinness) 그룹이 인수했고, 1993년 폐쇄될 때까지 UD(현 디아지오)가 운영했다. 이어서 북아일랜드인 레이먼드 암스트롱(Raymond Armstrong)이 인수했고, 그 암스트롱 가문으로부터 2015년 경영권을 손에 쥔 사람이 호주인 데이비드 프라이어(David Prior)이다.

블라드녹은 스코틀랜드 최남단에 위치한 증류소로, 새 주인 밑에서 생산 설비를 새롭게 갖췄다. 맥아 분쇄용 몰트 밀(Malt Mill)은 포티어스(Porteus) 제품이지만, 그 외의 매시 턴과 발효조, 스틸까지 모두 새로운 것으로 교체됐다. 한 번 생산할 때 5t의 맥아를 사용하며,

직원들은 모두 친절하다. 작업 중 잠시 손을 멈추고 사진 촬영에 응해주었다. 리캐스크도 이루어지고 있다.

논-피티드(Non-peated) 맥아를 사용한다. 목표는 전통적인 로우랜드 스타일이며, 피티드 맥아는 1년에 2주 정도만 사용한다.

추출하는 맥즙은 약 2만5000ℓ이며, 이를 1기의 발효조에 투입한다. 발효조는 더글러스 퍼(Douglas Fir) 재질이며, 총 6기이다. 사용하는 효모는 케리(Kerry)사의 드라이 이스트이다. 스틸은 초류 2기, 재류 2기 등 총 4기이다. 개방적인 스틸 하우스에 반짝반짝하게 닦인 새 스틸 4기가 나란히 놓여 있다. 최신 기술도 도입되어, 발효된 밑술은 증류 폐액인 팟 에일(Pot Ale)[1]과 스펜트 리스(Spent Lees)[2]로 열 교환 방식으로 예열되어 약 66℃로 초류 스틸에 들어간다고 한다.

블라드녹은 UD가 운영하던 시절의 '꽃과 동물 시리즈'에 난초 그림이 그려진 병이 떠오르지만, 현재의 소유주 밑에서 세 가지 정규

---

[1] 초류 증류 후 스틸에 남는 찌꺼기. 주로 동물 사료나 비료 등으로 활용된다.

[2] 재류 증류 후 스틸에 남는 찌꺼기. 팟 에일보다 알코올 함량이 적다.

시리즈가 이미 출시되었다. 숙성 연수가 표기되지 않은(NAS) 삼사라(Samsara)와 15년 아델라(Adela), 그리고 25년(현재는 27년) 탈리아(Talia)이다. 모두 리캐스크(Recask)[3]한 것이다. 삼사라는 인도 산스크리트어로 '환생', 아델라는 고대 게르만어로 '기품', 그리고 탈리아는 '하늘에서 내리는 부드러운 물'을 의미하는 히브리어라고 한다.

3 위스키를 한 캐스크에서 숙성시킨 후 다른 종류의 캐스크로 옮겨 추가 숙성시키는 것. 위스키에 새로운 풍미가 더해진다.

■ Tasting Note(OB 11년, 46.7%)

아로마 : 크리미하고 버터 스카치, 바닐라. 마라스키노 체리 향도 있다. 물을 더하면 향이 정돈된다.

플레이버 : 스위트하고 크리미하지만 다소 숙성이 부족한 느낌이 있다. 목캔디, 뜨겁고 스파이시. 물을 더하면 부드러워진다.

종합평가 : 옛 블라드녹의 원액이지만, 밸런스가 다소 아쉽다. 탄산수와 섞어 마시는 것이 좋다.

SCORE : 81.0점

■ 증류소 정보

소재지 : Bladnoch, by Wigtown, Dumfries & Galloway DG8 9AB

홈페이지 : https://www.bladnoch.com/

소유자 : 블라드녹 디스틸러리(Bladnoch Distillery)

설립 연도 : 1817년

발효조 : 더글러스 퍼 6기

증류기 : 초류 2기, 재류 2기

용수 : 블라드녹 강

연간 생산능력 : 150만ℓ

블렌디드 위스키 : 벨즈(Bell's), 리얼 맥켄지(Real MacKenzie)

블레어 아솔 ◉ Blair Athol

에든버러에서 인버네스로 향하는 주요 도로인 A9를 타고 북쪽으로 1시간 40분쯤 달리면 '하이랜드의 관문'이라 불리는 피틀로크리 마을에 도착한다. 이 마을의 중심 거리 입구에 블레어 아솔 증류소가 있다.

1798년 설립돼 오래되었지만, 유명해진 것은 블렌디드 위스키 회사인 '벨즈'가 1933년에 이곳을 인수한 뒤이다. 벨즈는 1970년대에 스코틀랜드 시장에서 판매량 1위를 차지했고, 그로부터 10년 후인 1980년대에는 영국 전체 시장에서도 스카치 위스키 1위로 올라섰다. 현재도 여전히 영국의 펍에서 사랑받는 인기 브랜드이다(현재는 '페이머스 그라우스'에 이어 2위).

블레어 아솔은 한 번 생산할 때 8.2t의 맥아를 사용하며, 세미 라우터 턴과 6개의 스테인리스 스틸 발효조를 가동하고 있다. 팟 스틸

수달의 사랑스러운 모습이 그려진 블레어 아솔의 증류소 간판.

묵직한 스트레이트 헤드형 스틸이 총 4기 있다. 옛 DCL 계열의 애버크롬비(Abercrombie)가 만들었다.

은 묵직한 스트레이트 헤드형으로, 초류 2기, 재류 2기 등 총 4기가 있다. 연간 생산능력은 280만ℓ에 달하지만, 이 중 99%는 '벨즈' 등의 블렌딩용으로 사용되고, 싱글 몰트로 병입되는 양은 1~2%에 불과하다.

오피셜 보틀로 시중에 판매되는 제품은 1990년대에 출시된 옛 UD(현 디아지오)의 '꽃과 동물 시리즈' 중 하나 정도밖에 없다. 라벨에 수달이 그려진 것은 증류소가 사용하는 용수인 올트다워(Allt Dour) 강이 게일어로 '수달의 강'이라는 뜻이 있기 때문이라고 한다.

특징적인 점은 벨즈용 원액은 버번 오크통에서 숙성하는 반면, 싱글 몰트용 원액은 셰리 오크통에서 숙성한다는 것이다. 또 대부분의 증류소가 에스테리(Estery)[1]한 풍미를 얻기 위해 맑은 맥즙을 사용하는 것과 달리, 블레어 아솔은 의도적으로 탁한 맥즙을 사용한다. 이는 벨즈 원액에 견과류와 몰트 풍미를 더하기

---

1 과일 향을 뜻하는 위스키 용어. 발효 과정에서 생성되는 에스터(Ester) 성분에서 비롯된다.

위해서라고 한다. 발효 시간 역시 짧은(46시간) 발효와 긴(104시간) 발효를 혼합해 사용하고 있다.

블레어 아솔은 관광지로 유명한 피틀로크리에 있어 디아지오가 소유한 31개 증류소 중 가장 방문객이 많다. 그 수는 9만 명을 넘어 지역 경제에도 큰 기여를 하고 있다.

■ **Tasting Note(OB 12년, 43%)**
아로마 : 너티하고 오일리. 린넨, 겨, 호밀빵. 물을 더하면 잘 익은 후르츠 향이 강해지고 스위트해진다.
플레이버 : 스위트하고 소프트. 복합적이고 스파이시하면서도 깊이가 있으며, 단맛, 매운맛, 신맛의 밸런스가 잘 잡혀 있다. 물을 더하면 캐러멜.
종합평가 : 탁한 맥즙과 셰리 캐스크의 영향 때문인지, 물을 아주 조금만 더해 천천히 음미하고 싶다.
SCORE : 86.0점

■ **증류소 정보**
소재지 : Pitlochry, Perth & Kinross PH16 5LY
홈페이지 : https://www.malts.com/
소유자 : 디아지오
설립 연도 : 1798년
발효조 : 스테인리스 6기
증류기 : 초류 2기, 재류 2기
용수 : 올트다워 강
연간 생산능력 : 280만ℓ
블렌디드 위스키 : 벨즈(Bell's), 조니워커(Johnnie Walker)

보더스 ● Borders

트위드 직물의 고향에 탄생한 180년 만의 증류소

스코틀랜드와 잉글랜드의 국경 지대를 보더스(Borders)라고 부른다. 그 보더스 지역의 중심을 흐르는 강이 니트 산업으로 유명한 트위드(Tweed) 강이다. 스코틀랜드 4대 강 중 하나이며, 그 지류인 테비엇(Teviot) 강변의 호윅(Hawick) 마을에서 유명한 트위드 직물[1]이 탄생했다.

트위드 직물에 필요했던 것이 피트(peat)를 함유한 연수(軟水)였다. 위스키 제조와 공통적인 면이다. 니트 산업이 번성하기 전인 18세기부터 19세기 초반에 걸쳐 보더스 지방에도 많은 증류소가 존재했으나, 200년 가까이 그 전통이 끊겼었다. 이를 부활시킨 것이 호윅에 설립된 보더스 증류소이다.

---

[1] 양모(울)를 평직, 능직 또는 헤링본 구조로 조밀하게 짠 옷감 소재. 보온성과 내구성, 방수 기능을 갖춰 19세기에는 영국 상류층의 헌팅 재킷에 사용되는 등 실용적인 소재였다.

트위드 직물 공장에 전력을 공급하던 발전소를 개조해 증류소를 만들었다. 웅장한 건물에서 역사가 느껴진다.

"이 지역에 새로운 증류소가 탄생하는 것은 180년 만입니다." 창업자 중 한 명인 존 포다이스(John Fordyce)의 설명이다. 보더스 증류소가 창업한 것은 2017년이며, 위스키 첫 증류는 이듬해인 2018년 3월에 이루어졌다.

보더스 증류소는 한 번 생산할 때 5t의 맥아를 사용한다. 크래프트 증류소의 규모를 크게 웃돈다. 실제로 "크래프트라고 불리고 싶지 않다"는 것이 창업자들의 바람이다.

추출하는 맥즙은 약 2만5000ℓ이며, 발효조는 스테인리스제 8기를 갖췄다. 팟 스틸은 초류 2기, 재류 2기 등 총 4기로, 모두 포사이스(Forsyth) 제품이다. 위스키 연간 생산능력은 160만ℓ로, 크래프트 증류소와는 확연히 다르다. 파이프(Fife) 지방에 탄생한 인치데어니(InchDairnie)보다 약간 작은 규모이다.

또한 독자적인 고안이 더해진 카터 헤드 스틸(Carter Head Still)[2]1기가 있으며, 이것으로 진과 보드카도 만들고 있다. 증류소를 운영하는 회사명은 쓰리스틸즈(Three Stills)이다. 로우랜드 전통의 3회 증류를 목표로 하는가 싶었지만, 존 포다이스는 "3회 증류는 글래스고의 전통이지 보더스의 전통이 아니다"라고 말했다. 정통적인 2회 증류를 통해 깔끔하고 플로럴한 "보더스 위스키가 목표"라고 한다.

쓰리스틸즈라고 부르는 이유는 위스키용 팟

---

[2] 진 생산에 주로 사용되는 스틸의 한 종류. 증기 상태의 주정이 향신료 등이 담긴 바구니를 통과하면서 향을 흡수하는 방식이다. 가볍고 섬세한 향미를 얻을 수 있다.

스틸은 4기이다. 앞쪽이 재류 스틸이고 안쪽이 초류 스틸이다. 이와 별도로 카터 헤드형 전용 스틸이 있다.

스틸, 진과 보드카용 카터 헤드 스틸, 그리고 미래에 도입할 예정인 감압 증류기(Vacuum Still)를 의미한다고 한다. 감압 증류기는 그레인(Grain) 위스키용으로, 미래에는 자체 몰트와 그레인을 사용해 싱글 블렌디드(Single Blended) 위스키를 만들 예정이라고 한다

■ 증류소 정보

소재지 : Commercial Road, Hawick, the Scottish Borders TD9 7AQ
홈페이지 : https://www.thebordersdistillery.com/
소유자 : 쓰리스틸즈
설립 연도 : 2017년
발효조 : 스테인리스 8기
증류기 : 초류 2기, 재류 2기
용수 : 테비엇 강(River Teviot)
연간 생산능력 : 160만ℓ
블렌디드 위스키 :

스코틀랜드인들은 구두쇠다? 농담 소재로 쓰여

스코틀랜드 사람들은 인색하고 구두쇠라는 것이 정설로 되어 있다. 이는 농담의 소재가 되기도 하여, 스코틀랜드 사람들의 인색함을 비웃는 농담이 많다.

어느 날 아이가 학교에서 돌아오자마자 엄마에게 이렇게 말했다. "오늘은 버스 안 타고 뒤따라 뛰어서 60펜스 아꼈어!" 그 말을 들은 엄마는 "바보 같으니라고. 다음부터는 택시 뒤를 따라 뛰어. 그럼 3파운드를 더 벌 수 있으니까."

어떤 스코틀랜드 신사가 런던역에 내려 짐꾼에게 가격을 물었다. "첫 번째 짐은 1파운드이고, 두 번째 짐부터는 50펜스입니다." 그 말을 들은 신사. "좋아, 알겠네. 내가 첫 번째 짐을 나를 테니, 자네는 두 번째 짐과 세 번째 짐을 날라주게!"

이것은 단지 한 예일 뿐이다. 서점에 가면 농담을 모아 놓은 책이 여러 권 나와 있다. 물론 이런 농담을 만드는 것은 잉글랜드 사람들이다. 그들이 스코틀랜드 사람들을 인색하다고 보는 것은 전통 의상 때문인지도 모른다.

스코틀랜드 남성의 전통 의상은 킬트라고 불리는 타탄 체크 무늬 치마이다. 여기에는 주머니가 없어서 스포란(Sporran)이라는 큰 주머니를 매달고 다닌다. 건장한 남자가 치마를 입고 큰 주머니를 매달고 다니는 모습. 잉글랜드 사람들에게 그것은 농담 외에 아무것도 아닐 것이다.

보모어 ⦿ Bowmore

보모어 마을 바닷가에 서 있는 보모어 증류소. 왼쪽이 맥아 제조동이며, 지금도 플로어 몰팅을 이어가고 있다.

전설적인 위스키를 탄생시킨 바닷속 스코틀랜드 최고(最古)의 숙성고

아일라 섬 중심부 보모어 마을 해변에 보모어 증류소가 서 있다. 보모어는 게일어로 '위대한 암초'를 뜻한다. 바다로 튀어나온 부두에서 보면 마치 절벽에 붙어 있는 거대한 요새처럼 보이기도 한다. 증류소는 1779년에 설립되어, 스코틀랜드 전체 증류소 중 하이랜드의 글렌터렛(Glenturret) 다음으로 두 번째로 오래된 곳이다. 설립자는 섬의 상인 데이비드 심슨(David Simpson)이며, 보모어 마을이 형성된 (1768년) 지 11년 후에 지어졌다.

보모어의 가장 큰 특징은 지금도 전통적인 플로어 몰팅을 진행한다는 점이다. 사용하는 보리는 아일라산이 아니지만, 스티핑(Steeping)[1]부터 몰팅(Malting)[2], 그리고 킬닝(Kilning)[3]까지 모든 과정을 증류소에서 직접 하고 있다. 사용하는 피트도 자체 피트 보그(Peat Bog)[4]에서 채굴한 것으로, 섬 중앙부의 다소 높은 지대에 있어 라프로익(Laphroaig)이나 포트 엘런(Port Ellen)에서 사용하는 피트와는 다르다. 전자는 바닷가 근처 피트로 요오드 향이 강한

---

[1] 맥아 제조 과정의 첫 단계. 보리를 물에 담가 흡수시키는 과정.
[2] 보리를 물에 불려 발아시키는 과정. 이 과정에서 전분이 당으로 분해되기 시작한다.
[3] 발아된 보리(그린 몰트)를 건조시키는 과정. 피트를 태워 훈연 향을 입히기도 한다.
[4] 피트가 채굴되는 습지 또는 이탄층.

반면, 보모어의 피트는 다소 건조하고 온화한 피트 스모크가 특징이다.

맥아의 페놀 수치도 25~30ppm으로, 포트 엘런제 맥아의 34~38ppm에 비해 중간 정도이다. 보모어 맥아의 우아한 풍미는 예로부터 '아일라 몰트의 여왕'이라 불려 왔다. 다만 자체 제조한 맥아 비율은 30% 정도이고, 나머지는 본토의 심슨즈(Simpsons)에서 조달하고 있다.

보모어는 한 번 생산할 때 8t의 맥아를 사용하며, 그중 2.5t은 자체 제조 맥아이고 나머지

■ **Tasting Note(OB 12년, 40%)**

아로마 : 플로럴하고 복합적. 온화하고 제대로 된 피트향. 호지차(볶은 녹차), 선향(線香), 하얀 연기 향. 물을 더하면 꿀, 프루티해진다.

플레이버 : 스무스하고 스위트, 피티. 복합적인 깊은 맛과 온기가 가득한 풍미가 있다. 밸런스가 뛰어나다.

종합평가 : 이전의 12년산보다 가벼운 인상이지만, 깊은 맛과 복합성이 있다. 스트레이트로 즐길 것.

SCORE : 86.5점

■ **증류소 정보**

소재지 : Bowmore, Isle of Islay, Argyll & Bute PA43 7GS

웹사이트 : https://www.bowmore.com/

소유자 : 산토리 글로벌 스피리츠

설립 연도 : 1779년

발효조 : 오리건 파인 6기

증류기 : 초류 2기, 재류 2기

용수 : 라간 강(River Laggan)

연간 생산능력 : 200만ℓ

블렌디드 위스키 : 로브 로이(Rob Roy), 아일라 레전드(Islay Legend)

보모어 ● Bowmore

5.5t은 심슨즈 제품이다. 페놀 수치는 같으며, 이 둘을 섞어 사용한다. 매시 턴은 세미 라우터 턴으로, 원래 주라(Jura) 증류소에서 사용하던 중고 제품이라는 점이 흥미롭다.

얻어지는 맥즙은 약 4만ℓ이며, 이를 1기의 발효조로 옮겨 발효가 진행된다. 재질은 오리건 파인이다. 발효는 짧은 것과 긴 것 두 가지가 있는데, 각각 60시간과 90시간으로 설정되어 있다.

팟 스틸은 초류 2기, 재류 2기이다. 1기의 발효조에서 얻은 4만ℓ의 밑술을 2등분해 초류 스틸 2기에 투입한다. 재류 스틸에는 로우 와인과 이전 회차의 페인츠를 합하여 약 1만 1000ℓ를 채운다. 둘 다 냉각은 셸 앤 튜브 콘덴서 방식이다.

재류 때 미들 컷(Middle Cut)은 71~68.8%로, 아일라 섬 남쪽 해안의 라프로익이나 라가불린(Lagavulin)에 비해 높다. 그만큼 피트(Peat)에서 유래하는 페놀 향은 억제된다. 페놀 향은 재류의 후반부에서 더 강하게 나타나기 때문

스트레이트 헤드형 스틸과 증류 담당 직원.

킬른(Kiln)의 화구에 피트를 투입하는 모습. 보모어의 피트는 섬 중앙에서 채굴한 독자적인 것이다.

이다. 보모어가 아일라 위스키의 중용, 즉 "아일라 몰트의 전체적인 모습을 알고 싶다면 보모어를 마시면 된다"고 불려온 것은 이 때문이다.

보모어의 캐스크에 넣는 원액의 알코올 도수는 63.5%이다. 현재 던니지식 창고 2개 동과 랙식 창고 1개 동의 숙성고가 있다. 플로어 몰팅과 함께 보모어의 또 다른 특징은 보모어 창립 시점부터 존재했던 No.1 볼트(Vault), 즉 제1숙성고이다.

스코틀랜드 최고(最古)의 이 숙성고는 석벽의 두께가 1m 가까이 되며, 바다 쪽으로 튀어나오도록 지어져 만조 시에는 해수면 아래 1m까지 잠기기도 한다. 블랙 보모어(Black Bowmore) 등 수많은 전설적인 위스키를 탄생시킨 곳이 바로 이 제1숙성고이다. 현재 연간 생산 능력은 약 200만ℓ로, 아일라 싱글 몰트 중에서는 라프로익, 라가불린 다음으로 판매량 3위이다.

비지터센터와 매장도 잘 갖춰져 있으며, 일

1964년에 증류되어 셰리 캐스크에서 숙성된 통칭 블랙 보모어이다. 지금도 그 맛을 잊을 수 없다.

찍부터 관광객을 적극적으로 맞이해왔다. 증류 폐액의 열을 이용하여 온수 수영장을 만들고 섬 주민의 복지에 기여하는 것도 독특하다. 아일라 섬은 사방이 바다로 둘러싸여 있지만, 이 수영장이 생기기 전까지 대다수의 섬 주민들은 수영을 할 수 없었다고 한다. 위스키 제조는 섬의 산업인 동시에 섬 주민 생활의 중심이기도 하다.

제2차 세계 대전 중에는 해군 비행정 훈련 기지로 이용되었다는 점도 흥미롭다. 보모어가 접한 인달 만(Indaal Bay)이 잔잔하여 훈련에 적합했을 것으로 보인다.

OB 15년
43% / 700㎖

OB 18년
43% / 700㎖

OB No.1
40% / 700㎖

브레이발 ● Braeval

가톨릭 신자들이 숨어든 곳에 있는 시바스 리갈의 원액 증류소

브레이발은 과거 브레이즈 오브 글렌리벳(Braes of Glenlivet)이라고 불렸으나, 1994년에 현재의 이름으로 개칭됐다. 원래 씨그램을 이끌었던 캐나다의 새뮤얼 브론프만(Samuel Bronfman)이 더 글렌리벳(The Glenlivet)의 이름을 따서 붙인 것이었다. 이후 1994년 더 글렌리벳과 혼동을 피하기 위해 현재의 이름이 되었다.

증류소는 씨그램이 1970년대에 스페이사이드 산간 지역에 건설한 두 개의 증류소 중 하나다. 설립된 해는 1973년[1]으로 비교적 최근에 지어졌다. 증류소가 있는 채플타운(Chapeltown)은 종교 탄압을 피해 온 가톨릭 신자들이 건설한 작은 마을이다. 브레이(Brae)는 게일어로 '계곡 상부의 가파른 경사지'를 의미한다.

길은 증류소에서 막다른 골목이 되며, 주변은 말 그대로 리벳 강(River Livet)의 깊은 계곡이라고 부르기에 손색이 없다.

관광객은 물론, 현지인도 좀처럼 발길이 닿지 않는 숨어 있는 마을이다. 겨울이 되면 눈에 파묻혀 탱크로리 통행도 어렵다고 한다. 해발 고도는 약 350m로, 스카치 증류소 중 가장 높은 곳에 위치해 있다.

가톨릭 신자 마을을 의식한 것은 아니겠지만, 증류소 외벽은 크림색으로 칠해져 어딘가 채플이나 수도원을 연상시킨다. 별명도 '이탈리안 채플'이다. 그러나 내부 생산 설비는 현대적이며, 모두 컴퓨터로 관리된다. 브레이발의 또 다른 특징은 숙성고를 가지고 있지 않다는 점이다. 알타바인과 마찬가지로 모든 캐스크는 키스(Keith)에 있는 시바스의 집중 숙성고로 운반되어 그곳에서 숙성된다.

한 번 생산할 때 맥아 9t을 사용하며, 매시 턴은 2016년에 최신 풀 라우터 턴으로 교체되었다. 발효조는 스테인리스 재질로 총 13기가 있으며, 발효 시간은 70시간으로 설정되어 있다.

팟 스틸은 볼형으로 초류 2기, 재류 4기, 총 6기이다. 독특한 점은 초류 증류기의 가열에 외부 가열 방식을 사용한다는 것이다. 이는 밑술을 외부로 꺼내 열교환기로 가열한 후 다시 스틸 내부로 되돌리는 방식으로, 글렌버기(Glenburgie)나 밀튼더프(Miltonduff), 글렌글라

찾아오는 사람 없이 산속에 고요히 자리 잡은 브레이발 증류소이다. 들리는 것은 새들의 지저귐과 바람 소리뿐이다.

---

1 다른 하나는 1975년 설립된 알타바인(Allt-á-Bhainne).

사(Glenglassaugh) 등에서도 채택하고 있다.

씨그램이 주류 사업에서 철수해 2001년 페르노리카가 시바스 브라더스를 인수했다. 현재는 이 회사 산하에 있다. 2002년에 한차례 폐쇄되었으나, 2008년부터 생산이 재개되었다. 현재 생산 능력은 연간 420만ℓ라고 한다.

■ Tasting Note(던베간 19년 50%)

아로마 : 스위트하고 플로럴. 고원 지대의 꽃, 꿀, 바닐라, 멘톨. 복합적이며 감초와 같은 단맛도.

플레이버 : 탄탄하다. 달고, 매운맛의 밸런스도 잡혀 있다. 스파이시하고 우디. 물을 더하면 스위트해진다.

종합평가 : 보틀러즈(독립병입자)의 19년 위스키이지만, 영락없이 고원의 몰트 위스키다운 느낌이다. 소량의 물을 더해 마시는 것이 좋다.

SCORE : 85.0점

■ 증류소 정보

소재지 : Chapeltown, Ballindalloch, Moray AB37 9JS

소유자 : 페르노리카

설립 연도 : 1973년

발효조 : 스테인리스 13기

증류기 : 초류 2기, 재류 4기

용수 : 프리니·케이트의 우물물(Preenie & Kate's Well)

연간 생산능력 : 420만ℓ

블렌디드 위스키 : 시바스 리갈(Chivas Regal), 패스포트(Passport), 100 파이퍼스(100 Pipers)

브루독 ● Brew Dog

세계를 놀라게 한 한 마리 외로운 늑대, 브루독의 혁신적인 증류소

'위스키 업계의 외로운 늑대'라고 불리는 론 울프(LoneWolf) 증류소는 애버딘 교외의 엘론(Ellon) 공업단지에 2016년 탄생했다. 창업 3년이 지난 2019년에 증류소 이름을 '외로운 늑대'에서 모회사 이름인 브루독으로 바꾸었다. 브루독이라는 이름이 더 친숙하기 때문이라고 한다.

브루독은 크래프트 맥주의 선두주자로서 전 세계에 이름을 알리고 있다. 애버딘 북쪽, 북해를 바라보는 프레이저버러(Fraserburgh)에서 두 명의 젊은이가 2007년 창업했다. 이 회사는 불과 10년 만에 영국 최대의 크래프트 맥주 회사로 성장하며 전 세계를 놀라게 하고 있다.

"브루독이 만드는 위스키는 단순히 크래프트 위스키여서는 안 된다. 전 세계 누구도 맛본 적 없는 위스키, 스피릿을 목표로 한다."

애버딘 교외의 엘론 지역에 있는 브루독 공장. 증류소는 공장 한쪽에 있다.

외로운 늑대 일러스트가 그려진 벽 앞에 기묘하고 괴상한 스틸들이 늘어서 있다. 마치 중세 연금술사의 작업장 같다.

28세의 나이에 헤드 디스틸러를 맡은 스티븐 커슬리(Steven Kersley)는 헤리엇와트 대학(Heriot-Watt University)을 졸업한 수재이다. 스티븐은 독일 업체 홀슈타인(Holstein)과 손잡고 이제껏 본 적 없는 증류기들을 만들었다. 늑대 그림이 그려진 커다란 벽 앞에 이 기묘하고 괴상한 스틸들이 늘어서 있다.

그중에서도 위스키와 스피릿의 초류 스틸은 벌지(Bulge)[1]가 꼬치에 3개가 꿰어진 듯한 모양을 하고 있다. 말 그대로 외로운 늑대의 길을 가는 듯한 기이한 광경이다. 컬럼 스틸(Column Still)[2]도 가는 파이프가 하늘을 찌를 듯이 솟아 있다. 높이 19m, 내부에 60단 선반을 갖춘 이 컬럼 스틸로 알코올 도수 96.4%의 스피릿을 증류한다고 한다.

위스키 제조 과정은 기본적으로 브루독의

---

1 둥글게 부풀어 있는 팟 스틸의 중간 부분.

2 연속적으로 증류할 수 있는 증류기. 주로 그레인 위스키를 만드는 데 사용된다.

맥주와 동일하다. 발효는 약 7일간 하며, 밑술의 알코올 도수는 10%로 높은 편이다. 2019년에 라이(Rye) 위스키를 출시했다. 진, 보드카용 원료는 밀 50%, 보리 맥아 50%이지만, 라이 위스키의 원료는 70%가 보리 맥아, 30%가 호밀이라고 한다. 숙성은 50ℓ의 새 캐스크에 담아 진행한다. 첫 한 달은 30℃로 온도가 관리되는 창고에서 숙성시킨 후, 일반 창고로 옮긴다고 한다. 그야말로 고고한 증류소이다.

■ Tasting Note(론울프 진 40%)
아로마 : 자몽, 레몬, 라벤더, 주니퍼베리향. 부드럽고 신선하다. 라임, 고수 씨앗.
플레이버 : 부드럽고 매끄러우며 밸런스가 잡혀 있다. 고수나 파드득나물 같은 향미도.
종합평가 : 일러스트의 강렬한 인상에 비해 우아하고 고상하다. 온더락으로 마시고 싶다.
SCORE : 87.5점

■ 증류소 정보
소재지 : Balalmacassie Commercial Park, Ellon, Aberdeenshire AB41 8BX
홈페이지 : www.brewdog.com
소유자 : 브루독
설립 연도 : 2016년
발효조 : 스테인리스제(브루독 양조장)
증류기 : 초류 1기, 재류 1기, 그 외 컬럼 스틸, 진 스틸
용수 : 현지 상수도
연간 생산능력: 45만ℓ
블렌디드 위스키 :

브로라 ● Brora

옛 클라이넬리시 증류소였던 브로라의 모습이다. 킬른(Kiln)과 웨어하우스 모두 19세기에 지어진 건물이다.

14년만 생산된 환상 속의
몰트 증류소가 부활

브로라 증류소는 1819년에 설립되었다. 원래 밀주를 막기 위해 토지 소유자인 서덜랜드 공작이 세운 곳으로, 오랫동안 클라이넬리시로 불렸다. 그러나 1967년에 당시 소유자였던 DCL이 옆에 새로운 증류소를 짓고 그곳을 클라이넬리시로 부르면서, 기존 증류소는 '클라이넬리시 B'라는 이름으로 불리게 되었다.

두 곳은 2년간 번갈아 가며 가동되었다. 당시 조니워커의 판매량이 급격히 늘면서 스모키한 원액이 필요해졌다. 이에 따라 1969년 클라이넬리시 B는 브로라로 이름을 바꾸고 피티드 맥아를 전문적으로 사용하기 시작했다.

두 증류소의 차이점은 기존 증류소는 옛 방식대로 야외 웜 텁(worm tub)을 사용한 반면, 새로운 클라이넬리시는 현대적인 셸 앤 튜브 콘덴서를 사용했다는 것이다. 그 외에는 스틸의 크기와 모양이 모두 같았다. 다만 피티드 맥아는 1970년대 말까지 사용되었고, 그 이후에는 생산도 불규칙해졌다(35~40ppm의 헤빌리 피티드는 1970년대 중반에만 사용되었다).

브로라가 생산을 중단한 것은 1983년이다. 따라서 브로라 이름으로 생산된 기간은 14년이며, 이 중 헤빌리 피티드 맥아를 사용한 기간은 6~7년 정도이다.

1990년대 이후 브로라는 옛 UD(현 디아지오)의 '레어 몰트 시리즈'로 병입되었고, 2002년부터는 디아지오의 '스페셜 릴리스'로 매년 30년이 넘는 한정판 보틀이 출시되었다. 2019년에는 클라이넬리시 설립 200주년을 기념해 40년 숙성 제품이 출시되기도 했다.

브로라의 재건 계획은 2017년에 발표됐다. 건물은 기존 건물을 그대로 활용했고, 스틸은 애버크롬비(Abercrombie)가 이전과 완전히 동일한 모양과 용량으로 2기를 새로 제작했다. 클라이넬리시의 방문객 센터도 새롭게 단장되었다.

■ Tasting Note(OB 38년, 48.6%)

아로마 : 스모키하지만 깊이 있는 아로마. 도취감이 있다. 축축한 웨어하우스와 지하 와인 셀러, 토피향.

플레이버 : 관능적이고 깊이 있는 달콤함과 기분 좋은 풍미가 오래도록 이어진다. 희미한 랑시오(Rancio)[1]. 스모크가 안개처럼 입안을 떠돈다.

종합평가 : 더 이상의 평가는 필요 없을 것이다. 만날 수 있었던 것을 기뻐해야 한다.

SCORE : 95.0점

■ 증류소 정보

소재지 : Brora, Sutherland, Highland KW9 6LB

홈페이지 : https://www.malts.com/

소유자 : 디아지오

설립 연도 : 1967년(1819년)

발효조 : 오리건 파인 4기

증류기 : 초류 1기, 재류 1기

용수 : 클라인밀턴 강(Clynemilton Burn)

연간 생산능력 : 100만ℓ

블렌디드 위스키 :

1 셰리 오크통에서 장기간 숙성된 위스키에서 나는 독특한 풍미. 견과류, 말린 과일, 가죽, 흙 등의 복합적인 향을 낸다.

브룩라디 | ◉ Bruichladdich

1881년에 설립된 브룩라디. 대부분의 건물이 그 당시 그대로이다. 스카이블루색은 바다의 색을 표현한 것이다.

스카치 위스키에 떼루아(Terroir)를 도입한 아일라 몰트의 혁신적인 증류소

브룩라디 증류소는 아일라 섬의 인달 만 (Loch Indaal)을 사이에 두고 보모어(Bowmore) 마을 맞은편에 1881년 설립됐다. 원래는 하비 (Harvey) 가문이 창업했으나, 이후 여러 차례 소유주가 바뀌었고, 그때마다 운영 중단과 재 가동을 반복했다. 생산을 했던 기간보다 휴업 한 기간이 더 길 정도다. 이 상황은 2000년 머레이 맥다비드(Murray McDavid)가 인수한 뒤 상황이 극적으로 바뀌었다.

이 회사는 와인 사업을 운영하던 마크 레이 니어(Mark Reynier) 등이 런던에 설립한 회사 다. 그들이 제조 책임자로 영입한 인물이 '아 일라의 전설적인 인물', 전 보모어 브랜드의 앰배서더인 짐 맥이완(Jim McEwan)이었다.

짐 맥이완 등을 중심으로 재건 계획이 세워 졌고, 2001년 5월 브룩라디는 멋지게 부활 하게 된다. 이 이야기는 《위스키 드림(Whisky Dream)》이라는 책으로도 출간되었고, 전 세 계에 아일라 몰트 팬이 많아지는 계기가 되 었다. 2012년 프랑스의 레미 코앵트로(Rémy Cointreau)가 새 소유주가 된 이후에도 짐 맥 이완의 유산은 살아 숨쉬고 있다.

가장 큰 유산 중 하나가 스카치 위스키에 '떼루아'라는 개념을 도입한 것이다. '스카치 위스키인데 보리가 스코틀랜드산이 아니면 이상하다'는 마크 레이니어의 소박한 의문에서 시작한 것이지만, 짐 맥이완은 '그렇다면 아일라산 보리를 사용하자'고 제안하면서 전례 없는 프로젝트가 시작되었다.

문제는 아일라 섬에서는 거의 100년간 보리를 재배한 사람이 없었다는 점이다. 19세기 이후 아일라는 목축업에 크게 의존해 왔고, 습윤한 기후는 현대의 보리 품종 재배에 적합하지 않다고 여겨져 왔다. 게다가 수만 마리의 흰얼

■ Tasting Note(OB 더 클래식 라디, 50%)

아로마 : 리치하고 복합적. 맥아, 헤더 꿀, 볶은 콩가루 떡. 뒤에는 은은한 스모크. 물을 타면 바닐라, 메이플.

플레이버 : 달콤하고 리치, 스파이시. 약간 오일리. 여운은 길며, 풍부한 콘텐츠가 담겨 있다.

종합평가 : 고전적인 브룩라디. 복잡한 풍미와 개성이 있고, 약간의 물을 타서 마시는 것을 추천.

SCORE : 86.0점

■ 증류소 정보 요약

소재지 : Bruichladdich, Isle of Islay, Argyll & Bute PA49 7UN

홈페이지 : https://www.bruichladdich.com

소유자 : 레미 코앵트로(Rémy Cointreau)

설립 연도 : 1881년

발효조 : 오리건 파인 6기

증류기 : 초류기 2기, 재류기 2기. 진용 스틸 1기

용수 : 언덕 위 저수지

연간 생산능력 : 150만ℓ

블렌디드 위스키 :

브룩라디 ● Bruichladdich

바닥과 천장도 목조 그대로인 증류동. 사용 중인 스틸은 연륜이 느껴진다. 이는 위스키용이다.

굴기러기가 날아드는 국제적인 보호구역이어서, 방목지를 경작지로 전환하는 것은 그렇게 간단한 일이 아니었다.

그러나 짐 맥이완 등의 끈질긴 노력으로, 현재는 전체 몰트 원료의 50% 이상을 아일라산 보리로 조달할 수 있게 됐다. 나머지도 전부 스코틀랜드산을 사용한다. 지금은 총 26곳의 계약 농가로부터 보리를 조달하고 있다.

브룩라디는 클래식 라디(Classic Laddie), 포트샬럿(Port Charlotte), 옥토모어(Octomore)의 3가지 몰트 위스키를 만드는 것으로도 유명하다. 각각의 맥아는 페놀 수치가 다르다. 클래식 라디는 논-피티드(Non-peated), 포트샬럿은 40ppm, 옥토모어는 80~300ppm이다.

한 번 생산할 때 공통적으로 맥아 7t을 투입한다. 매시 턴은 부나하벤에서 가져온 중고 제품으로, 주철제 오픈 스타일이며 140년 가까이 사용하고 있다. 얻어지는 맥즙은 3만5000ℓ로, 발효조는 오리건 파인제 6기, 효모는 마우리의 드라이 이스트, 발효 시간은 60~100시간이다. 밑술의 알코올 도수는 6~7%로 다소 낮은 편이다.

팟 스틸은 초류 2기, 재류 2기 등 총 4기로, 미들 컷(Middle Cut)은 76~64%로 비교적 높게 설정돼 있다. 병입 설비도 자체 보유하고 있으며, 알코올 도수를 맞추기 위해 물을 더할 때에도 아일라의 물을 사용하고 있다.

다만 플로어 몰팅은 하지 못하고 있다. 자가 맥아 생산은 1961년에 중단되었고, 이후 맥아

'더 보타니스트'는 식물학자를 뜻하며, 세계 유일의 개조형 로몬드 스틸로 증류된다.

아일라의 전설의 남자'라 불린 짐 맥이완. 그가 아일라 보리의 부활을 이끌었다.

를 생산하지 않았다. 현재는 새로운 맥아 생산 시설을 계획하고 있으며, 살라딘 박스 방식으로 맥아를 제조할 예정이다.

브룩라디의 다른 특징은, 더 보타니스트(The Botanist)라는 진을 만들고 있다는 점이다. 주니퍼베리 등 기본적인 보타니컬 외에도 아일라 섬에 자생하는 22종의 야생 허브를 보타니컬로 사용한다.

사용하는 증류기는 과거 인버레븐(Inverleven) 증류소에 있었던 로몬드 스틸(Lomond Still)을 개조한 것으로, 세계에 단 하나뿐인 증류기이다.

포트샬럿 10년
50% / 700㎖

옥토모어 11.1 스코티시
보틀리 59.4% / 700㎖

브룩라디 아일라 보틀리
2011 50% / 700㎖

부나하벤 ⦿ Bunnahabhain

남아프리카 기업이 소유한
커티 삭의 몰트 원액 생산 증류소

부나하벤은 게일어로 하구(河口)라는 의미다. 용수로 사용하는 마가데일 강(Margadale River)의 하구에 증류소가 있기 때문에, 그 이름을 붙였다.

증류소는 1881년에 창업되었고, 실제 생산은 1883년부터 시작됐다. 부나하벤은 원래 아일라 몰트 중에서는 비교적 가벼운 스타일이었고, 완전한 논-피티드(Non-peated) 스타일로 정착한 것은 제2차 세계대전 이후이다. 당시 부나하벤은 블렌디드 위스키 커티 삭(Cutty Sark)의 원액으로 쓰였고, 커티 삭은 가벼운 스타일을 요구했다.

하지만 1997년쯤부터 시험적으로 피티드 몰트 생산을 시작했고, 2004년에는 부나하벤 최초의 스모키 몰트인 '모인(Mòine)'이 출시됐다. 현재는 전체 생산량의 40%가 피티드 몰트라고 한다. 맥아는 포트 엘런제

증류소 입구에는 빈 캐스크가 쌓여 있다. 바다 건너 보이는 것은 팹스 오브 주라(Paps of Jura)이다.

로, 피트(peat) 농도를 나타내는 페놀 수치는 34~38ppm이다. 쿨일라(Caol Ila)나 라가불린(Lagavulin)과 비슷한 수준이다.

부나하벤은 현재 1회 증류에 12.5t의 맥아를 사용한다. 쿨일라와 같은 규모다. 다만 맥즙량은 6만4000ℓ로, 쿨일라보다 많다. 발효조는 오리건 파인제로 총 6기 있다. 사용하는 효모는 마우리(Mauri)의 드라이 이스트로, 1기에 250㎏을 투입한다. 발효시간은 55~110시간으로, 밑술의 알코올 도수는 약 7.5%이다.

팟 스틸은 초류 2기, 재류 2기 등 총 4기이지만, 모양이 매우 독특하다. 라가불린과 같이 목이 잘록하지 않은 스트레이트형이지만, 라가불린이 양파 같은 모양이라면, 이쪽은 락교처럼 유머러스한 모양을 하고 있다.

부나하벤에서는 발효조 1기에서 얻은 밑술을 4등분하고, 초류 스틸 2기에 각각 1만6000ℓ씩 채운다. 재류 스틸의 용량은 9000ℓ이며, 심플한 스타일이다.

과거에는 증류소에 인접한 거대한 숙성고가

락교처럼 기묘한 형태를 한 팟 스틸. 전부 거대하며, 4기가 가동된다.

있어 오크통 3만 개에 가까운 원액이 비축되어 있었다. 현재는 새로운 비지터센터를 위한 공사가 진행되고 있어, 싱글몰트용 이외는 전부 본토의 딘스턴(Deanston)으로 가져가고 있다고 한다.

현재 소유자는 남아프리카공화국의 디스텔(Distell)로, 같은 회사에 멀섬의 토버모리, 남 하이랜드의 딘스턴이 있어 현재 딘스턴에 원액을 집중시키고 있다.

■ Tasting Note(OB 12년 46.3%)

아로마 : 깊고 리치. 밀기울, 마포. 약간 오일리하며, 희미하게 잉크 냄새가 난다. 물을 추가하면 루티하고 캐러멜.

플레이버 : 리치하고 복잡하다. 감초, 허브, 약초, 한약. 물을 추가하면 단맛으로 변한다.

종합평가 : 예전의 신선한 바다 느낌은 없지만, 복잡한 깊이와 독특한 개성을 즐길 수 있다. 온더락 또는 트와이스업(TWICE UP)[1]을 추천

SCORE : 84.0점

■ 증류소 정보

소재지 : Bunnahabhain, Isle of Islay, PA46 7RP
홈페이지 : https://bunnahabhain.com/
소유자 : 디스텔 그룹
설립 연도 : 1881년
발효조 : 오리건 파인 6기
증류기 : 초류 2기, 재류 2기
용수 : 마가데일 강
연간 생산능력 : 270만ℓ
블렌디드 위스키 : 커티 삭, 블랙 보틀(Black Bottle)

1 위스키에 상온의 물을 1대1로 더하는 방식. 위스키의 향을 잘 느끼게 해주는 음용법이다.

쿨일라 ● Caol Ila

아일라 해협의 웅장한 파노라마가
자랑. 블렌더의 평가가 높은 우등생

라가불린과 같은 포트 엘런제의 페놀 수치 34~38ppm의 맥아를 사용하면서도, 경쾌하고 스모키하며 심플한 스타일을 추구해온 것이 쿨일라 증류소다. 라가불린이 1988년에 발매되어 '클래식 몰트' 중 하나로 일찍이 아일라 몰트의 대표격으로 불려온 반면, 쿨일라는 생산량이 라가불린의 거의 3배 가까이 되지만 오피셜 시리즈로 출시된 것은 '꽃과 동물 시리즈'나 '레어 몰트 시리즈'의 한정판뿐이었다.

이 상황이 크게 바뀐 것은 2002년에 발매된 '히든 몰트 시리즈'부터였다. 당시 12년, 18년, 캐스크 스트렝스의 3종이 동시에 발매되어 많은 쿨일라 팬을 낳는 계기가 되었다.

쿨일라는 조니워커 등의 원액으로, 생산량의 95% 이상이 블렌딩용으로 사용되고 싱글 몰트는 2~3%라고 말해져 왔다. 현재는 세계적으로 쿨일라의 인기가 높아져 15% 정도가 싱글 몰트용이라고 한다.

쿨일라는 한 번 생산할 때 맥아 12.5t을 투입할 정도로 규모가 크다. 매시 턴은 브릭스(Briggs)가 만든 최신 풀 라우터 턴을 사용한다. 얻어지는 맥즙은 약 5만8000ℓ이다. 이것을 한 기의 발효조로 옮겨 발효가 이뤄진다. 발효조는 오리건 파인제 8기, 스테인리스제 2기 등 총 10기 있다. 사용하는 효모는 마우리사의 리퀴드 이스트로, 1기에 약 300ℓ를 첨가한다.

발효 시간은 55시간의 숏과 120시간의 롱, 두 종류가 있으며, 그 두 가지를 구분해서 사용한다. 밑술의 알코올 도수는 8~10도이다.

팟 스틸은 모두 스트레이트 헤드형으로, 초류 3기, 재류 3기 등 총 6기가 있다. 팟 스틸이 전면 유리로 된 스틸하우스에 일렬로 늘어서 있는 광경은 장관이어서 보는 이를 압도한다. 게다가 눈 앞에는 주라 섬과 아일라 해협의 웅장한 파노라마가 펼쳐져 있어서 압권이다.

특이한 점은 약 30%를 논-피티드 맥아로 양조하고 있다는 것이다. 이것은 블렌더들의 요구가 있었기 때문이라고 한다. 또한 라가불린이 아일라 섬에서 싱글 몰트용을 숙성하는 것과 달리, 쿨일라는 거의 전량을 탱크로리에 실어 본토로 운반해 그곳에서 오크통에 넣고 숙성한다.

쿨일라에서는 현재 비지터센터를 포함한 대규모 리노베이션 공사가 진행 중이다. 이것

아일라 해협 쪽으로 돌출되듯 지어진 쿨일라 증류소.

은 조니워커의 4개 키 몰트를 '포 코너즈(Four Corners)'로 확장하기 위한 것이라고 한다.

참고로 쿨일라는 게일어로 '아일라 해협'이라는 뜻이다. 냉각수는 이 아일라 해협의 해수를 이용하고 있다.

■ Tasting Note(OB 12년 43%)

아로마 : 스모키하고 피티. 요오드, 바닷바람, 파워풀. 수지(樹脂)를 포함한 나무 연기. 이윽고 맥아, 스위트하게.

플레이버 : 스모키하지만 스위트. 피니시는 스파이시하며, 언뜻 불에 탄 장작 재가 입안에 오래 남는 듯하다.

종합평가 : 아일라의 전형이자 우등생. 우선 아일라 몰트를 알기 위해서는 이것부터.

SCORE : 87.5점

■ 증류소 정보

소재지 : Port Askaig, Isle of Islay, Argyll & Bute PA46 7RL

홈페이지 : https://www.malts.com/

소유자 : 디아지오

설립 연도 : 1846년

발효조 : 오리건 파인 8기, 스테인리스 2기

증류기 : 초류 3기, 재류 3기

용수 : 넘반 호(Loch nam Ban)

연간 생산능력 : 650만ℓ

블렌디드 위스키 : 조니워커(Johnnie Walker)

카듀 ⦿ Cardhu

두 명의 여제가 활약한
조니워커의 키 몰트

카듀는 스페이 강(River Spey) 중류 지역, 마녹 힐(Mannoch Hill)의 언덕 위에 세워진 증류소이다. 게일어로 '검은 바위'라는 뜻이다. 창업자인 존 커밍(John Cumming)이 위스키 제조를 시작한 것은 1811년이라고 한다.

커밍의 아내 헬렌(Helen)은 인근 밀주업자들 사이에서 '대장 엄마'라고 불린 여걸이었다. 사찰단이 순찰을 오면 일부러 숙소를 제공하고, 그들이 식사를 하는 동안 재빨리 헛간으로 달려가 지붕에 신호 깃발을 올려 동료들에게 사찰단의 방문을 알렸다고 한다.

그러나 그런 노력에도 불구하고 1824년까지 남편 커밍은 밀주 제조 혐의로 세 번이나 검거되었다. 이에 진저리가 난 것인지, 같은 해 정부 공인 증류소로 다시 시작하여 본격적으로 위스키 제조에 나섰다.

카듀의 역사에는 또 한 명의 유명한 여성이

팟 스틸은 키가 큰 스트레이트 헤드형이다. 과일 향이 풍부하고 깔끔한 술을 만들기 위해서이다.

등장한다. 바로 커밍의 아들 루이스(Lewis)의 아내 엘리자베스(Elizabeth)이다. 루이스가 죽은 후 증류소를 물려받은 엘리자베스는 당시 여성으로서는 드물게 뛰어난 경영 수완을 발휘하여, 19세기 후반에 카듀의 명성을 확고히 했다. 당시 '위스키 업계의 여제'라고 불렸다고 한다.

카듀의 성공은 대기업의 주목을 받았고, 1893년 존 워커 앤 선즈(John Walker & Sons)가 2만 파운드라는 거액으로 매입했다. 이후 카듀는 조니워커(Johnnie Walker)의 키 몰트로 오늘에 이르고 있다.

엘리자베스가 여제라고 불린 이유는 증류소를 매각할 때 커밍 가문이 워커사의 주식을 계속 보유하고, 대대로 이 회사의 이사직에 오르도록 약속을 받아냈기 때문이다. 엘리자베스의 손자인 로널드(Ronald)는 워커사 회장, 나아가 모회사인 DCL사의 회장까지 역임하며 귀족 작위를 받았다.

카듀의 연간 생산 능력은 340만ℓ이다. 거의

스페이 강 왼쪽 언덕 위에 있는 카듀 증류소. 주변에는 멋진 보리밭이 펼쳐져 있다.

90% 이상이 조니워커의 원액으로 사용되지만, 싱글 몰트로서의 인기도 높아, 디아지오 내에서는 싱글톤(더프타운, 글렌오드, 글렌둘란 등 세 가지), 탈리스커(Talisker) 다음으로 판매량이 많은 브랜드가 되었다.

　현재는 한 번 생산할 때 맥아 8t을 사용하며, 발효조는 총 10기이다. 스틸은 모두 스트레이트 헤드형으로 6기가 가동 중이다.

■ Tasting Note(OB 12년, 40%)
아로마 : 스위트하고 온화하다. 시트러스 계열의 과일, 사과, 메이플, 흰 꽃 향. 크림. 물을 더해도 향이 무너지지 않는다.
플레이버 : 스위트하고 라운드, 마일드. 꿀. 밸런스가 아주 뛰어나다. 라이트에서 미디엄 바디.
종합평가 : 역시 조니워커의 키 몰트 답다. 화려하진 않지만 안정감이 있고 맛있다. 스트레이트로 마시길.
SCORE : 85.5점

■ 증류소 정보
소재지 : Knockando, Aberlour, Moray AB38 7RY
홈페이지 : https://www.malts.com/
소유자 : 디아지오
설립 연도 : 1824년
발효조 : 낙엽송 8기, 스테인리스 2기
증류기 : 초류 3기, 재류 3기
용수 : 마노크힐의 샘물
연간 생산능력 : 340만ℓ
블렌디드 위스키 : 조니워커

클라이드사이드 ● Clydeside

글래스고의 번영을 이끌었던 모리슨 가문의 후예인 팀 모리슨(Tim Morrison)이 2017년에 문을 연 곳이 글래스고 중심부에 위치한 클라이드사이드 증류소이다.

클라이드사이드의 '클라이드'는 글래스고를 동서로 가로지르는 클라이드 강(River Clyde)을 의미한다. 글래스고는 스코틀랜드의 상업, 공업, 무역 중심지로, 한때 '대영제국 제2의 수도'라고 불릴 정도였다.

특히 클라이드 강에서 클라이드 만(Firth of Clyde)을 거쳐 대서양으로 바로 나갈 수 있는 지리적 이점을 활용하여, 미국이나 캐나다와의 무역으로 번성했던 도시이기도 하다. 이를 가능하게 한 것이 클라이드 강의 개발과 국제 항구로서의 도크 건설이었다.

당시 글래스고에서 가장 크다고 알려진 퀸즈도크(Queen's Dock)를 건설한 사람이 모리슨 가문의 존 모리슨(John Morrison)이며, 그 도크 입구에 놓인 것이 개폐식 스윙 브리지(Swing Bridge)였다. 수백 톤에 달하는 그 다리를 움직인 것이, 현재 증류소의 리셉션 센터로 사용되고 있는 펌프 하우스의 하이드로 시스템(Hydro-System) 이다.

펌프 하우스는 1877년에 만들어졌다. 증조부가 만들었던 퀸즈도크와 그 동력을 공급했던 펌프 하우스를 개조하여 클라이드사이드 증류소를 지었고, 모리슨 가문이 140년 만에 글래스고로 돌아왔다고 화제가 되었다. 증류소는 2017년 11월에 문을 열었다.

클라이드사이드는 한 번 생산할 때 맥아 1.5t을 사용하며, 모두 논-피티드(Non-peated) 맥아이다. 증류소장인 알리스테어 맥도널드(Alistair McDonald)는 "이곳은 말 그대로 글래스고의 중심이다. 옛 글래스고 스타일, 로우랜드 스타일을 목표로 하고 있다"고 말했다.

얻어지는 맥즙은 약 7500ℓ이며, 발효조는 스테인리스 재질로 8기이다. 사용하는 효모

벽면이 넓은 유리로 되어 있고, 창문 바로 아래로 클라이드 강이 흐른다. 경치가 매우 아름다운 스틸 하우스이다.

산업 유산으로서 보존이 의무화된 펌프하우스이다. 하이드로 시스템의 높은 탑이 상징이다.

는 랄러먼드(Lallemand)의 건조 이스트이며, 발효 시간은 약 72시간이다. 팟 스틸은 2기뿐이며, 초류의 용량은 7500ℓ, 재류 용량은 5000ℓ이다. 미들 컷(Middle Cut)은 76.5%에서 71%까지이다.

논-피티드 맥아를 사용하고, 미들 컷의 폭이 좁은 것도 프루티하고 클린하며, 가벼운 로우랜드 몰트를 만들기 위해서이다. 대도시 한복판에서 위스키를 만들 수 없다는 업계의 상식에 일부러 도전하고 있는 것이 바로 클라이드 사이드이다.

■ 증류소 정보
소재지 : Stobcross Road, Glasgow G3 8QQ
홈페이지 : https://www.theclydeside.com/
소유자 : 모리슨 글래스고 디스틸러스(Morrison Glasgow Distillers)
설립 연도 : 2017년
발효조 : 스테인리스 8기
증류기 : 초류 1기, 재류 1기
용수 : 카트린 호(Loch Katrine)
연간 생산능력 : 50만ℓ
블렌디드 위스키 :

하마터면 대참사!?

위스키 세계에서 옐로우 서브마린(Yellow Submarine)이라고 하면 비틀즈가 아니라 브룩라디(Bruichladdich)를 가리킨다. 사실 2006년에 브룩라디가 '옐로우 서브마린'이라는 위스키를 출시하여 화제가 된 적이 있다.

사건의 발단은 아일라 섬의 어부가 바다에서 노란색 물체를 발견하고, 그것을 포트 엘런(Port Ellen) 항구로 끌고 와서 부두에 올린 것이다. 분명 군대와 관련된 물건으로 보였지만, 처음에는 영국 해군이 부인했다. 언론에서 큰 소동이 일자 마지못해 자신들의 무인 잠수함임을 인정하고 회수하러 왔다.

그 때 브룩라디의 짐 맥큐언(Jim McEwan)이 선물한 것이, 그 잠수함 사진을 라벨로 붙인 '옐로우 서브마린'이라는 위스키였다. 스페인 리오하(Rioja)의 레드 와인 캐스크에서 피니싱한 한정판이었는데, 군 관계자들에게는 곤란한 선물이었다. 그것은 공개하고 싶지 않은 군사 기밀 작전으로, 비밀리에 기뢰 제거 훈련을 하다가 잃어버렸기 때문이다.

큰 실수였는데, 나중에 밝혀진 바에 따르면 이 프랑스제 첨단 장비에는 폭약이 실린 채였다고 한다. 섬 주민들은 이 사실을 전혀 몰랐고, 만약 잘못해서 폭발했더라면 부두가 날아갔을지도 모른다.

그나저나 역시 짐 맥큐언 답게 사업 수완이 뛰어나다고 해야 할까….

클라이넬리시 ◉ Clynelish

서덜랜드 공작이 창업한
살쾡이가 상징인 숨겨진 명주

세계에서 가장 많이 소비되는 스카치 블렌디드 위스키는 조니워커(Johnnie Walker)이다. 그 스페이사이드 지역의 키 몰트가 카듀(Cardhu)라면, 하이랜드 지역의 키 몰트는 바로 이 클라이넬리시이다.

조니워커의 마스터 블렌더는 짐 베버리지(Jim Beveridge)로, 40년 이상 그 직을 수행하면서 2019년에 블렌더로는 최초로 OBE 훈장을 받았다. OBE는 대영제국훈장(Order of the British Empire)의 약칭으로, 대영제국에 공헌한 사람에게 수여되는 영예로운 훈장이다. 짐

묵직한 벌지형 팟 스틸이 전면 유리로 된 거대한 스틸 하우스에 늘어서 있다.

베버리지가 조니워커의 원액으로 가장 중요하게 여기는 것이 바로 이 클라이넬리시와 탈리스커(Talisker)라고 한다.

클라이넬리시의 창업은 1819년으로 초대 서덜랜드 공작(Duke of Sutherland)이 세웠다. 1916년 이후에는 존 워커(John Walker)가 소유했고, 그 후 DCL, 디아지오로 주인이 바뀌었다. 현재의 증류소는 1967년에 새로 지어진 것이며, 기존의 오래된 증류소는 이름을 바꿔 브로라(Brora)가 되었다. 즉, 같은 장소에 두 개의 증류소가 가동되었던 것이다.

하지만 브로라가 생산을 한 것은 1969년부터 10년 정도였고, 1983년에는 폐쇄되었다(현재 재가동을 위해 준비 중). 클라이넬리시가 전혀 피트(peat)가 없는 것에 비해, 브로라는 헤빌리 피티드의 원액을 만들었다.

클라이넬리시는 한 번 생산할 때 맥아 12.5t를 넣을 정도로 규모가 매우 크다. 매시 턴은 최신의 풀 라우터 턴이며, 발효조는 낙엽송 재질 8기, 스테인리스 재질 2기 등 총 10기이다. 스틸은 벌지형으로, 초류 3기, 재류 3기 등 총 6기가 가동 중이다. 스틸 하우스는 전면 유리로 되어 있어 브로라 마을과 그 뒤로 펼쳐진 북해를 한눈에 볼 수 있다.

연간 생산능력도 480만ℓ로 거대하지만, 싱글 몰트로 유통되는 양은 매우 적다. 오피셜 보틀로 시중에 유통되는 것은 살쾡이 그림이 그려진 14년 숙성 제품 정도밖에 없다. 살쾡이는 증류소를 창업한 서덜랜드 공작 가문의 부

(副) 문장이기도 하며, 지금도 하이랜드의 산
에 서식한다고 한다.

■ **Tasting Note(OB 14년 46%)**

아로마 : 리치하고 깊다. 복합적이고 두텁다. 프루티.
꿀, 서양 배, 메이플 시럽. 왁시(Waxy).

플레이버 : 달콤하고 깊이가 있다. 콘텐츠가 응축돼
있으며, 바디감이 풍부하다. 여운도 길고, 밸런스도 뛰
어나다.

종합평가 : 북부 하이랜드의 거친 자연에 의해 단련된
품격을 느낄 수 있다. 스트레이트로 마셔보길.

SCORE : 89.0점

■ **증류소 정보**

소재지 : Brora, Sutherland, Highland KW9 6LR

홈페이지 : https://www.malts.com/

소유자 : 디아지오

설립 연도 : 1819년(1967년)

발효조 : 낙엽송 8기, 스테인리스 2기

증류기 : 초류 3기, 재류 3기

용수 : 클라인밀턴 강(Clynemilton burn)

연간 생산능력 : 480만ℓ

블렌디드 위스키 : 블랙 앤 화이트(Black & White),
조니워커(Johnnie Walker)

크래건모어 ⦿ Cragganmore

아시아와 중남미에서 인기가 높아지고 있는 '올드 파'의 키 몰트

DCL이 기네스 그룹에 인수된 직후인 1988년, 그 후신인 UD에서 '클래식 몰트 시리즈(Classic Malts Series)' 6종을 출시했다. 위스키 생산 지역을 대표하는 6가지 싱글 몰트였는데, 스페이사이드의 대표로는 크래건모어가 선정됐다.

크래건모어는 존 스미스(John Smith)가 1869년에 설립한 증류소다. 스페이 강 중류, 에이번(Avon, 현지 발음으로는 아안) 강이 스페이 강과 합류하는 지점에 세워졌다. 존 스미스는 유명한 증류 장인으로, 글렌리벳(The Glenlivet), 맥캘란(Macallan), 글렌파클라스(Glenfarclas) 등 쟁쟁한 증류소의 매니저를 역임했다. 일설에 따르면, 그는 글렌리벳을 설립한 조지 스미스(George Smith)의 사생아였다고 한다.

존이 사망한 후 크래건모어는 그의 아들 도널드(Donald)가 이어받았다. 1923년에는 블렌디드 위스키 화이트 호스(White Horse)를 만든 피터 맥키(Peter Mackie)와 발린달로크(Ballindalloch) 성의 성주인 맥퍼슨-그랜트(Macpherson-Grant) 가문이 공동으로 증류소 인수에 성공했다. 이후 1965년 DCL이 모든 주식을 인수할 때까지 두 회사의 공동 경영이 계속되었다.

크래건모어는 클래식 몰트 6종 중 싱글 몰트 출하량이 가장 적다. 생산량이 연간 220만ℓ 정도로 적은 데다, 크래건모어가 올드 파(Old Parr)의 중요한 원액이어서 대부분이 블렌디드 위스키 제조에 사용되기 때문이다. 올드 파는 극동아시아 시장에서만 알려져 있었지만, 2000년대 이후 멕시코나 베네수엘라 등 중남미 국가에서 매출이 증가하고 있다. 현재는 스코틀랜드 블렌디드 위스키 상위 20위 안에 랭크인되어 있다고 한다.

크래건모어의 특징은 창업자 존 스미스가 설계한 T자형 재증류 스틸과 야외 웜 텁(worm tub) 냉각 장치다. 구리관(Worm)의 길이가 15~16m밖에 되지 않아(보통의 3분의 1 수준) 증

철로 만들어진 야외 웜 텁. 비슷한 웜 텁 중에서도 용량이 작고 구리관 길이도 짧다.

류 속도가 빠르다. 이것이 약간의 설퍼리(Sul-phury)[1]하고 복합적인 농후함을 만들어낸다.

현재 한 번 생산할 때 맥아 6.8t을 사용하며, 발효조는 오리건 파인 재질의 6개가 있다. 생산량은 적지만 싱글 몰트의 인기도 높아 연간 120만 병 정도가 출하되었다고 한다(2018년 기준).

---

1 위스키에서 나는 유황 같은 냄새다. 불쾌한 향으로 여겨지지만, 미묘한 복합성을 더하기도 한다.

■ Tasting Note(OB 12년 40%)

아로마 : 스위트하고 프루티. 청사과, 멜론, 서양 배, 바닐라, 메이플 시럽. 물을 더하면 더욱 매혹적인 향이 난다.

플레이버 : 스위트하고 라운드. 바디는 가볍지만 콘텐츠는 탄탄하다. 물을 더하면 바디감이 사라진다. 왁시하다.

종합평가 : 스페이사이드의 좋은 위스키이지만, 바디감이 조금 약하다. 소량의 물을 섞거나 스트레이트로 마시는 게 좋다.

SCORE : 85.0점

■ 증류소 정보

소재지 : Cragganmore, Ballindalloch, Moray AB37 9AB

홈페이지 : https://www.malts.com/

소유자 : 디아지오

설립 연도 : 1869년

발효조 : 오리건 파인 6기

증류기 : 초류 2기, 재류 2기

용수 : 크래건 강(Craggan Burn)

연간 생산능력 : 220만ℓ

블렌디드 위스키 : 조니워커, 올드 파

크레이겔라키 ● Craigellachie

밤낮없이 일한 피터가 사랑했던 스페이사이드의 주력 증류소

피딕(Fiddich) 강과 스페이(Spey) 강이 합류하는 지점에 있는 크레이겔라키 마을은 예로부터 교통의 요지로 알려져 왔다. 더프타운(Dufftown)에서 인버네스(Inverness)로 향하는 주요 도로 A95와 로시스(Rothes), 엘긴(Elgin)으로 향하는 A941이 교차하고, 토마스 텔포드(Thomas Telford)[1]가 설계한 아름다운 다리가 스페이 강 위에 놓여 있다.

크레이겔라키 증류소는 1891년에 설립되었다. 설립자 피터 맥키(Peter Mackie)는 처음에는 알렉산더 에드워드(Alexander Edward)와 공동 경영했지만, 나중에는 단독 소유가 되었다. 피터의 삼촌 J. L. 맥키는 라가불린(Lagavulin) 증류소의 소유주였고, 젊은 시절 피터는 라가

---

1 스코틀랜드의 토목 엔지니어. 수많은 도로, 교량, 운하 건설을 맡았다. 토목기술자협회(ICE, The Institution of Civil Engineers) 초대 회장을 맡아 사망할 때까지 14년 간 재임했다.

존 듀어(John Dewar)라고 붉은 글씨로 쓰여 있는 크레이겔라키 증류소다. 도로 옆에 있어 눈에 잘 띈다.

유리창이 넓게 펼쳐진 스틸 하우스에는 4기의 스틸이 있다. 라인 암은 약간 위를 향하고 있으며, 외부의 웜 텁(worm tub)으로 연결되어 있다.

불린에서 위스키 제조의 기초를 배웠다.

피터의 직원들과 동료들은 피터를 '레스틀리스 피터(Restless Peter, 쉼을 모르는 피터)'라고 불렀다고 한다. 그는 거구에 매우 정력적인 남자였다. "3분의 1은 천재, 3분의 1은 과대망상증, 그리고 3분의 1은 괴짜"라는 인물평이 남아 있다. "불가능은 없다(Nothing is Impossible)"는 말을 입버릇처럼 했고, 후에 화이트 호스(White Horse)의 사훈 중 하나가 되었다.

이런 피터에게 크레이겔라키는 가장 애착이 가는 증류소였을 것이다. 화이트 호스 연례 총회는 매년 스페이사이드의 산골에 있는 이곳 크레이겔라키에서 열렸다. 화이트 호스를 이끌고 위스키 산업에 기여한 공로로 피터는 나중에 기사 작위를 받았다.

크레이겔라키의 매시 턴은 최신식인 풀 라우터 턴이며, 한 번에 맥아 9.5t을 투입한다. 발효조는 낙엽송으로 만들어졌고 총 8기가 있다. 팟 스틸은 큰 스트레이트 헤드형이며,

초류와 재류를 합해 4기가 있다. 용수는 리틀 콘발 힐(Little Conval Hill)의 샘물을 사용하고, 냉각수는 피딕 강의 물을 사용한다. 크레이겔라키의 특징은 야외 웜 텁을 사용하는 것으로, 지금까지도 설립 당시의 전통을 굳건히 지키고 있다.

　과거에는 화이트 호스의 흰 말 간판이 특징이었지만, 1998년에 바카디가 인수했고, 현재는 과거 라이벌이었던 듀어스(Dewar's)의 원액을 만들고 있다. 피터가 이 사실을 알면 어떻게 생각할까?

■ **Tasting Note(OB 13년, 46%)**
아로마 : 온화하지만, 첫 향에 향초, 허브, 맥아 향이 난다 플로럴. 물을 더하면 스위트해진다.
플레이버 : 스위트하고 리치. 콘텐츠가 꽉 차 있고, 복합적인 농후함이 있다. 고전적인 맛이다. 물을 더하면 밸런스가 약간 무너진다.
종합평가 : 고전적인 스페이사이드 몰트다. 아로마와 플레이버 사이에 갭이 있다. 스트레이트로 천천히 마시는 것을 추천한다.
SCORE : 84.5점

■ **증류소 정보**
소재지 : Craigellachie, Moray AB38 9ST
소유자 : 바카디
설립 연도 :1891년
발효조 : 낙엽송 8기
증류기 : 초류 2기, 재류 2기
용수 : 리틀 콘발 힐(Little Conval Hill)의 샘
연간 생산능력 : 410만ℓ
블렌디드 위스키 : 듀어스

다프트밀 ● Daftmill

커스버트 가문이 부업으로 설립한, 옛 방식의 농가 겸업 증류소

파이프(Fife) 지역의 다프트밀 증류소는 2005년에 설립되었고, 첫 증류는 그해 12월 16일에 이루어졌다. 설립자는 쿠퍼(Cupar) 주변에 360헥타르(3.6㎢)에 이르는 광대한 농지를 소유한 프랜시스 커스버트(Francis Cuthbert) 가문이다. 가문의 본업은 농업으로, 보리, 밀, 채소 등을 재배하며 소와 양도 기르고 있다.

"목표는 농부가 부업으로 위스키를 만들었던 19세기 팜하우스 디스틸러리(Farmhouse Distillery)입니다. 사용하는 보리는 모두 자체 농장에서 생산하고, 맥아 찌꺼기는 모두 가축의 사료로 씁니다. 증류는 농한기인 여름 2개월과 겨울 2개월, 총 4개월만 합니다. 어디까지나 농업이 본업이므로, 증류하자마자 판매할 생각은 없습니다." 프랜시스의 말이다.

다프트밀은 한 번 생산할 때 맥아 1t을 사용한다. 보리는 자체 농장에서 생산한 것을 쓰지만, 맥아 제조는 알로아(Alloa)에 있는 몰팅 업체 크리스프(Crisp)에 의뢰한다.

추구하는 스타일은 로즈뱅크(Rosebank)처럼 프루티하고 스위트한 스타일이다. 이를 위해 피트(peat)는 전혀 사용하지 않는다. 매시 턴은 포사이스 제품이며, 약 5000ℓ의 맥즙을 추출한다. 발효조는 스테인리스 스틸 재질로 2기만 있다. 17세기에 지어진 오래된 물레방

천장이 낮은 오두막을 개조했기 때문에 스틸의 키가 작다. 하지만 가볍고 깨끗한 몰트를 만들 수 있다고 한다.

앗간을 개조해서 만들었기 때문에 공간의 여유가 없다.

팟 스틸도 포사이스 제품으로, 초류와 재류가 각각 1기씩 있다. 구리와 접촉을 늘리기 위해 증류 규모에 비해 스틸의 크기가 크고, 라인 암도 약간 위로 향하게 설치되어 있다. 또 로우랜드 스타일을 추구하기 위해 미들 컷(Middle Cut)은 78%에서 73%로 상당히 높게 설정했다. 사용하는 대부분의 오크 캐스크는 퍼스트 필 버번 캐스크(First-fill Bourbon Cask)[1]이다. 현재 연간 100개 캐스크를 사용하는 속도로 생산 중이다.

다프트밀의 첫 번째 병입 제품은 2018년 5월에 출시되었다. 629병 한정이었다. 이후 1년에 한두 번 정도 보틀링되고 있지만, 출시될 때마다 전 세계 위스키 팬들 사이에서 쟁탈전이 벌어져 순식간에 매진된다.

현재 판매권을 가진 곳은 런던의 유서 깊

---

1 미국 버번 위스키를 숙성시키는 데 한 번만 사용한 오크 캐스크.

은 주류 판매점인 베리 브로스 앤 러드(Berry Bros. & Rudd, BBR)[2]이다. 이 회사는 과거 커티삭(Cutty Sark)과 글렌로시스(Glenrothes) 브랜드를 갖고 있었다. 이 점도 몰트 위스키 팬들 사이에서 인기가 많은 이유 중 하나일 것이다.

---

2 영국에서 가장 오래된 와인·증류주(스피릿) 판매 회사. 성이 본(Bourne)으로 알려진 미망인(위도우 본)이 1698년 영국 런던에서 설립해 300년이 넘는 역사를 갖고 있다. 조지 3세(1760~1820) 재임 시기부터 영국 왕실의 공식 와인 공급업체였다. 여전히 가족이 소유하고 있으며, 런던의 세인트 제임스 스트리트 3번지(No.3 St James's Street,)에서 영업하고 있다. 홍콩, 싱가포르, 도쿄에 지사를 두고 있다.

■ **Tasting Note(OB 2007년 윈터 배치 46%)**
아로마 : 맥아당, 유칼립투스 오일, 린넨, 허브. 은은한 마라스키노 체리 향도 있다. 복합적이고 개성이 있다.
플레이버 : 리치하고 쥬시. 콘텐츠가 응축되어 있다. 스위트하고 스파이시.
종합평가 : 아로마는 아직 숙성이 덜 된 듯한 느낌이 있지만, 플레이버는 콘텐츠가 응축되어 있어 맛이 좋다. 전 세계적인 인기가 납득이 된다.
SCORE : 87.0점

■ **증류소 정보**
소재지 : by Cupar, Fife KY15 5RF
홈페이지 : https://www.daftmill.com/
소유자 : 커스버트 가문
설립 연도 : 2005년
발효조 : 스테인리스 스틸 2기
증류기 : 초류 1기, 재류 1기
용수 : 자체 농장의 샘물
연간 생산능력 : 6만 5000ℓ
블렌디드 위스키 :

달유인 ● Dailuaine

오소리 라벨로 유명한
리치하고 스파이시한 술

달유인은 과거에는 블렌딩용으로만 사용되었고 싱글 몰트는 구하기 어려웠으나 1991년부터 16년 숙성 오피셜 보틀이 판매되고 있다. 옛 UD(현 디아지오)의 '꽃과 동물 시리즈' 중 하나로, 라벨에는 오소리가 그려져 있다. 달유인이란 게일어로 '푸른 계곡'이라는 뜻인데, 주변에 오소리가 많이 서식하고 있는 듯하다.

증류소는 캐런(Carron) 숲이 가까이 다가오는, 말 그대로 푸르름으로 둘러싸인 계곡에 있다. 건물은 스페이 강의 지류인 캐런 강을 가로질러 지어져 있다. 스페이 강 본류를 따라 크래건모어(Cragganmore)나 맥캘란(Macallan) 등의 증류소가 늘어서 있고, 달유인은 딱 그 중간의 스페이 강 우안에 위치해 있다.

이 지역 농부인 윌리엄 매켄지(William Mackenzie)가 1852년에 증류소를 세웠다. 그로부터 11년 후 스트라스페이 철도가 개통했고, 스페이 강에 다리가 건설되면서 제품 운송이 용이해졌다. 원료가 되는 보리와 노동력 또한 이 철도를 통해 이동했다. 달유인은 캐런역에 인입선을 깔고 자체 증기 기관차를 운행했다고 한다. 다만 스트라스페이 철도는 1967년에 폐선됐고, 철로 부지는 현재 스페이사이드 웨이(Speyside Way)라는 산책로가 되었다.

맥켄지는 1891년 스카이 섬의 탈리스커(Tal-

캐런 강변에 증류소가 세워져 있다. 이곳은 일반인 견학은 받지 않는다.

isker) 증류소와 합병해 달유인-탈리스커 증류회사를 설립했다. 이 무렵 달유인의 제2 공장으로 스페이 강 건너편에 건설된 것이 임페리얼(Imperial) 증류소이다. 그 후 이 회사는 1925년에 DCL 산하로 들어갔고, 현재는 디아지오에 속해 있다.

달유인은 한 번 생산할 때 맥아 11.25t을 사용하며, 매시 턴은 풀 라우터 턴이다. 발효조는 더글러스 퍼 나무로 만든 것이 8개, 스테인리스로 만든 것이 2개 가동된다. 이 스테인리스 발효조는 이례적으로 옥외에 설치돼 있다.

팟 스틸은 랜턴 헤드형과 스트레이트 헤드형 모두 있으며, 1960년 대대적인 개보수 공사 때 4개에서 6개로 증설됐다. 냉각 장치는 구리 재질의 셸 앤 튜브 방식이지만, 몇 년 전까지만 해도 그중 일부는 스테인리스 재질이었다고 한다. 디아지오 계열의 모틀락(Mortlach), 벤리네스(Benrinnes)와 마찬가지로 황화합물 향이 나는 원액이 요구되었기 때문이라고 한다.

다만 2015년에 원래의 구리 재질로 되돌아 갔다. 이 무렵 클라이넬리시(Clynelish)의 서브 증류소로서 왁시하고 스위트한 원액을 생산 하는 것이 요구되었기 때문이라고 한다.

■ Tasting Note(OB 16년 43%)

아로마 : 무화과, 푸른 파파야, 덜 익은 참외. 울렉스 오이로패우스(Ulex europaeus)[1], 버터 스카치[2]. 물을 더하면 플로럴하고 프루티해진다.

플레이버 : 온화하지만 스파이시. 씹는 듯한 질감이 있다. 미디엄 바디. 피니시는 뜨겁고 드라이하다.

종합평가 : 스페이사이드 위스키치고는 묵직한 느낌 이다. 소량의 물을 더하거나 온더락으로 마시는 것이 좋다.

SCORE : 84.5점

■ 증류소 정보

소재지 : Carron, Aberlour, Moray AB38 7RE

홈페이지 : https://www.malts.com/

소유자 : 디아지오

설립 연도 : 1852년

발효조 : 더글러스 퍼 8기, 스테인리스 2기

증류기 : 초류 3기, 재류 3기

용수 : 발리뮬릭 강(Bailliemullich Burn)

연간 생산능력 : 520만ℓ

블렌디드 위스키 : 조니워커

1 유럽 남서부가 원산지인 상록관목. 꽃은 밝은 노란색으로 염료와 차로 이용된다.

2 황설탕과 버터, 당밀, 크림, 바닐라, 소금 등의 재료로 만 드는 과자. 캐러멜을 연상시키는 약간 짙은 황갈색을 띄 고 있다.

달모어 ● Dalmore

필리핀 기업이 소유한 화이트 앤 맥케이에 원액을 제공하는 증류소

A9 간선도로를 따라 인버네스(Inverness)에서 서소(Thurso) 방향으로 북상하다 보면, 크로마티만을 지나 알네스(Alness)라는 마을을 지나게 된다. 이 알네스 외곽에 달모어 증류소가 있다. 1839년 지역의 알렉산더 매더슨(Alexander Matheson)이 창립했고, 1867년에는 앤드류 맥킨지·찰스 맥킨지 형제[1]가 인수했다. 그 이후로는 맥킨지 가문이 운영을 맡았다.

19세기 후반부터는 화이트 앤 맥케이(Whyte & Mackay)의 원액으로 사용되며 두 회사는 함께 성장해 왔다. 제1차 세계대전 중에는 연합군이 접수해 독일의 U보트를 타격하기 위한 기뢰가 여기서 생산되기도 했다. 전쟁이 끝난 1920년에 증류소는 맥킨지 가문에 반환되었지만, 폭발 사고로 큰 피해를 입었고, 다시 조업을 시작하기까지 2년 이상 걸렸다. 그 뒤 1960년에 맥킨지와 화이트 앤 맥케이가 합병해 두 회사는 명실상부하게 하나로 거듭났다.

달모어는 한 번 생산할 때 맥아 10.4t을 투입하고, 발효조는 오리건 파인으로 만든 8기를 쓴다. 발효 시간은 50시간으로 통일되어

좌우의 2기가 워터재킷이 붙어 있는 재류 증류기이다. 위에서 보면 구조가 잘 보인다.

있다. 달모어의 독특한 점은 스틸의 구조다. 초류 스틸은 일반적인 스완넥이 아닌 플랫탑 T자형 구조이며, 재류 스틸의 헤드 부분에는 튤립형 워터재킷[2]이 설치되어 있다.

이 가운데로 냉수를 순환시켜 직접 헤드를 냉각해 알코올 증기 리플럭스(환류)를 유도하는 구조다. 이런 초류 스틸 4기, 재류 스틸 4기 등 총 8기의 증류기가 좁은 스틸하우스에 늘어선 모습은 압권이다.

달모어는 1980년대 이후 소유주가 여러 차례 바뀐 증류소로도 유명하다. 미국의 포춘 브랜즈(Fortune Brands), JBB유럽, 인도의 UB그룹을 거쳐 2014년부터는 필리핀의 엠페라도르(Emperador)가 소유하고 있다. 이 회사는 필리핀에서 브랜디를 생산하는 주류 업체로, 브랜디 판매량으로는 세계 1위이다.

이런 배경 때문에 최근에는 동남아시아 시장에 특화된 마케팅을 해 최근 10년 사이 판매량이 6배 가까이 뛰었다고 한다.

---

1 맥킨지 클랜의 후손. 맥킨지 클랜은 스코틀랜드 고원 지대(하이랜드)의 씨족이다. 달모어 위스키 상징은 12개의 뿔을 가진 숫사슴을 형상화한 로얄 스태그(Royal Stag)이다. 과거 맥킨지 클랜의 조상이 스코틀랜드 왕 알렉산더 3세를 구하고 받은 것으로, 맥킨지 형제에 의해 달모어의 상징이 됐다.

2 냉각수 순환 통로

예전에는 사슴 사냥용 헌팅 롯지(사냥을 즐기는 사람들을 위한 쉼터나 숙소)로 사용되었다는 달모어의 비지터 센터.

■ Tasting Note(OB 12년, 40%)

아로마 : 풍부하고 과일 향이 강하다. 토피, 초콜릿, 마지팬[3], 무두질한 가죽, 올로로소 셰리.

플레이버 : 달콤하면서도 스파이시하다. 착착 달라붙는 듯하고, 고전적인 셰리 캐스크 몰트.

종합평가 : 40%라는 알코올 도수에도 불구하고 놀랄 만큼 강렬한 풍미. 식후 디저트 위스키로 좋으며, 레몬을 곁들인 핫토디 칵테일로 마셔보는 것도 흥미롭다.

SCORE : 87.0점

■ 증류소 정보

소재지 : Alness, Ross & Cromarty, Highland IV17 0UT

홈페이지 : https://www.thedalmore.com/

소유자 : 엠페라도르 디스틸러리

설립 연도 : 1839년

발효조 : 오리건 파인 8기

증류기 : 초류 4기, 재류 4기

용수 : 알네스 강

연간 생산능력 : 430만ℓ

블렌디드 위스키 : 화이트 앤 맥케이, 클레이모어

3 으깬 아몬드나 아몬드 반죽, 설탕, 달걀 흰자로 만든 말랑말랑한 과자.

달무낙 ◉ Dalmunach

스페이 강 연어 낚시터에 자리한 '시바스'의 최신식 증류소

옛 임페리얼(Imperial) 증류소는 스페이 강 기슭에 1897년 설립됐다. 빅토리아 여왕(재위 1837-1901)의 즉위 60주년을 기념하는 해에 세워져 '황제의'라는 뜻의 임페리얼이라는 이름이 붙었다.

킬른(Kiln)의 지붕도 당시 유행하던 파고다 지붕 대신 왕관 모양으로 디자인되어 눈길을 끌었다. 임페리얼은 가동을 멈추고 2005년 폐쇄 및 철거가 결정되었는데, 이후 부지를 주택지로 매각하려 했으나 구매자가 나타나지 않아 무산되었다.

시바스(Chivas)는 2012년 이 부지에 거대한 증류소를 짓겠다고 발표했다. 처음에는 임페리얼이라는 이름을 그대로 사용할 것으로 예상됐으나, 2014년 가을에 시험 가동 시 '달무낙'으로 결정되었다. 2015년 6월에 공식 개장했으며, 당시 스코틀랜드 국민당(SNP)의 젊은

현대적이면서도 풍경과 잘 어울리는 달무낙의 건물. 오른쪽이 증류동이고, 왼쪽이 당화 및 발효동이다.

예배당 같은 스틸 하우스이다. 스틸들이 팔각형으로 배치되어 있고, 중앙에 스피릿 세이프가 있다.

여성 당수 니콜라 스터전(Nicola Sturgeon)이 테이프 커팅을 했다.

달무낙은 증류소가 있는 마을의 이름이다. 옆을 흐르는 스페이 강 일대는 연어 낚시 명소로 잘 알려져 있다.

달무낙은 한 번 생산할 때 맥아 13t을 투입할 정도로 규모가 크다. 이것으로 5만6000ℓ의 맥즙을 추출한다. 사용하는 맥아는 모두 논-피티드(Non-peated)다. 매시 턴은 브릭스(Briggs)에서 만든 최신식으로, 기존 방식보다 당화 시간이 절반 이하로 줄었다고 한다. 특히 당화 후 맥아 찌꺼기를 회수하는 데 걸리는 시간은 7~8분으로, 기존보다 5배 가까이 빠르다.

발효조는 스테인리스 스틸 재질로 총 16개가 있다. 사용하는 효모는 앵커(Anchor)의 액상 효모(Liquid Yeast)이며, 발효 시간은 56~62시간으로 설정되어 있다. 스틸 하우스는 넓은 유리창이 붙어 있어 개방적이며, 팔각형의 공

간 안에 8기의 새 스틸이 중앙의 스피릿 세이프(Spirit Safe)[1]를 둘러싸고 있다.

스틸은 초류 4기, 재류 4기 등 총 8기가 쌍을 이루고 있다. 과거에는 언덕에서 흘러나오는 작은 개울물을 위스키 제조에 사용했지만, 현재는 70피트(약 21m) 깊이의 우물을 파서 스페이 강의 복류수(伏流水)[2]를 끌어올리고 있다.

달무낙은 페르노리카가 소유한 13개 증류소 중에서도 에너지 효율에 가장 신경 쓴 증류소이다. 일반 증류소보다 에너지를 38%, 물 사용량을 15% 절감하는 데 성공했다고 한다.

[1] 증류기에서 나온 액체가 흘러나오는 금속 상자. 증류액의 품질과 알코올 도수를 확인하는 데 사용한다.

[2] 지표면 아래 모래나 자갈층을 흐르는 물. 자연적으로 불순물이 걸러져 깨끗하다.

■ 증류소 정보
소재지 : Carron, Aberlour, Moray AB38 7QP
소유자 : 페르노리카
설립 연도 : 2015년
발효조 : 스테인리스 스틸 16기
증류기 : 초류 4기, 재류 4기
용수 : 부지 내 우물물
연간 생산능력 : 1000만ℓ
블렌디드 위스키 : 시바스 리갈(Chivas Regal)

스페이사이드가 상위권 독점, 생산 능력 TOP 20 증류소

스코틀랜드 몰트 위스키 증류소의 연간 생산 능력을 많은 순서대로 나열한 표이다. 최대 생산량을 기준으로 한 것이므로, 현재의 실제 생산량과 반드시 일치하지는 않는다. 상위 20개 증류소 중 스페이사이드가 15개로 압도적인 비중을 차지하고 있다. 단위는 만ℓ(100% 알코올 환산)이다.

1 더 글렌리벳	스페이사이드	2100
2 맥캘란	스페이사이드	1500
3 글렌피딕	스페이사이드	1370
4 로즈아일	스페이사이드	1250
5 아일사 베이	로우랜드	1200
6 글렌 오드	하이랜드	1100
7 티니닉	하이랜드	1020
8 달무낙	스페이사이드	1000
9 발베니	스페이사이드	700
10 쿨일라	아일라	650
10 글렌모렌지	하이랜드	650
12 글렌그란트	스페이사이드	620
13 더프타운	스페이사이드	600
13 글렌 키스	스페이사이드	600
13 마녹모어	스페이사이드	600
16 오크로이스크	스페이사이드	590
17 밀튼더프	스페이사이드	580
18 글렌 모레이	스페이사이드	570
19 글렌로시스	스페이사이드	560
19 링크우드	스페이사이드	560

(Malt Whisky Yearbook 2021 기준)

달위니 ● Dalwhinnie

스페이 강 최상류에 위치한 옛 UD사의 클래식 몰트

A9번 간선도로를 따라 피틀로크리(Pitlochry)에서 인버네스(Inverness) 방면으로 북상하다 보면, 곧 그램피언(Grampian) 산맥[1]이 눈에 들어온다. 해발 452m의 드루모크터(Drumochter) 고개를 넘으면, 길은 인버네스를 향해 천천히 내려가고 곧 넓은 스페이 강 상류의 계곡에 이른다. 이 지역은 스트라스페이(Strathspey, 스페이 강의 넓은 계곡)라고 불리는데, 그 중심에 세워진 것이 달위니 증류소다.

달위니는 1897년에 설립됐다. 처음에는 스트라스페이 증류소라고 불렸다. 하지만 설립 직후 경영 파탄으로 폐쇄되었다. 1905년에 미국의 쿡 앤 번하이머(Cook & Bernheimer)가 이 증류소를 인수하면서 달위니로 이름이 바뀌었다. 달위니는 런던과 인버네스를 잇는 특급 열차의 정차역이기도 했다.

쿡 앤 번하이머는 뉴욕 맨해튼에 본사를 둔 주류 회사였지만, 1920년에 시작된 미국의 금주법[2]으로 도산했다. 달위니는 다시 스코틀랜드 자본의 손에 넘어갔고, 1926년부터 DCL사가 운영하는 증류소가 되었다.

달위니는 한 번 생산할 때 맥아 7.3t을 투입한다. 발효조는 오리건 파인 재질의 6기가 있다. 스틸은 초류와 재류를 합해 총 2기로 가장 작은 규모다. 주목할 만한 점은 지금도 야외 목재 웜 텁(worm tub)을 사용하고 있다는 것이다. 이것은 거대한 통으로 건물 정면에 설치되어 있어 눈에 잘 띈다. 증류소의 상징이 되고 있다.

또 해발 330m에 가까운 고지대에 있고 주위에 가리는 것이 없어서 예전부터 기상 관측의 거점으로도 유명했다. 과거에는 증류소 매니저의 중요한 업무 중 하나가 매일 기상 관측 데이터를 기록하는 것이었다고 한다. 스코틀랜드 전체를 찾아봐도 그런 증류소는 없을 것이다.

달위니는 1988년에 출시된 옛 UD(현 디아지오)의 '클래식 몰트 시리즈' 중 하나로 선정된 것으로도 유명하다. 그 덕분인지 디아지오의의 싱글 몰트 중 판매량 6위를 자랑하고 있다(2019년 기준).

---

[1] 스코틀랜드의 3대 산맥 중 하나. 스코틀랜드 면적의 약 절반을 차지한다. 영국 제도에서 가장 높은 벤네비스 산(1345m)은 그램피언 산맥에 있다.

[2] 1920년부터 1933년까지 미국에서 술의 제조, 판매, 운송, 수출입을 금지했던 법.

건물 정면에 거대한 목재 웜 텁이 있어 독특한 인상을 준다. 고원의 공기가 상쾌하다.

하지만 생산량의 70% 이상은 '뷰캐넌스 (Buchanan's)', '블랙 앤 화이트(Black & White)' 같은 블렌디드 위스키의 원액으로 사용된다. 그래서 공식 보틀링 제품 외에는 독립병입자 를 통한 병입은 거의 찾아볼 수 없다.

■ Tasting Note(OB 15년 43%)

아로마 : 소프트하고 온화하지만 리치. 서양 배, 수박, 꿀, 메이플. 물을 더하면 신선한 프루츠.

플레이버 : 소프트하고 매우 스무스. 벨벳 같은 목 넘 김이다. 스위트하고 프루티. 콘텐츠도 꽉 차 있다.

종합평가 : 고원을 스쳐가는 바람과 같다. 밸런스가 뛰어난 좋은 술로 언제까지라도 계속 마시고 싶어진 다. 반드시 스트레이트로 마실 것.

SCORE : 87.0점

■ 증류소 정보

소재지 : Dalwhinnie, Badenoch & Strathspey, Highland PH19 1AB

홈페이지 : https://www.malts.com/

소유자 : 디아지오

설립 연도 : 1897년

발효조 : 오리건 파인 6기

증류기 : 초류 1기, 재류 1기

용수 : 알트안슬루익(Allt an t'Sluic) 강

연간 생산능력 : 220만ℓ

블렌디드 위스키 : 블랙 앤 화이트, 뷰캐넌스, 로얄 하 우스홀드(Royal Household), 헤이그(Haig)

딘스톤 ● Deanston

산업혁명의 아버지가 설계한
18세기 방적 공장을 개조

사우스 하이랜드의 돈(Doune) 마을 외곽, 테이스 강(River Teith) 기슭에 딘스톤 증류소가 있다. 1965년에 설립되어 역사는 짧지만, 건물 자체는 1785년에 지어진 오래된 방적 공장을 개조했다. 이 공장은 산업혁명의 아버지로 불리는 리처드 아크라이트(Sir Richard Arkwright, 1732-1792)[1]가 설계한 곳이었다. 전성기에는 1300명이 넘는 직공들이 거주하는 타운하우스가 주변에 즐비했다. 마을 내에서만 통용되는 자체 동전까지 발행되었다고 한다.

---

[1] 영국의 발명가. 처음에는 이발공, 가발제조공으로 일했다. 기계에 흥미를 갖게 돼 머리카락 염색으로 번 돈으로 기계 제조를 시작했다. 당시 제임스 하그리브스가 발명한 방적기가 있었으나 실의 질이 좋지 않고 대량생산에 한계가 있었다. 리처드는 2명의 친구와 함께 아크라이트상회를 만들고, 1769년 수력을 활용한 방적기를 발명했다. 이후 제임스 와트가 만든 증기 기관을 연결했다. 이전까지 직물 생산은 소규모 업자들이 하청을 받아 이뤄졌으나, 리처드는 공장을 운영해 품질을 규격화할 수 있었다. 1786년 기사 작위를 받았다.

안쪽이 1785년에 벽돌을 쌓아 지은 거대한 방적공장이다. 외관은 건설 당시의 그대로를 유지한 채 증류소로 재탄생했다.

팟 스틸은 모두 벌지형으로, 총 4기가 가동된다. 하이랜드 몰트 위스키 중에서는 농후함이 있는 편이다.

방직 공장에 필요한 것은 풍부한 수자원이었다. 동력은 예전에는 물레방아를 사용했고, 근대에는 자체 수력 발전기가 공장 내에 설치되어 전력을 얻었다. 이를 위해 티스 강 상류에서부터 공장까지 수로가 연결되어 있다.

딘스톤 증류소는 설립 이후 여러 차례 주인이 바뀌었고, 현재는 번 스튜어트(Burn Stewart Distillers)가 운영하고 있다. 모회사는 남아프리카공화국의 디스텔(Distell)이다. 딘스톤과 토버모리(Tobermory), 그리고 아일라(Islay) 섬의 부나하벤(Bunnahabhain)이 현재 남아공 자본의 증류소다. 딘스톤은 한 번 생산할 때 맥아 10.5t을 투입한다. 매시 턴은 구식의 오픈 스타일인 플라우 앤 레이크 타입이다. 현재 스코틀랜드에서 이 방식을 사용하는 곳은 14곳 정도밖에 없다. 다른 증류소들은 대부분 세미 라우터 또는 풀 라우터 방식을 사용한다.

흥미로운 점은 딘스톤이 2019년에 매시 턴을 교체할 때도 예전 방식인 플라우 앤 레이크를 고집하며 일부러 이 타입을 선택했다는 것이다. 현대적인 매시 턴을 사용하면 딘스톤 고유의 맛이 변할 수 있기 때문이라고 한다.

　발효조는 스테인리스 스틸 재질로 8개가 있다. 팟 스틸은 초류 2기, 재류 2기 등 총 4기가 가동된다. 숙성고는 과거에 면화를 보관하던 창고를 개조했다. 온도와 습도를 일정하게 유지하기 위한 독자적인 기술이 적용되었다. 이 점도 위스키 증류소로 개조하게 된 이유 중 하나였다고 한다. 지금은 역사적인 산업 유산이 멋지게 부활한 사례로 전 세계에서 많은 관광객과 시찰단이 방문하고 있다.

■ Tasting Note(OB 12년, 46.3%)
아로마 : 스위트하고 에스테르[1]. 바나나, 서양 배, 토피, 꿀, 바닐라, 메이플. 물을 더하면 더욱 스위트해진다.
플레이버 : 스위트하고 신선하다. 바닐라, 시나몬. 콘텐츠가 응축되어 있다. 피니시는 뜨겁고 스파이시하다.
종합평가 : 콘텐츠가 꽉 찬 뛰어난 위스키. 물을 더해도 맛이 흐트러지지 않지만, 스트레이트로 마시는 것을 추천한다.
SCORE : 88.5점

■ 증류소 정보
소재지 : Deanston, by Doune, Stirling FK16 6AG
홈페이지 : https://www.deanstonmalt.com/
소유자 : 디스텔그룹
설립 연도 : 1965년
발효조 : 스테인리스 스틸 8기
증류기 : 초류 2기, 재류 2기
용수 : 테이스 강
연간 생산능력 : 300만ℓ
블렌디드 위스키 : 블랙 프린스(Black Prince), 로버트 번스(Robert Burns), 로얄 애스콧(Royal Ascot)

---

1 에스테르(Ester)는 알코올과 유기산이 결합하여 만들어지는 화합물이다. 과일 향이나 꽃 향을 만든다.

도녹 ⦿ Dornoch

1960년대 제조 방식을 고집하는 톰슨 형제의 초소형 증류소

노스 하이랜드의 북해에 면한 도녹 마을에는 오래된 성을 개조한 도녹캐슬호텔이 있다. 이 호텔을 운영하는 두 아들, 필(Phil)과 사이먼(Simon) 톰슨 형제가 2016년에 설립한 것이 도녹 증류소다.

증류소 건물은 140년 가까이 된 소방대의 작은 건물을 개조했다. 면적은 47㎡(약 14평)밖에 되지 않는다. 그 안에 매시 턴 1기, 오크 재질 발효조 6기, 그리고 실험용을 포함한 총 4기의 스틸이 들어차 있어 발 디딜 틈도 없을 정도다. 그래서 원래는 없던 2층 바닥을 추가했고, 오르내릴 때 이동식 사다리를 사용하는 독특한 방식을 쓰고 있다.

필과 사이먼의 이 작은 증류소는 설립 초기부터 전 세계의 주목을 받았다. 그 이유 중 하

오래된 성을 개조해 호텔로 문을 열었다. 도녹은 유명한 휴양지여서 방문객이 많다.

스틸 앞에서 인터뷰하고 있는 필(왼쪽)과 사이먼 톰슨 형제.

나는 형제가 운영하는 호텔 내의 몰트 바 때문이다. 스코틀랜드 전역에서 모은 올드 보틀(Old Bottle)이 빼곡하게 진열되어 있고, 싱글몰트만 500병이 넘는다. 그래서 전 세계 몰트 팬들이 이 북쪽 마을의 작은 바를 찾아온다.

다른 이유는 그들이 추구하는 위스키 스타일이다. "1950년대, 60년대 위스키와 현재 위스키는 결정적으로 맛이 다릅니다. 당시의 보리와 효모 때문입니다. 당시에는 어느 증류소나 맥주 효모인 에일 효모(Ale Yeast)를 사용했습니다. 이것이 열대 과일 향을 만드는 요인이었죠. 그래서 우리는 그 시절의 에일 효모를 사용합니다."

형인 사이먼은 독학으로 효모를 연구하여 20여 종의 옛 효모를 되살려냈다. 필은 "형은 효모 오타쿠"라고 웃지만, 그 외에도 유기농 보리나 오크 캐스크에도 각별히 신경 쓰는 등 형제의 고집이 곳곳에 담겨 있다.

한 번 생산할 때 맥아 0.38t을 사용하며 연간 1만 5000ℓ 정도의 위스키만 생산한다. 더

넓은 공간으로 이전할 계획이 진행 중이며, 이
를 위해 크라우드 펀딩을 진행했다.

■ **Tasting Note(OB 오가닉 하이랜드 진 500㎖,
45.7%)**
아로마 : 온화하고 얌전한 인상. 커피 리큐르, 서양 감
초, 녹차. 물을 더하면 은은한 탄 내음이 난다.
플레이버 : 스위트하고 부드럽다. 리치하고 프루티.
콘텐츠가 꽉 차 있다.
종합평가 : 아로마는 얌전하지만 플레이버는 리치하
고 개성적이다. 이대로 스트레이트로.
SCORE : 84.5점

■ **증류소 정보**
소재지 : Dornoch, Sutherland, Highland IV25 3SD
홈페이지 : https://www.thompsonbrosdistillers.
com/
소유자 : 도녹 디스틸러리(Dornoch Distillery)
설립 연도 : 2016년
발효조 : 유러피언 오크 6기
증류기 : 초류 1기, 재류 1기
용수 : 세라믹 필터로 여과한 물
연간 생산능력 : 3만ℓ
블렌디드 위스키 :

더프타운 ◉ Dufftown

주 7일 24시간 체제로 생산하는
벨즈의 거대한 원액 증류소

더프타운은 생산량의 거의 98%가 블렌디
드 위스키용으로 출하되었기 때문에 싱글 몰
트로는 거의 알려지지 않았다. 과거에는 더프
타운-글렌리벳(Dufftown-Glenlivet) 10년, '꽃
과 동물 시리즈' 15년 정도가 유통되었다.

라벨에 그려진 것은 스페이사이드 일대에서
흔히 볼 수 있는 킹피셔(물총새)였지만, 지금은
'싱글톤 시리즈(Singleton Series)' 중 하나로,
변형된 독특한 병으로 알려지게 되었다. 이 싱
글톤 시리즈에는 글렌 오드(Glen Ord), 글렌둘
란(Glendullan), 그리고 더프타운 세 가지가 있
으며, 최근 급격히 매출을 늘리고 있다.

더프타운 마을은 19세기 초에 형성되었다.
파이프 백작(Earl Fife)인 제임스 더프(James
Duff)가 나폴레옹 전쟁 참전 군인들의 일자리
를 확보하기 위해 건설한 것이 시작이었다. 마
을은 그의 이름을 따서 더프타운으로 명명되
었다. 로마의 이야기에 빗대어 '더프타운은 7
개의 스틸(여기서는 증류기가 아닌 증류소를 가리
킴)로 이루어져 있다'고 일컬어졌다.

7개 증류소는 오래된 순서대로 몰트락(Mort-
lach, 1823년), 글렌피딕(Glenfiddich, 1886년), 발
베니(Balvenie, 1892년), 콘발모어(Convalmore,
1894년), 파크모어(Parkmore, 1894년), 더프타
운(1896년), 글렌둘란(1897년)을 가리켰다.

콘발모어와 파크모어는 폐쇄되었지만, 그

거대한 식품 공장을 그대로 증류소로 개조했다. 킬른
(Kiln)은 그때 덧붙여진 것이다.

대신 피티바이크(Pittiyvaich, 1975년, 현재는 폐
쇄)가 추가되었고, 1990년에는 윌리엄 그랜트
앤 선즈(William Grant & Sons)사에 의해 새로
운 키닌비(Kininvie) 증류소가 건설되었다.

더프타운 증류소는 마을 외곽의 둘란(Dullan)
강변에 있다. 건물은 과거 식품 공장을 그대
로 활용한 것으로, 파고다(Pagoda) 형태의 지
붕만 덧붙였다고 한다. 원래 리버풀의 사업가
가 소유주였지만, 1933년 주류 업체 아서 벨
(Arthur Bell)이 인수해 벨즈 위스키의 몰트 원
액으로 사용되어 왔다. 현재는 디아지오 소유
이다.

더프타운은 한 번 생산할 때 13t의 맥아를
사용하는 거대한 규모이다. 연간 생산능력도
600만ℓ로 디아지오의 28개 증류소 중 5번째
로 많다. 매시 턴은 풀 라우터 턴 방식이며, 발
효조는 스테인리스 재질로 12기이다. 발효 시
간은 최소 75시간이다. 스틸은 초류 3기, 재
류 3기이다. 특이하게 모든 스틸에 서브 쿨러

(Sub-Cooler)[1]가 부착되어 있다.

　더프타운은 2007년 이후 주 7일, 24시간 가동 체제로 생산이 계속되고 있다. 옆에 있던 피티바이크는 현재 철거되었고, 그곳에 거대한 창고와 캐스크 충전 센터가 건설되고 있다고 한다.

---

[1] 증류 과정에서 효율을 높이기 위해 냉각된 액체를 추가적으로 냉각시켜 냉매 효율을 높이는 장치.

■ **Tasting Note(OB 12년, 40%)**
아로마 : 스위트하고 프루티. 바나나, 서양 배, 캐러멜, 토피. 소프트하고 밸런스도 뛰어나다.
플레이버 : 라이트하지만 스위트하고 프루티하다. 탁월한 밸런스로 계속 마시고 싶어진다.
종합평가 : 스페이사이드의 장점을 모두 구현했다. 인기가 많은 것도 충분히 이해가 된다. 스트레이트로 즐기는 것이 좋다.
SCORE : 87.5점

■ **증류소 정보**
소재지 : Dufftown, Moray AB55 4BR
홈페이지 : https://www.malts.com
소유자 : 디아지오
설립 연도 : 1896년
발효조 : 스테인리스 12기
증류기 : 초류 3기, 재류 3기
용수 : 콘발 힐(Conval Hill)의 조크 샘(Jock's Well)
연간 생산능력 : 600만ℓ
블렌디드 위스키 : 벨즈(Bell's), 리얼 맥켄지(Real MacKenzie)

에덴 밀 ◉ Eden Mill

성 안드레아 축일에 첫 증류
'골프의 성지'에 세워진 증류소

에덴 밀 증류소는 크래프트 증류소 붐의 주역인 스트라선보다 1년 늦은 2014년에 문을 열었다. 첫 증류는 그 해 11월 30일에 이루어졌다. 잘 알려지지 않았지만, 이날은 스코틀랜드의 수호성인을 기리는 '성 안드레아 축일(St. Andrew's Day)'[1]이다. "이곳은 '골프의 성지' 세인트 앤드루스[2]와 매우 가깝습니다. 첫 증류는 반드시 그날 해야 한다고 생각했죠."

에덴 밀 설립자 폴 밀러(Paul Miller)는 원래 글렌모렌지 사에서 일하던 위스키 장인이었다. 그러나 크래프트 맥주를 만들고 싶어 직장을 그만두고 2012년 파이프에 에덴 밀 양조장을 열었다. 2년 뒤 위스키 제조를 시작한 것은 스트라선의 토니 리먼 클라크(Tony Reeman-Clark)의 활동에 공감해 '크래프트 위스키 협회' 멤버가 되었기 때문이다. 증류소의 설비, 특히 스틸은 포르투갈 업체 호야(Hoga) 제품으로, 제조 방식이 스트라선과 매우 유사하다. 다만 규모는 스트라선의 거의 두 배이다. 한 번 생산할 때 0.85t의 맥아를 사용하며, 약 3300ℓ의 맥즙을 얻는다. 당화와 발효까지는

단층 건물이다. 왼쪽이 맥주 양조장이고, 오른쪽이 위스키 증류소이다. 두 시설이 같은 지붕 아래에 있다.

맥주와 같은 설비를 사용한다. 스틸은 총 3기이며, 그중 1기는 주로 진 제조에 사용된다. 이곳에서는 위스키 외에 진과 보드카 등도 생산한다.

사용하는 보리는 스트라선과 마찬가지로 지역 생산품을 고집한다. 스트라선이 '환상의 품종'이라 불리는 마리스 오터(Maris Otter)[3]를 사용하는 반면, 에덴 밀은 파이프(Fife) 지역의 골든 프로미스(Golden Promise)[4]를 주로 사용한다. 모두 논-피티드(Non-peated) 맥아로, 로우랜드 스타일을 추구한다.

에덴 밀은 한때 제지 공장이었던 건물의 일부에 세워졌다. 이곳은 과거 헤이그(Haig)의 세기(Seggie) 증류소가 있던 자리이다(1810~1869년). 세기 증류소 건물 일부가 지금도 남아있는데, 이 세기 증류소를 부활시키는 것이 폴의 다음 꿈이라고 한다.

---

1 형제인 베드로와 함께 예수의 첫 제자. 12사도 중 한 명. 전승에 따르면 예수가 부활해 승천한 후 그리스 지방으로 전교(傳敎)를 떠났다. 그리스, 스코틀랜드, 러시아, 우크라이나의 수호성인이다.
2 에든버러에서 차로 1시간쯤 떨어진 동쪽 끝 해안에 '세인트 앤드루스 올드 코스(St.Andrews Old Course)'가 있다. 이곳은 전 세계 18홀 코스 중 가장 오래됐다.

3 영국에서 개발된 보리 품종. 풍부한 풍미를 낸다.
4 스코틀랜드에서 개발된 보리 품종. 스페이사이드 몰트 위스키 제조에 많이 사용된다.

포르투갈 호야의 스틸 3기. 위스키뿐만 아니라 진과 보드카도 생산한다.

■ **Tasting Note(오피셜 골프 진 500㎖, 42%)**

아로마 : 주니퍼, 고수, 헤더허니(Heather honey)[5], 울렉스 오이로패우스(Ulex europaeus), 라벤더. 희미하게 해초향. 감칠맛이 난다.

플레이버 : 리치하고 부드럽다. 밸런스가 나쁘지 않지만, 피니시는 뜨겁고 스파이시.

종합평가 : 라벤더나 울렉스 오이로패우스, 해초 향미가 하나가 된 개성적인 맛이 난다. 이대로 스트레이트로 마셔도 좋을 것 같다.

SCORE : 85.5점

■ **증류소 정보**

소재지 : Guardbridge, St Andrews, Fife KY16 OUU

홈페이지 : http://www.edenmill.com

소유자 : 에덴 밀 디스틸러스(Eden Mill Distillers)

설립 연도 : 2014년

발효조 : 2기

증류기 : 초류 1기, 재류 2기(그중 1기는 주로 진용)

용수 : 현지의 샘물

연간 생산능력 : 10만ℓ

블렌디드 위스키 :

5 스코틀랜드와 영국 일부 지역에서 나는 꿀. 헤더는 스코틀랜드의 황량한 고원 지대에서 흔히 자라는 식물로, 가을에 보라색 꽃을 피운다. 약간 스모키하고 흙냄새 같은 향이 난다.

에드라두어 ◉ Edradour

스카치 위스키 붐에 힘입어
제2 증류소를 신설

하이랜드의 유명한 휴양지인 피틀로크리(Pitlochry) 마을 입구에 블레어 아솔(Blair Athol) 증류소가 있다면, 마을을 내려다보는 산 중턱에 에드라두어 증류소가 있다.

에드라두어는 1825년에 설립됐다. 지역 농부가 아톨(Atholl) 공작의 영지를 임대하여 팜 디스틸러리(Farm Distillery)[1]를 세운 것이 그 시작이다. 이후 농업과 겸업하는 방식을 현재까지 이어오고 있는 유일한 증류소로 인기를 얻었다.

생산 규모 또한 한때 스코틀랜드에서 가장 작았다. 에드라두어의 재류 스틸 용량 1800ℓ는 세무 당국이 인정하는 최소 사이즈였다(실제로는 2000ℓ). 하지만 위스키 스카치 붐에 힘입어 2018년 제2 증류소를 신설하고, 연간 생산량을 두 배 이상인 26만ℓ로 늘렸다.

에드라두어는 한 번 생산할 때 1.1t의 맥아를 사용하며, 매시 턴은 옛 방식인 플라우 앤 레이크이다. 새로 지은 제2 증류소 역시 옛 방식 그대로 주철로 만든 플라우 앤 레이크(Plough & Rake)를 고집했다. 당화 후 맥아 찌꺼기인 드래프(Draff)를 퍼내는 작업도 모두 수작업으로 이루어진다.

발효조는 제1, 제2 증류소를 합쳐 오리건 파인 재질로 총 8기가 있다. 스틸은 각각 2기씩

한때 스코틀랜드에서 가장 작았다는 에드라두어의 재류 스틸. 용량은 1800ℓ밖에 되지 않는다.

총 4기가 가동 중이다. 맥즙을 냉각하는 장치도 19세기에 사용되던 모튼 타입 오픈 워트 쿨러(Morton-Type Open Wort Cooler)[2]를 고집해서 사용하고 있다. 다만 재질은 철이 아닌 스테인리스이다. 또한 냉각 방식 역시 옥외 콘크리트 수조에 웜 텁(worm tub)을 사용하는 등 19세기 제조 방식을 철저히 고수하고 있다.

200년에 가까운 기간 동안 에드라두어의 소유주는 여러 번 바뀌었다. 1982년 캠벨(페르노리카)이 인수했고, 20년이 지난 2002년 독립병입업체인 시그나토리(Signatory)가 소유주가 되었다.

---

1 농장과 함께 운영되는 소규모 증류소.

2 개방형 냉각 장치. 공기 중에 노출되어 자연적인 향을 더할 수 있다.

증류소는 비지터센터를 일찍이 만들어 현재는 연간 10만 명의 방문객이 찾는다. 같은 남부 하이랜드의 글렌터렛에 이어 두 번째로 많다.

주력 제품은 10년, 12년 숙성 제품이지만, 논-피티드(Non-peated)인 에드라두어 외에 헤빌리 피티드인 발레친(Ballechin)도 생산하고 있다. 다만 생산량은 극히 적으며, 현재 제1증류소에서만 생산한다고 한다.

■ Tasting Note(OB 10년 40%)

아로마 : 첫 향은 순간적으로 퍼퓸 같은 느낌이 들지만, 딥하고 리치. 콘텐츠가 꽉 차 있다. 오트밀, 곡물 기름.

플레이버 : 복합적이지만 소프트하고 스무스하다. 초콜릿. 피니시는 뜨겁다. 미디엄 바디로, 물을 약간 더 하면 마시기 편하다.

종합평가 : 향수 같은 향이 이제는 오히려 정겹게 느껴진다. 아주 소량의 물을 더해서 즐겨 보길 바란다.

SCORE : 83.0점

■ 증류소 정보

소재지 : Milton of Edradour, Pitlochry, Perth & Kinross PH16 5JP

홈페이지 : https://www.edradour.com/

소유자 : 시그나토리 빈티지(Signatory Vintage)

설립 연도 : 1825년

발효조 : 오리건 파인 8기

증류기 : 초류 2기, 재류 2기

용수 : 벤 브라키(Ben Vrackie) 산의 샘물

연간 생산능력 : 26만ℓ

블렌디드 위스키 : 킹스 랜섬(King's Ransom)

페터케언 ◉ Fettercairn

빅토리아 시대의 대정치인
글래드스턴과 인연이 깊은 증류소

빅토리아 시대를 대표하는 정치가 윌리엄 글래드스턴(William Ewart Gladstone, 1809~1898)과 인연이 깊은 증류소가 동부 하이랜드의 페터케언 증류소이다. 윌리엄은 보수당과 자유당 국회의원, 당수를 지내며 4차례나 영국 총리를 역임했다. 대영제국의 번영을 이끈 인물 중 한 명이다.

페터케언은 1824년 알렉산더 램지 경(Sir Alexander Ramsey)이 설립했다. 설립 6년 후인 1830년, 윌리엄 글래드스턴의 아버지인 존 글래드스턴이 인수했다. 윌리엄은 6남매 중 막내였다. 윌리엄이 직접 증류소 경영에 참여한 것은 아니지만, 1939년까지 100년 넘게 글래드스턴 가문이 페터케언을 운영했다.

글래드스턴은 역대 영국 총리 중 스카치 위스키 산업에 가장 많은 이해를 보인 총리로 평가받는다. 철저한 자유무역주의자였던 그는 곡물법(Corn Law)[1]을 폐지하는 데 기여해 곡물 수입 관세가 철폐되도록 했다. 이로 인해 아메리카 대륙에서 옥수수 등을 저렴하게 수입할 수 있게 되어 값싼 그레인 위스키(Grain Whisky) 생산이 가능해졌다. 또 '창고 반출세(Warehouse Excise Duty)'[2]를 도입하고 병입 스카치 위스키의 판매를 허가한 것도 글래드스턴이었다. 특히 '창고 반출세'의 의의가 매우 크다. 이로 인해 보세(保稅)[3]창고 내에서 블렌딩이 가능해져 블렌디드 스카치 위스키의 부흥을 이끌었다.

현재 페터케언은 한 번 생산할 때 맥아 5t을 사용한다. 매시 턴은 구식인 플라우 앤 레이크를 사용하며, 발효조는 오리건 파인 재질의 11기가 있다. 페터케언은 다른 곳에는 없는 특수한 스틸을 사용한다. 현재 초류 2기, 재류 2기 등 총 4기의 스틸이 있는데, 재류 스틸에는 오직 이곳에만 있는 특별한 장치가 있다. 바로 넥의 상단에서 물이 직접 넥 표면을 따라 흘러내리는 시스템이다. 이로 인해 넥이 계속 냉각되면서 리플럭스(환류)가 커진다.

또 페터케언의 스틸에는 흥미로운 시스템이 하나 더 있다. 구리 재질의 셸 앤 튜브 콘덴서 대신 1990년대까지 스테인리스 스틸 콘덴서

오른쪽이 초류 스틸이고 왼쪽이 재류 스틸이다. 헤드 상단에서 물이 흘러내리는 시스템은 오직 이곳에만 있다.

---

1 1815년 영국에서 도입된 법. 자영농과 지주인 귀족 등 국내 곡물 생산자를 보호하기 위해 값싼 외국산 곡물 수입에 높은 관세를 부과했다. 곡물법이 타당한지 논의하는 과정에서 '자유무역'이라는 개념이 등장했다.

2 위스키가 증류소 보세 창고에서 반출될 때 부과되는 세금.

3 보류관세(保留關稅)의 준말. 수출입 과정에서 특정 구역이나 운송 상태일 때 관세 부과를 유예하는 것을 말한다.

를 사용했다는 점이다. 현재는 구리 재질로 돌아왔지만, 스테인리스 스틸 콘덴서는 매우 독특하다. 하지만 최근에는 로즈아일(Roseisle)이나 아일사 베이(Ailsa Bay)와 같은 증류소에서 스테인리스 스틸 콘덴서를 도입하려는 움직임이 있다. 그런 의미에서 페터케언은 이 분야의 개척자라고 할 수 있다.

■ Tasting Note(OB 12년 40%)

아로마 : 리치하고 딥하다. 밀기울, 아마씨유, 찻잎의 단맛. 물을 더하면 달콤해지고 시트러스 계열의 과일 향도.

플레이버 : 스위트하면서 몰티하며, 곡물 기름 같은 느낌이 난다. 허브도. 물을 더하면 향미가 정돈된다.

종합평가 : 개성 있는 몰트이다. 물을 약간 더하면 밸런스가 잡히므로, 물을 약간 더하는 것을 추천한다.

SCORE : 82.0점

■ 증류소 정보

소재지 : Fettercairn, Laurencekirk, Aberdeenshire AB30 1YB

홈페이지 : https://www.fettercairnwhisky.com/

소유자 : 엠페라도르 디스틸러스(Emperador Distillers)

설립 연도 : 1824년

발효조 : 오리건 파인 11기

증류기 : 초류 2기, 재류 2기

용수 : 케언곰(Cairngorms) 산에 있는 두 개의 샘물

연간 생산능력 : 320만ℓ

블렌디드 위스키 : 화이트 앤 맥케이(Whyte And Mackay)

글래스고 ● Glasgow

상업 도시 글래스고에서 가장 먼저 성공을 거둔 증류소

2013년쯤부터 글래스고에서 계획되던 세 개의 크래프트 증류소 중 가장 먼저 문을 연 곳이 글래스고 시 외곽의 힐링턴(Hillington) 산업단지에 설립된 글래스고 증류소이다.

창업한 해는 2015년. 처음에는 용량 450ℓ의 진 전용 스틸을 도입해 '마카 진(Makar Gin, 음유시인의 진)'이라는 진을 생산했다. 하지만 이듬해인 2015년 2월 위스키용 스틸 2기가 설치되며 본격적으로 위스키 제조가 시작되었다. 초류 2500ℓ, 재류 1400ℓ의 스틸은 모두 독일 업체 칼(Carl) 제품이다. 당시 창업자

독일 업체 칼이 만든 팟 스틸. 잘록한 곡선이 강한 벌지 형이며, 별도의 진 전용 스틸도 있다.

중 한 명인 리암 휴즈(Liam Hughes)는 "독일제를 선택한 것은 가격 문제가 아니라, 포사이스(Forsyth)에 주문하면 4년을 기다려야 했기 때문"이라고 말했다.

글래스고 증류소는 한 번 생산할 때 1t의 맥아를 사용한다. 매시 턴은 세미 라우터 턴 방식이며, 발효조는 스테인리스제 7기가 있다. 처음에는 논-피티드(Non-peated) 맥아만 사용했으나, 2017년 1월부터 페놀 수치 50ppm의 헤빌리 피티드 맥아 사용도 시작했다. 또 2018년부터는 로우랜드 전통의 3회 증류에도 도전해, 현재 1년에 약 한 달 정도는 3회 증류를 하고 있다고 한다.

자체 싱글 몰트는 2018년 6월부터 판매되었다. 3년 숙성이지만 '1770년'이라는 이름이 붙여졌다. 1770년은 글래스고에서 최초로 허가를 받은 던다스힐(Dundashill)이 창업된 해다. 이 증류소는 글래스고 위스키 산업의 상징적인 존재였으나 1902년 문을 닫았다. 그 던다스힐의 명성에 기댄 이름이다.

런던 진이 아닌 글래스고 진을 표방하는 마카 진이다. 마카는 음유시인을 뜻한다.

　글래스고 증류소의 초기 생산량은 20만ℓ였으나, 2019년 11월 확장 공사가 완료되어 스틸 2기, 발효조 7기가 새롭게 추가되었다. 이로써 스틸 4기, 발효조 14기 체제가 갖춰졌다. 현재 연간 생산 능력은 50만ℓ에 달한다고 한다.

■ Tasting Note(OB 넌에이지, 46%)

아로마 : 플로럴하고 허브. 아마씨 기름, 고수, 리코리스(licorice, 서양 감초) 향. 물을 더하면 향미가 정돈되고 아로마틱해진다.

플레이버 : 스위트하고 스무스. 콘텐츠가 있고, 단맛, 매운맛, 신맛의 밸런스도 나쁘지 않다.

종합평가 : 아직 숙성 연수가 길지 않고 아로마는 정돈되지 않았지만 플레이버는 매력적이다. 콘텐츠가 제대로 잡혀 있어 미래가 기대된다.

SCORE : 83.5점

■ 증류소 정보

소재지 : Deanside Road, Glasgow G52 4XB

홈페이지 : https://www.glasgowdistillery.com/

소유자 : 더 글래스고 디스틸러리(The Glasgow Distillery)

설립 연도 : 2015년

발효조 : 스테인리스 14기

증류기 : 초류 2기, 재류 2기. 그 외에 진 스틸 1기

용수 : 카트린 호(Loch Katrine)

연간 생산능력 : 50만ℓ

블렌디드 위스키 :

글렌알라키 ⊙ **Glenallachie**

B. 워커가 인수해
전 세계 몰트 팬들이 주목

글렌알라키는 크레이겔라키(Craigellachie)에서 그랜타운 온 스페이(Grantown-on-Spey)로 향하는 A95번 국도에서 남쪽으로 약 1㎞ 떨어진 곳에 있다. 게일어로 '알라키 계곡'이라는 뜻이다. 알라키는 게일어 'eiligh'에서 유래한 것으로 보아 '바위투성이' 또는 '돌이 많은'이라는 의미로 보인다. 증류소 근처에 바위가 많은 알라키라는 작은 언덕이 있어 이름이 붙여진 것으로 추측된다.

글렌알라키는 1967년 스코티시 앤 뉴캐슬(Scottish & Newcastle)이 맥킨레이즈(Mackinlays)의 원액 증류소로 사용하기 위해 건설했다. 1989년 페르노리카가 인수해 주로 클랜 캠벨(Clan Campbell) 등의 원액을 생산했다. 건물 자체는 델메 에반스(Delmé-Evans)[1]가 설계했다. 그가 만든 아일 오브 주라(Isle of Jura), 툴리바딘(Tullibardine), 맥더프(Macduff)와 외관과 스타일이 비슷하다.

에반스는 매시 턴에서 발효조, 그리고 팟 스틸까지의 동선에 높이 차이를 두어 중력을 활용한 효율적인 배치를 했다. 수평형 쿨러(셸 앤 튜브 콘덴서) 등 에너지 효율을 높인 것도 에반스만의 방식이다. 이후에도 페르노리카가 운영해 왔지만 2017년 매각이 결정되었다. 벤리악의 전 소유주였던 업계 거물 빌리 워커

글렌알라키 앞에는 냉각수를 저장하는 연못이 있어 물새들이 찾아온다. 하얀 건물이 눈부시다.

(Billy Walker)가 증류소를 인수했다.

글렌알라키는 한 번 생산할 때 9.4t의 맥아를 사용한다. 사용하는 맥아는 논-피티드(Non-peated)와 페놀 수치 80ppm의 울트라 헤빌리 피티드 등 두 종류이다. 매시 턴은 세미 라우터 턴 방식이며, 발효조는 스테인리스 스틸 6기가 있다. 스틸은 초류 2기, 재류 2기 등 총 4기가 가동 중이다. 캐스크에 담는 도수가 63.5%, 68%, 72%의 세 가지로 나뉘는 것도 글렌알라키만의 특징이다.

페르노리카 소유 시절에는 싱글 몰트로 병입되는 일이 거의 없었다. 하지만 빌리 워커가 인수한 후 새로운 제품이 연이어 출시되면서 전 세계 싱글 몰트 팬들의 주목을 받고 있다.

---

1 스코틀랜드의 위스키 증류소 건축가.

수평형 셀 앤 튜브 콘덴서라는 희귀한 냉각 장치를 사용하는 글렌알라키의 스틸.

■ Tasting Note(OB 12년, 46%)

아로마 : 리치하고 딥하다. 스위트하고 프루티. 토피, 메이플, 잘 익은 사과. 물을 더하면 바닐라, 오크.

플레이버 : 견고한 맛이 있다. 스위트하면서 스파이시. 여운이 길고, 초콜릿 같은 풍미도.

종합평가 : 향이 다소 닫혀 있지만, 소량의 물을 더해 즐기는 것이 좋다. 깊은 맛이 있는 스페이사이드 몰트이다.

SCORE : 86.0점

■ 증류소 정보

소재지 : Aberlour, Moray AB38 9LR

홈페이지 : http://www.theglenallachie.com

소유자 : 더 글렌알라키 디스틸러스

설립 연도 : 1967년

발효조 : 스테인리스 스틸 6기

증류기 : 초류 2기, 재류 2기

용수 : 벤 리네스(Ben Rinnes) 산의 샘물

연간 생산능력 : 400만ℓ

블렌디드 위스키 : 클랜 캠벨(Clan Campbell), 킹스 랜섬(King's Ransom)

글렌버기 ◉ Glenburgie

2005년에 리모델링된
발렌타인의 키 몰트

글렌버기 증류소는 포레스(Forres) 동쪽 8km 지점의 알브스(Alves)라는 작은 마을에 있다. 엘긴(Elgin)과 인버네스(Inverness)를 잇는 주요 도로인 A96번 국도에서 건물의 일부를 볼 수 있다.

글렌버기는 1810년 윌리엄 폴(William Paul)이 설립했다. 당시에는 킬른플랫(Kilnflat) 증류소로 불렸다. 1878년 소유주가 바뀌면서 생산 설비를 전면 교체했고, 그때 현재의 글렌버기라는 이름으로 바뀌었다.

그러나 글렌버기가 명성을 확고히 한 것은 1936년 캐나다의 주류 업체 하이람 워커(Hiram Walker)가 인수한 후이다. 인수 직후인 1937년 '발렌타인 17년'을 출시했는데, 그때 17년의 맛을 결정하는 '마법의 7가지 원액' 중 하나로 글렌버기가 선정되었다. 물론 그전부터 발렌타인의 원액으로 사용되었지만, 특별

모든 공정이 컴퓨터로 관리된다. 모니터에 발효조와 스틸의 상태가 표시되고 있다.

한 17년 제품에 필수적인 원액으로 여겨진 것이다. 그 후 발렌타인의 브랜드 소유권이 얼라이드 라이온즈(Allied Lyons), 그리고 현재 소유주인 시바스 브라더스(Chivas Brothers, 페르노리카)로 넘어갔지만, 그 중요성은 변하지 않았다.

증류소 자체는 2004년에 노후된 건물을 철거하고 완전히 새로운 증류소로 재건되었다. 이때 새로운 스틸 2기를 도입해 현재는 초류, 재류를 합쳐 총 6기가 되었다. 주목할 만한 점은 초류 3기가 익스터널 히팅(External Heating)[1] 방식을 채택하고 있다는 것이다. 이는 발효된 맥즙을 스틸 외부에서 가열하는 방식으로, 증류 효율과 에너지 절감 효과를 높여준다.

또 1958년에는 2기의 로몬드 스틸(Lomond Still)이 도입되었고, 그 스틸로 글렌크레이그(Glencraig)라는 별도의 몰트를 생산했다. 로몬드 스틸은 1981년에 철거되었기 때문에, 글렌크레이그는 오늘날 구하기 매우 어려운 환상의 위스키가 되었다.

글렌버기는 한 번 생산할 때 7.5t의 맥아를 사용한다. 연간 생산능력은 425만ℓ로 스페이사이드 증류소 중에서는 중간 규모이다. 거의 모든 생산량이 발렌타인 원액으로 사용되어, 싱글 몰트로는 거의 유통되지 않는다.

그럼에도 불구하고 현재 글렌버기, 밀튼더프(Miltonduff), 글렌토커스(Glentauchers) 3종

---

1 증류기 외부에서 가열하는 간접 가열 방식.

이 발렌타인 원액 시리즈로 15년 숙성 제품 등
이 한정판으로 출시되고 있다. 최근에는 글렌
버기 18년 제품도 추가되어 전 세계 팬들을
기쁘게 하고 있다.

■ Tasting Note(OB 15년, 40%)

아로마 : 스위트하고 소프트. 둥구스름하다. 시트러스
프루츠, 서양 배, 토피, 초콜릿. 물을 더하면 더 화려해
진다.

플레이버 : 소프트하고 라운드. 프루티하고 스위트.
밸런스가 좋아 언제까지라도 마시고 싶어진다.

종합평가 : 발렌타인의 키 몰트인 만큼, 매우 밸런스
가 잘 잡혀 있다. 소량의 물을 더하거나 스트레이트로
마시는 것이 좋다.

SCORE : 87.5점

■ 증류소 정보

소재지 : Glenburgie, by Forres, Moray IV36 2QY

소유자 : 페르노리카

설립 연도 : 1810년

발효조 : 스테인리스 스틸 12기

증류기 : 초류 3기, 재류 3기

용수 : 버기힐(Burgie Hill)의 샘물

연간 생산능력 : 425만ℓ

블렌디드 위스키 : 발렌타인(Ballantine's), 앰버서더
(Ambassador)

글렌카담 ◉ Glencadam

앵거스 던디의 거대한
블렌딩 센터가 병설돼 있다

글렌카담 증류소는 앵거스(Angus) 지방의 중심지인 브레친(Brechin) 마을 안에 있다. 브레친에는 노스포트(North Port) 증류소도 있었지만, 현재는 글렌카담 증류소만 운영 중이다.

브레친은 앵거스 지방에서 가장 오래된 마을 중 하나이다. 1150년에 지어진 교회가 아직 남아 있으며, 교회에는 라운드 타워(Round Tower)[1]라고 불리는 높은 돌 원탑이 있다. 이 탑이 지어진 것은 적어도 10세기 이전까지 거슬러 올라간다고 한다. 두 건축물 모두 아일랜드 건축 양식을 보여준다. 마을 이름도 아일랜드 왕자 브리찬(Brychan)에서 유래했다고 전해진다.

글렌카담은 1825년 지역 사업가 조지 쿠퍼(George Cooper)가 설립했다. 하지만 2년 만에 소유주가 바뀌는 등 이후에도 주인이 자주 바뀌었다. 1954년 캐나다 주류 업체 하이람 워커(Hiram Walker)가 인수했고, 1959년 대대적인 개축 공사가 이루어졌다.

그 후 2003년까지 얼라이드 도멕(Allied Domecq) 소유였다가, 같은 해 독립병입업체 앵거스 던디(Angus Dundee)가 인수했다. 현재는 앵거스 던디 소유로 생산을 이어가고 있다.

글렌카담은 한 번 생산할 때 4.9t의 맥아를

브레친 교회에는 높이가 30m에 가까운 라운드 타워가 있다. 앞에 서면 압도된다.

사용한다. 발효조는 스테인리스 스틸로 총 6기가 있다. 팟 스틸은 최소 단위인 2기만 운영 중이다. 특이한 점은 초류 스틸에 익스터널 히팅(External Heating)[2] 방식을 채택했다는 것이다. 하이람 워커 시절의 유산으로 보인다. 게다가 라인 암이 위쪽으로 약 15도 기울어져 있어 가볍고 깨끗한 스피릿을 만드는 것이 가능하다.

숙성고는 1825년에 지어진 원래의 던니지(dunnage) 방식 2동과 1950년대에 지은 3동, 그리고 거대한 랙(rack) 방식의 1동이 있다. 이와 별도로 블렌딩 센터가 있으며, 블렌딩용 거대 탱크 16기가 설치되어 있다. 이곳은 앵거스 던디의 블렌딩 핵심 거점이다.

---

1 주로 수도원이나 교회에 세워진 원형 석탑. 아일랜드 건축 양식의 특징이다.

2 증류기 외부에서 가열하는 간접 가열 방식.

스틸은 2기뿐이다. 앞쪽이 초류이고 뒤쪽이 재류이다.
냉각 장치는 옥외에 있는 셸 앤 튜브 콘덴서이다.

■ Tasting Note(OB 10년 46%)

아로마 : 플로럴하고 프루티. 멜론, 시트러스, 시나몬, 울렉스 오이로패우스(Ulex europaeus). 물을 더하면 마카롱, 피스타치오.

플레이버 : 소프트하고 스위트. 시나몬, 바닐라, 메이플. 바디는 라이트부터 미디엄. 물을 더하면 밸런스를 잃는다.

종합평가 : 가볍지만 아로마틱해서 마치 양과자 같다. 반드시 스트레이트로.

SCORE : 86.0점

■ 증류소 정보

소재지 : Brechin, Angus DD9 7PA

웹사이트 : www.glencadamwhisky.com/

소유자 : 앵거스 던디

설립 연도 : 1825년

발효조 : 스테인리스 스틸 6기

증류기 : 초류 1기, 재류 1기

용수 : 무란즈(Moorans)의 샘물

연간 생산능력 : 130만ℓ

블렌디드 위스키 : 스튜어츠 크림 오브 더 발리(Stewarts Cream Of The Barley)

글렌드로낙 ● Glendronach

피트를 일부러 건조 후기에 태우고,
셰리 캐스크 숙성을 고집하는
위스키

애버딘에서 스페이사이드 방향으로 A96 번 도로를 달리다 보면, 헌틀리(Huntly) 직전에서 글렌드로낙 증류소 간판이 보인다. 글렌드로낙은 게일어로 '검은 딸기의 계곡'이라는 뜻이다. 증류소는 1826년에 지역 주민인 제임스 알라다이스(James Allardice)에 의해 설립되었고, 긴 역사 동안 여러 번 소유주가 바뀌었다.

글렌드로낙이 유명해진 것은 1960년 티처스(Teacher's)가 인수한 후부터다. 이후 2008년 당시 소유주였던 페르노리카가 벤리악(Benriach)에 매각했고, 2016년에는 미국의 브라운 포먼(Brown-Forman)이 인수했다. 현재는 벤리악, 글렌글라사(Glenglassaugh)와 함께 미국 자본의 증류소가 되었다.

글렌드로낙은 셰리 캐스크 숙성과 석탄 직화로 유명한 증류소였지만, 석탄 직화는 2005년에 중단되었다. 그 이후로는 스팀 가열 방식으로 전환했다. 하지만 셰리 캐스크에 대한 고집은 지금도 변함이 없으며, 싱글 몰트용은 대부분 셰리 캐스크에서 숙성한다고 한다.

글렌드로낙은 한 번 생산할 때 3.7t의 맥아를 사용하며, 매시 턴은 구식의 플라우 앤 레이크 방식을 사용한다. 발효조는 낙엽송 재질로 총 9기가 있다. 팟 스틸은 초류 2기, 재류 2기를 포함해 총 4기이지만, 모두 볼(Ball) 또는 벌지(Bulge)형의 뭉툭한 형태이다. 물론 지금은 모두 스팀 가열 방식이다.

사용하는 맥아는 논-피티드(Non-peated)와 피티드 두 종류인데, 피티드 맥아는 아드모어(Ardmore)처럼 티처스 위스키의 원액으로 필요했기 때문이라고 한다. 다만 양은 적고, 브라운 포먼이 인수한 후부터는 피티드 맥아 사용은 거의 이루어지지 않고 있다.

특이한 점은 피트(Peat)를 건조 초기 단계에서 태우는 것이 아니라, 건조가 거의 끝날 무렵에 태운다는 것이다. 피트의 페놀 향은 맥아에 수분이 남아있는 초기 단계에서 태울 때 더 효과적이지만, 일부러 그 반대로 하는 것은 더 어시(Earthy, 흙 향이 나는)한 맛을 내고 맥아의 곡물 풍미를 보존하기 위해서라고 한다. 본래의 요오드향을 억제하고 싶은 것이 그 이유인 것 같다.

스틸은 모두 벌지형이다. 중앙의 2기는 재류 증류기이고, 바깥쪽 2기는 초류 증류기이다. 예전에는 석탄 직화를 했다.

현재는 새로운 비지터센터도 완공되었으며, 그곳에는 바도 함께 운영되어 관광객 유치에 도 적극적으로 나서고 있다.

■ Tasting Note(OB 12년, 43%)

아로마 : 딥하고 루티. 살구, 자두. 약간 곡물 기름 향 이 느껴진다. 물을 더하면 스위티.

플레이버 : 스위티하고 프루티. 밸런스도 좋아 마시기 에 좋다. 물을 더하면 약간 밸런스가 깨져 스트레이트 를 추천.

종합평가 : 드로낙으로서는 아직 숙성이 덜 되었고 약 간 균형이 부족하지만 충분히 즐길 수 있다.

SCORE : 85.5점

■ 증류소 정보

소재지 : Forgue, Huntly, Aberdeenshire AB54 6DB

홈페이지 : www.glendronachdistillery.com/

소유자 : 브라운 포먼

설립 연도 : 1826년

발효조 : 낙엽송 9기

증류기 : 초류 2기, 재류 2기

용수 : 부지 내 우물물 등

연간 생산능력 : 140만ℓ

블렌디드 위스키 : 티처스

글렌둘란 ● Glendullan

프레시하고 깔끔한
'올드 파'의 원액 몰트

"로마는 일곱 언덕 위에 세워졌고, 더프타운은 일곱 개의 스틸 위에 서 있다(Rome was built on seven hills and Dufftown stands on seven stills)."

이 말은 더프타운(Dufftown)에 7개의 증류소(스틸)가 있으며, 위스키 산업의 중심지임을 과시하는 표현이다. 현재는 6개만 남아 있지만, 각 증류소의 생산 능력이 크다. 6개 증류소의 총생산 능력은 약 4000만ℓ에 달한다. 이는 스카치 위스키 전체의 12%에 해당하는 수치이다.

그중 하나인 글렌둘란은 1897년 애버딘의 윌리엄즈 앤 선즈(Williams & Sons)가 설립했다. 이 회사의 블렌디드 위스키인 스트라선(Strathearn)과 쓰리스타스의 원액 몰트로 사용되었다. 비교적 일찍이 명성을 얻어 20세기 초에는 에드워드 7세 국왕에게 헌납되었고, 왕이 즐겨 마시는 위스키가 되었다.

그러나 제1차 세계 대전 후 불황으로 경영이 악화되었고, 올드 파(Old Parr)를 만드는 맥도널드 그린리스(Macdonald Greenlees)에 인수되었다. 이후 글렌둘란은 올드 파의 중요한 원액이 되었다.

현재는 디아지오 계열사로, '꽃과 동물 시리즈'나 '레어 몰트 시리즈' 등으로 일부만 병입되었는데, 그 수가 극히 제한적이었다. '꽃

1972년에 새로 지어진 글렌둘란 증류소. 피딕 강 너머로 스틸 하우스가 보인다.

과 동물 시리즈' 라벨에는 그레이 헤론(Grey Heron)이 그려져 있는데, 강이나 호수에서 주로 물고기를 잡아먹는 대형 왜가리의 일종이다. 영국 낚시꾼들에게 '고독한 사냥꾼'으로 존경받는 존재이다. 현재는 싱글톤 시리즈(Singleton Series)[1]의 일부로 12년, 15년, 18년 숙성 제품 등이 출시되고 있다.

증류소 이름인 글렌둘란은 '둘란 강 계곡'이라는 뜻이지만, 사실 피딕 강변에 지어져 있다. 둘란 강변에는 모틀락(Mortlach)과 더프타운 두 증류소가 있으며, 둘란 강은 결국 피딕 강과 합류한다.

팟 스틸은 스트레이트 헤드형으로, 처음에는 초류, 재류를 합쳐 총 2기였다. 하지만 1972년에 옆에 현대적인 증류소가 새로 지어지면서 6기가 추가되었다. 기존 증류소는 1985년까지 사용되었고 현재는 폐쇄됐다. 디아지오 계열 증류소들의 유지보수를 담당하

---

1 디아지오가 전 세계 주요 시장에 맞게 글렌 오드, 글렌둘란, 더프타운 등 3개 증류소의 싱글 몰트를 출시했다.

는 엔지니어 부서가 입주해 있다.

글렌둘란은 한 번 생산할 때 12t의 맥아를 사용한다. 매시 턴은 최신형인 풀 라우터 턴이며, 발효조는 낙엽송 재질 8기와 스테인리스 스틸 2기 등 총 10기가 있다. 스틸은 앞서 언급했듯이 초류 3기, 재류 3기 등 총 6기가 가동 중이다.

■ **Tasting Note(시그나토리 빈티지 2007, 46%)**

아로마 : 프루티하지만 약간 너티하고 희미하다. 바닐라, 꿀 향이 난다. 어딘가 모르게 육수 같은 향도 느껴진다.

플레이버 : 스무스하고 소프트. 녹차의 감칠맛 같은 느낌도 든다. 약간 밸런스가 부족하지만 복합적이고 개성적이다.

종합평가 : 개성적이지만 다소 모호한 인상이다. 소량의 물을 더해 마시는 것이 좋다.

SCORE : 82.5점

■ **증류소 정보**

소재지 : Dufftown, Moray AB55 4DJ
홈페이지 : https://www.malts.com/
소유자 : 디아지오
설립 연도 : 1897년
발효조 : 낙엽송 8기, 스테인리스 스틸 2기
증류기 : 초류 3기, 재류 3기
용수 : 콘발 힐(Conval Hill)의 샘물
연간 생산능력 : 500만ℓ
블렌디드 위스키 : 올드 파, 조니워커(Johnnie Walker)

글렌 엘긴 ● Glen Elgin

야외 웜 텁이 상징!?
'화이트 호스'의 키 몰트

크레이겔라키(Craigellachie), 로시스(Rothes), 엘긴(Elgin)을 잇는 A941번 국도변에는 10개가 넘는 증류소가 밀집해 있다. 엘긴 지역에서 로시스에 가장 가까이 있는 것이 글렌 엘긴 증류소이다.

글렌 엘긴은 글렌파클라스(Glenfarclas)의 소장이었던 윌리엄 심슨(William Simpson)과 지역 사업가 제임스 칼(James Carle)의 공동 출자로 1898년부터 1900년에 걸쳐 세워졌다. 스페이사이드에서 19세기에 지어진 마지막 증류소다. 1959년에 토모어(Tormore) 증류소가

스틸은 초류와 재류 모두 일렬로 늘어서 있다. 벽 바깥에는 각각의 웜 텁(worm tub) 6기가 설치되어 있다.

생기기 전까지 새로운 증류소는 하나도 지어지지 않았다.

1898년은 스카치 위스키에 시련의 시대가 시작된 해였다. 이 해에 리스(Leith)에 본사를 둔 위스키 회사이자 블렌더 최대 기업인 패티슨스(Pattisons)가 파산했다. 당시 건설 중이었던 글렌 엘긴은 그 여파를 정통으로 맞아, 예정된 계획을 대폭 축소해 지을 수밖에 없었다고 한다.

1902년에 겨우 가동을 시작했지만 5개월 만에 파산하고 말았다. 그 후 1930년 DCL의 손에 넘어가 겨우 재개되었고, 현재는 디아지오 계열의 증류소가 되었다.

글렌 엘긴은 블렌디드 위스키 화이트 호스(White Horse)의 핵심이 되는 중요한 원액으로, 증류소 건물도 이를 의식했는지 흰색으로 칠해져 있다. 이전에 출시한 12년 숙성 제품에는 화이트 호스의 상징인 백마 그림이 그려져 있었다. 하지만 2002년에 등장한 '히든 몰트 시리즈'의 12년 숙성 제품에는 새와 거대한 목제 웜 텁(worm tub)은 그려져 있지만, 백마는 사라졌다.

글렌 엘긴은 한 번 생산할 때 8.4t의 맥아를 사용하며, 모두 논-피티드(Non-peated) 맥아이다. 발효조는 낙엽송 재질로 총 9기가 있다. 팟 스틸은 스트레이트 헤드형으로, 처음에는 초류, 재류를 합쳐 2기밖에 없었다. 하지만 1964년 개축으로 3배인 6기로 증설되었다. 다만 용량은 약 7000ℓ로, 스페이사이

드에서는 작은 편에 속한다. 용수는 링크우드
(Linkwood)와 같은 밀부이스 호수 근처의 샘
물을 사용한다.

　냉각 장치는 라벨에도 그려져 있는 야외 목
제 웜 텁으로, 이것이 증류소의 상징이 되고
있다.

■ Tasting Note(OB 12년, 43%)

아로마 : 프루티하고, 희미하게 찻잎과 허브. 뒤늦게
바닐라, 메이플, 흰 꽃. 물을 더하면 크림. 더욱 화려해
진다.

플레이버 : 스위트하고 깊은 맛이 있다. 단맛, 매운맛,
신맛의 밸런스가 좋고, 약간 왁시하다.

종합평가 : 스페이사이드 몰트지만 풍부한 깊은 맛이
있어 즐겁다. 물을 더하면 밸런스가 약간 깨지므로 스
트레이트로 천천히 마시는 것이 좋다.

SCORE : 86.0점

■ 증류소 정보

소재지 : Longmorn, Elgin, Moray IV30 8SL

홈페이지 : https://www.malts.com/

소유자 : 디아지오

설립 연도 : 1898년

발효조 : 낙엽송 9기

증류기 : 초류 3기, 재류 3기

용수 : 밀부이스(Millbuies) 호수 근처의 샘물

연간 생산능력 : 270만ℓ

블렌디드 위스키 : 화이트 호스

글렌파클라스 ⊙ Glenfarclas

올로로소 셰리 캐스크 100%, 지금도 가족 경영을 이어가는 전통 증류소

증류소는 스페이 강 중류, 크레이겔라키(Craigellachie)와 그랜타운 온스페이(Grantown-on-Spey)의 거의 중간에 자리하고 있다. 글렌파클라스는 게일어로 '푸른 초원의 계곡'을 뜻하며, 그 이름처럼 드넓은 초원이 이어지고 발아래로 스페이 강 계곡을 볼 수 있다.

글렌파클라스는 1836년 설립됐다. 존(John)과 조지 그랜트(George Grant) 형제가 증류소 경영에 나선 것은 1865년부터이며, 이후 150년 넘게 그랜트 가문이 가족 경영을 이어오고 있다. 동일 가문이 경영하는 증류소 중에서는 캠벨타운의 스프링뱅크(Springbank) 다음으로 두 번째로 오래됐다.

글렌파클라스의 가장 큰 특징은 모든 위스키를 셰리 캐스크에서 숙성시킨다는 점이다. 그것도 100% 유러피언 오크(European Oak)로, 모두 올로로소 셰리 캐스크(Oloroso Sherry Cask)[1]만 고집한다. 오늘날 셰리 캐스크를 구하는 것은 쉽지 않지만, 1980년대 스페인의 보데가(Bodega)[2] 생산 업체인 호세 미겔 마르틴(José Miguel Martín)과 제휴해 모든 캐스크를 그곳에서 공급받고 있다고 한다.

많은 증류소들이 퍼스트 필(First Fill)과 세컨드 필(Second Fill) 캐스크만 사용하는 반면, 글렌파클라스는 서드 필(Third Fill), 포스 필(Fourth Fill)까지 4번에 걸쳐 캐스크를 재사용한다. 증류소에는 38개 동의 던니지 방식의 창고가 있으며, 약 10만 개의 캐스크가 저장돼 있다. 이것이 가능한 것은 퍼스트 필부터 포스 필까지 4번에 걸쳐 캐스크를 소중하게 계속 사용하고 있기 때문이다.

글렌파클라스는 한 번 생산할 때 16.5t의 맥아를 투입한다. 이는 맥캘란의 새로운 증류소가 만들어지기 전까지 스카치 위스키 증류소 중 가장 큰 규모였다(맥캘란의 새 증류소는 17t이다). 연간 생산능력은 350만ℓ로, 팟 스틸은 초류 3기, 재류 3기 등 총 6기이다.

모든 스틸이 가스 직화 방식으로 가열된다는 점 또한 글렌파클라스만의 특징이다. 북해 유전의 천연가스를 활용하는 등 스페이사이드 지역의 지리적 이점을 잘 살리고 있다.

위스키 라인업도 12년, 15년, 18년, 21년, 25

크고 묵직한 글렌파클라스의 스틸. 모두 가스 직화 방식으로 가열되어 모터 소리가 울려 퍼진다.

---

[1] 셰리 와인 중 '올로로소'를 숙성했던 캐스크. 위스키에서 건포도, 호두, 다크 초콜릿 등의 풍미가 느껴지게 한다.
[2] 스페인어로 와인 저장고나 와인 생산 공장을 뜻한다.

년, 30년, 40년, 50년, 그리고 105, 패밀리 리저브(Family Reserve) 등 다양하다. 모든 병에 쓰여 있는 주황색 'Glenfarclas' 글자는 초대 존 그랜트의 손글씨라고 한다. 메이저 브랜드에서 로고가 손글씨인 것은 드문 일이다. 이것은 6대에 걸쳐 가족 경영을 이어온 것에 대한 자부심이며, 무엇보다 가족의 유대를 소중히 여겨온 그랜트 가문의 전통일 것이다.

■ Tasting Note(OB 12년, 43%)

아로마 : 플로럴하고 맥아향이 나며, 아마씨 기름, 향초. 이어서 토피나 바닐라와 같은 단맛이 나타난다.

플레이버 : 스위트하고 프루티. 소프트하지만 스파이시. 미디엄 바디. 복잡. 물을 더하면 약간 밸런스가 깨진다.

종합평가 : 글렌파클라스치고는 약간 숙성 연수가 짧은 느낌이 있다. 스트레이트로 천천히 즐기는 것이 좋다.

SCORE : 84.0점

■ 증류소 정보

소재지 : Ballindalloch, Moray AB37 9BD
홈페이지 : https://glenfarclas.com/
소유자 : J.&G. 그랜트(J.&G. Grant)
설립 연도 : 1836년
발효조 : 스테인리스 12기
증류기 : 초류 3기, 재류 3기
용수 : 벤리네스(Ben Rinnes) 산 중턱의 샘물
연간 생산능력 : 350만ℓ
블렌디드 위스키 : 더 맥앵거스(The MacAngus), 아일 오브 스카이(Isle of Skye)

글렌피딕 ● Glenfiddich

일찍부터 관광객을 맞이해 온 글렌피딕. 창업자 그랜트 부부가 방문객들을 맞이하고 있다.

가족의 유대와 혁신이 낳은
세계 1위 싱글 몰트

윌리엄 그랜트(William Grant, 1839~1923년)는 20년간 사무원으로 일했던 몰트락(Mort-lach) 증류소를 그만두고, 1887년 더프타운 마을 외곽에 글렌피딕을 설립했다. 윌리엄은 더프타운에서 가난한 재단사의 아들로 태어났고, 자녀도 9명 있어 생활이 녹록지 않았다. 그러나 꾸준히 돈을 모아 염원하던 땅을 손에 넣었다. 하지만 석공이나 목수를 고용할 자금이 없어 가족들이 총출동하여 직접 돌을 쌓아 증류소를 건설했다. 짓는데 걸린 기간은 371일이었고, 쌓아 올린 돌은 무려 75만 개에 달했다고 한다.

당연히 매시 턴이나 팟 스틸 신제품을 살 돈도 없었다. 같은 스페이사이드의 카듀(Card-hu) 증류소가 윌리엄의 인품에 반해, 낡은 스틸을 저렴하게 양도해 주었다. 단 2기의 중고 스틸을 막 완성된 건물 내에 설치하고, 첫 증류를 진행한 날이 이듬해인 1887년 12월 25일, 크리스마스였다고 한다. 그로부터 134년간 글렌피딕은 스카치 위스키를 대표하는 싱글 몰트로, 세계 1위 자리를 굳건히 지켜오고 있다.

"글렌피딕이 세계 1위 싱글 몰트로서 성공

할 수 있었던 것은 1963년에 내린 결정 때문이었습니다. 싱글 몰트만 판매하겠다는 결단이었지요. 당시 막 보급되기 시작한 TV에 광고를 내보내고, 모든 매체를 통해 광고를 전개했어요. 지금은 전 세계 180개국에서 연간 약 1800만 병 이상이 판매되고 있습니다." 6대 마스터 블렌더인 브라이언 킨즈맨의 설명이다. 그는 대학에서 화학을 전공한 이색적인 블렌더다.

1960년대는 블렌디드 위스키의 전성기였고, 그 누구도 싱글 몰트가 성공할 것이라고는

■ Tasting Note(OB 12년, 40%)

아로마 : 프루티하고 플로럴. 사과, 서양 배, 바나나, 흰 꽃 향. 달콤하고 기분 좋은 산미와 단미가 조화롭다. 오크향도.

플레이버 : 달콤하고 에스테르(과일 향)가 풍부하다. 신선하고 상쾌하며, 바나나, 꿀, 커스터드 크림 맛. 밸런스가 뛰어나다.

종합평가 : 역시 세계 1위 싱글 몰트다운 면모를 보인다. 고전적이지만 끊임없이 진화하고 있다.

SCORE : 86.5점

■ 증류소정보

소재지 : Dufftown, Moray AB55 4DH
홈페이지 : https://www.glenfiddich.com/
소유자 : 윌리엄 그랜트 앤 선즈
설립 연도 : 1887년
발효조 : 더글러스 퍼 32기
증류기 : 초류 10기, 재류 21기
용수 : 로비 듀의 샘물(Robbie Dhu Springs)
연간 생산능력 : 1370만 리터
블렌디드 위스키 : 그란츠(Grant's), 몽키 숄더(Monkey Shoulder)

글렌피딕 ● Glenfiddich

생각하지 못했다. 개성이 강한 싱글 몰트가 스코틀랜드 외에서 소비될 거라고는 예상 못했고, 모든 생산량은 블렌디드 위스키에 원액으로 필요했기 때문이다. 업계 관계자들로부터 "무모한 시도"라며 비웃음샀던 그 결단을 내린 이는 그랜트 가문의 3대손 샌디 그랜트 고든이다. 그의 형 찰스 고든은 이 해(1963년)에 에어셔에 거번 그레인 위스키 증류소를 창설했다.

글렌피딕은 한 번 생산할 때 맥아 10t을 사용하며 4만1000ℓ의 맥즙을 추출한다. 매시턴은 스테인리스제 풀 라우터 턴 2기가 설치되어 있다. 발효조는 더글러스 퍼(Douglas Fir) 재질로 총 32기가 있다. 액상 효모를 사용하며, 4만1000ℓ의 맥즙에 225ℓ의 효모를 첨가한다. 발효 시간은 68시간이며, 밑술의 알코올 도수는 9.6%로 다소 높은 편이다.

글렌피딕은 현재 두 개의 증류동이 있다. 매

1963년 처음 판매된 글렌피딕의 싱글 몰트. '스트레이트 몰트'라고 표기되어 있다.

벌지형, 랜턴형, 스트레이트 헤드형 등 다양한 스틸 형태가 공존하는 것은 중고제품을 매입했기 때문이다.

시 턴이 2기인데, 제2 증류동은 옛 방식 그대로 가스 직화 방식을 사용한다. 스틸의 형태가 스트레이트 헤드형, 볼형, 랜턴 헤드형 등으로 제각각인 것은 원래 다른 증류소에서 중고를 사 왔기 때문이다.

형태와 크기는 1886년 창립 당시부터 변함이 없지만, 스틸의 수는 제1 증류동 16기, 제2 증류동 15기로 총 31기에 달한다. 새로운 맥캘란 증류소(스틸 36기)가 생기기 전까지 스코틀랜드에서 가장 많았다. 연간 생산능력은 1370만ℓ로, 더 글렌리벳, 새로운 맥캘란에 이어 3위 규모다. 하지만 역전은 시간 문제인 것으로 보인다.

현재 제3 증류동을 건설 중이며, 이것이 가동되면 스틸이 15기 더 늘어나 총 46기가 된다. 생산 능력 또한 2000만ℓ 이상으로 증가하여 더 글렌리벳과 같거나 그 이상의 규모를 갖추게 될 전망이다. 세계 1위 싱글 몰트인 만큼 생산량에서도 1위에 오르려는 것일지도 모른다.

현재 윌리엄 그랜트 앤 선즈(William Grant &

Sons)는 더프타운에 글렌피딕, 발베니(Balvenie), 키닌비(Kininvie) 등 세 개의 증류소를 소유하고 있다. 이들 증류소의 총 생산 능력은 약 3600만ℓ에 달하여, 말 그대로 스페이사이드의 맹주 자리에 올랐다. 여기에 2007년에 개장한 아일사 베이(Ailsa Bay)를 더하면 연간 생산량은 4800만ℓ에 이른다. 이는 스카치 전체 몰트 위스키 생산량의 11~12%에 해당하는 수치다. 이는 가난한 재단사의 아들로 태어난 윌리엄 그랜트의 5대에 걸친 성공 스토리를 보여주는 것이기도 하다.

OB 18년
40% / 700㎖

OB 21년
40% / 700㎖

OB 15년
40% / 700㎖

글렌피딕은 병입 시설도 갖추고 있어, 모든 제품을 증류소 내에서 병입하고 있다.

글렌 기어리 ● Glen Garioch

스카치 위스키 증류소 이름 중에는 발음을 어떻게 해야 할지 애매한 곳이 많다. 글렌 기어리도 그중 하나다. '글렌 가리오크'가 아니라 '글렌 기어리'라고 정확히 발음할 수 있다면 상당히 위스키를 잘 알고 있다고 할 수 있다.

증류소는 1797년에 설립되었다(일설에는 1785년). 동부 하이랜드에 현존하는 증류소 가운데 가장 오래된 곳 중 하나이다.

설립자는 토머스 심슨(Thomas Simpson)이지만, 오랜 역사 속에서 여러 번 소유주가 바뀌며 경영이 순탄치만은 않았다. 블렌디드 위스키 'VAT 69'로 유명한 샌더슨(Sanderson)이 소유했던 시절도 있었지만, 1937년 DCL이 인수했다. 이후 긴 휴업 기간을 거쳐 1970년 스탠리 P. 모리슨(Stanley P. Morrison)이 인수하면서 경영이 안정되었다.

모리슨은 아일라 섬의 보모어(Bowmore) 증류소 소유주였고(1964년 인수), 1984년에는 오켄토션(Auchentoshan)도 계열사로 편입시켜 모리슨 보모어(Morrison Bowmore)를 설립했다. 그러나 1994년 산토리가 이 회사를 인수하면서 글렌 기어리는 현재 산토리 글로벌 스피리츠(옛 빔 산토리)에 편입돼 있다.

글렌 기어리는 한 번 생산할 때 4t의 맥아를 사용하며, 발효조는 스테인리스 스틸로 총 9기가 있다. 팟 스틸은 단 2기만 있다. 이전에

원래 공간이 좁았기 때문인지, 라인 암(lyne arm)의 각도가 콘덴서 직전에 꺾여 있다.

는 대부분 블렌딩용 원액으로 사용되어 싱글 몰트에는 큰 힘을 쏟지 않았지만, 2009년 패키지 디자인을 바꾸고 많은 싱글 몰트 제품을 출시하기 시작했다.

이에 따라 생산량도 늘어, 이전의 100만ℓ에서 현재는 137만ℓ 가까이 증가했다. 또 현재 리모델링 공사가 진행 중이며, 초류 스틸을 가스 직화 증류 방식으로 바꿀 방침이라고 한다. 재류 스틸은 스팀 가열 방식을 유지할 예정인데, 만약 이 방식이 가동되면 스코틀랜드에서는 오랜만에 가스 직화 증류 방식의 위스키가 생산되는 것이다. 게다가 플로어 몰팅도 부활시킬 예정이라고 하니 기대된다.

이전에는 동부 하이랜드에서 눈에 띄지 않는 증류소 중 하나였지만, 현재는 비지터센터도 잘 갖춰져 많은 관광객이 찾는다. 스코틀랜드 제3의 도시 애버딘에서 인버네스로 이어지는 국도 중간에 오래된 마을 올드멜드럼에 위치한 것도 관광객이 늘고 있는 이유일 것이다.

■ **Tasting Note(OB 12년, 48%)**

아로마 : 스위트하고 에스테리(Estery)[1]. 맥아당, 호밀, 마지팬[2] 향이 느껴진다. 물을 더하면 바닐라, 메이플 시럽, 꿀 향이 더해진다.

플레이버 : 스위트하고 스파이시. 단맛, 매운맛, 신맛의 균형이 잘 잡혀 있고, 감칠맛이 느껴진다.

종합평가 : 이전과 비교해 풍미의 밸런스가 훌륭하여 인상이 좋다. 물을 더하면 약간 오일리해지므로 스트레이트로 마시는 것이 좋다.

SCORE : 87.5점

■ **증류소 정보**

소재지 : Oldmeldrum, Aberdeenshire AB51 0ES

홈페이지 : https://www.glengarioch.com/

소유자 : 산토리 글로벌 스피리츠

설립 연도 : 1797년

발효조 : 스테인리스 스틸 9기

증류기 : 초류 1기, 재류 1기

용수 : 피코크 힐(Peacock Hill)의 샘물

연간 생산능력 : 137만ℓ

블렌디드 위스키 : 아일라 레전드(Islay Legend), 롭 로이(Rob Roy)

---

1 과일 향을 뜻하는 위스키 용어. 발효 과정에서 생성되는 에스터(Ester) 성분에서 비롯된다.

2 으깬 아몬드나 아몬드 반죽, 설탕, 달걀 흰자로 만든 말랑말랑한 과자.

글렌글라사 ◉ Glenglassaugh

영화 촬영지로 유명해져
23년 만에 기적적으로 부활

스페이사이드 머레이 만에 접한 포트소이(Portsoy)라는 작은 어항은 2017년 스코틀랜드에서 개봉한 영화 〈위스키 갤로어!(Whisky Galore!)〉[1]의 촬영지로 선정됐다. 포트소이는 빅토리아 시대 건물이 남아 있는 아름다운 곳으로, 조금 떨어진 곳에 글렌글라사 증류소가 있다.

증류소는 지역 상인 제임스 모이어(James Moir)가 1875년에 세웠다. 1892년 하이랜드 디스틸러스(Highland Distillers)가 인수해 2008년까지 소유했다. 그러나 실제로 가동된 기간은 60년 정도였고, 1986년부터 2008년까지 모스볼 상태였다. 23년 가까이 위스키가 한 방울도 생산되지 않은 것이다.

이 기적적인 부활을 지휘한 사람은 글렌로시스(Glenrothes), 하이랜드 파크(Highland Park) 증류소에서 소장을 지냈던 스튜어트 니커슨(Stuart Nickerson)이었다. 러시아와 북유럽의 투자자들이 자금을 댔다. 하지만 2013년 벤리악(Benriach)에 매각됐고, 미국의 브라운 포먼(Brown-Forman)이 인수하는 등 소유주가 빠르게 바뀌었다. 브라운 포먼은 테네시 위스키인 잭 다니엘을 소유한 회사다. 이에 따라 글렌글라사는 벤리악, 글렌드로낙(Glendronach)

과 함께 미국 자본의 증류소가 되었다.

글렌글라사는 한 번 생산할 때 5.2t의 맥아를 사용하며, 약 2만5000ℓ의 맥즙을 추출한다. 매시 턴은 포티우스 제품으로, 100년 넘게 사용하고 있는 주철 재질의 골동품이다. 발효조는 오리건 파인 재질 4기와 스테인리스 스틸 2기가 있지만, 현재는 오리건 파인 재질만 사용하고 있다. 사용하는 효모는 마우리(Mauri)의 드라이 이스트이며, 발효 시간은 54~80시간으로 설정되어 있다.

팟 스틸은 초류, 재류 각각 1기씩 총 2기만 있다. 둘 다 높은 벌지형이다. 원액을 숙성하는 캐스크는 아메리칸 화이트 오크 버번 캐스크를 사용하는데, 4번까지 재사용하는 것이 글렌글라사 방식이다. 예전에는 가장 구하기 어려운 싱글 몰트라고 불렸지만, 현재는 생산

스틸은 높은 벌지형으로, 가열 방식은 익스트림 히팅을 채택하고 있다.

---

1 스코틀랜드 해안의 섬 주민들이 난파된 화물선에서 위스키 5만 상자를 회수하기 위해 영국군 사령관과 경쟁하는 내용.

량의 85% 이상을 자체 싱글 몰트 제품으로 출하하고 있다.

기본적으로 논-피티드(Non-peated) 위스키를 만들지만, 1년에 한 달만 헤빌리 피티드(페놀 수치 30ppm)도 사용한다. 이 제품은 '토파(Torfa)'라고 부르는데, '토파'는 북유럽 언어(바이킹의 노르만어)로 '피트(peat)'를 의미한다고 한다.

■ **Tasting Note(오피셜 리바이벌, 46%)**

아로마 : 맥아, 쇼트브레드(Shortbread)[2]. 희미한 피트 향과 함께 약간 오일리하며, 바닷바람의 악센트. 물을 더하면 더 스위트해진다.

플레이버 : 스위트하고 프루티. 매끄럽고 쥬시하다. 안쪽에 희미하고 오올리한 풍미가 있다. 물을 더하면 꿀 같아진다.

종합평가 : 바다 근처에 있어서인지 바닷바람의 뉘앙스가 있다. 하이볼로 만들어 마셔도 재미있다.

SCORE : 86.0점

■ **증류소 정보**

소재지 : Portsoy, Banff, Aberdeenshire AB45 2SQ
홈페이지 : https://www.glenglassaugh.com/
소유자 : 브라운 포먼
설립 연도 : 1875년
발효조 : 오리건 파인 4기, 스테인리스 스틸 2기
증류기 : 초류 1기, 재류 1기
용수 : 글라사 샘물(Glassaugh spring)
연간 생산능력 : 110만ℓ
블렌디드 위스키 : 커티 삭(Cutty Sark)

2 스코틀랜드에서 크리스마스나 축제 때 주로 먹는 쿠키. 소금을 넣어서 만들며, 스코틀랜드를 대표하는 비스켓이다. 다른 쿠키와 달리 팽창제를 쓰지 않고 굽는다.

글렌고인 ⊙ Glengoyne

증류소는 글래스고에서 북쪽으로 약 20km 떨어진 캠프시(Campsie) 산속에 있다. 던디 (Dundee)와 그리녹(Greenock)을 잇는 선을 기준으로 북쪽이 하이랜드, 남쪽이 로우랜드로 분류되는데, 공교롭게도 이 경계선이 증류소 부지를 가로지르고 있다. 따라서 두 지역의 중간에 있다고 볼 수 있다. 다만 용수가 북쪽 언덕에서 흘러오기 때문에 예전부터 하이랜드 몰트로 분류되었다.

글렌고인은 1833년에 설립되었고, 용수가 나오는 언덕 이름인 덤고인(Dumgoyne)을 따서 한때 덤고인 증류소로 불렸다. 글렌고인의 '고인'은 게일어로 '야생 기러기'를 의미한다. 증류소는 아담한 규모이지만, 건물 배치가 훌륭하다. 마이클 잭슨도 자신의 저서에서 "방문할 가치가 있는 가장 아름다운 증류소"라고 극찬했다.

글래스고에서 가까워 지금도 많은 관광객이 방문한다. 매장이 잘 갖춰져 있는 것도 장점이다.

글렌고인은 한 번 생산할 때 3.84t의 맥아를 사용하는 소규모 증류소이다. 매시 턴은 스테인리스 스틸 재질이지만, 6개의 발효조는 전통적인 오리건 파인으로 만들어졌다. 팟 스틸은 둥근 형태이며, 초류 1기, 재류 2기 등 총 3기가 있다. 숙성고는 도로를 사이에 두고 남쪽에 있다(즉, 로우랜드에 있다). 운송 중 사고를 막기 위해 땅속에 묻힌 파이프로 뉴 스피리츠 (New Spirits)[1]를 필링 스테이션(Filling Station)[2] 으로 보낸다.

맥아는 이전에 잉글랜드산 골든 프로미스 품종을 고집했지만, 현재는 스코틀랜드산을 주로 사용한다. 원래 소프트하고 마일드한 주질이 특징이며, 논-피티드 맥아만을 사용한다. 숙성은 3분의 1을 셰리 캐스크에서, 나머지는 리필 캐스크에서 진행한다.

1876년 랭 브라더스(Lang Brothers)가 글렌고인을 인수해 자사의 블렌디드 위스키에 사

3기의 팟 스틸이 있다. 오른쪽 2개가 재류 스틸이고, 안쪽이 초류 스틸이다. 1대2 시스템을 채택했다.

---

1 증류를 마친 투명한 위스키 원액.
2 위스키 원액을 캐스크에 담는 작업장.

용했지만, 2003년 독립병입업체인 이안 맥클라우드(Ian Macleod)가 인수하여 현재 운영하고 있다. 이안 맥클라우드는 이후 스페이사이드의 탐두 증류소, 2018년에는 로우랜드의 로즈뱅크까지 인수하여 현재 3개 증류소의 소유주가 되었다.

■ Tasting Note(OB 10년 40%)

아로마 : 맥아당, 아마씨유, 스카치 브로스(Scotch broth)[3]. 물을 더하면 달콤하고 약간 오일리.

플레이버 : 스위트하고 스무스. 라이트한 바디. 소프트하고 쥬시. 물을 더하면 바디감이 다소 약해진다.

종합평가 : 온화하지만, 이전 제품들에 비해 확고한 개성을 드러낸다. 탄산수를 타서 하이볼로 만들어 마시는 것도 재미있다.

SCORE : 86.0점

■ 증류소 정보

소재지 : Dumgoyne, Stirling G63 9LB

홈페이지 : https://www.glengoyne.com/

소유자 : 이안 맥클라우드 디스틸러스

설립 연도 : 1833년

발효조 : 오리건 파인 6기

증류기 : 초류 1기, 재류 2기

용수 : 덤고인 언덕의 샘물

연간 생산능력 : 110만ℓ

블렌디드 위스키 : 랭스(Langs), 헤지스 앤 버틀러(Hedges & Butler)

---

3 양고기 또는 소고기, 채소, 콩류를 넣고 끓인 스코틀랜드의 수프.

글렌그란트 ⊙ Glen Grant

스투파(불교 사리탑) 타입이라고 부르고 싶은 글렌그란트의 스틸. 모두 정류기가 부착되어 있다.

이탈리아에서 가장 인기 있는
스페이사이드 몰트의 선구자

스페이사이드의 로시스(Rothes) 마을은 스틸 제조업체인 포사이스(Forsyths)로 유명하지만, 예로부터 위스키 증류소가 밀집된 곳으로도 알려져 왔다. 더프타운(Dufftown)의 7개 증류소만큼은 아니지만, 좁은 마을 안에 무려 5개의 증류소가 다닥다닥 들어서 있었다.

그중 하나인 카퍼도닉(Caperdonich)은 완전히 철거되어 포사이스의 거대한 공장 일부가 되었지만, 여전히 '위스키 타운'이라는 명성은 건재하다.

로시스 마을에서 가장 오래 전에 설립된 곳이 1840년에 탄생한 글렌그란트 증류소다. 몰트 위스키 증류소는 대부분 지명이 이름으로 붙지만, 특이하게 글렌그란트는 창업자인 존과 제임스 그란트 형제의 이름에서 유래했다. 일찍이 싱글 몰트로 판매되기 시작했으며, 하이랜드 전통 의상을 입은 존과 제임스의 모습은 라벨에도 그려져 세계의 많은 사람들에게 사랑받아 왔다.

"그란트 형제는 빅토리아 시대 스페이사이드에서 모르는 사람이 없을 정도로 유명한 형제였습니다. 형 제임스는 엘긴(Elgin) 시의원도 역임하며 스페이사이드에 철도를 부설한 것으로도 알려져 있습니다. 그동안 증류소를 지킨 이는 동생 존이었고, 형제가 죽은 후 증류소를 물려받은 이는 제임스의 아들 그란트 주니어, 통칭하여 메이저 그란트였습니다."

글렌그란트의 마스터 디스틸러인 데니스 말콤(Dennis Malcolm)이 한 말이다. 그의 아버지가 글렌그란트의 직원이어서 그도 그란트의 직원 주택에서 1946년 태어났다. 15세에 그란트의 직원이 되어 글렌그란트에서 외길 인생 50년을 살아왔다. 2005년 이탈리아의 캄파

■ Tasting Note(OB 10년, 40%)

아로마 : 달콤하고 루티. 서양 배, 꿀, 버터 스카치 향이 느껴진다. 가볍고 깔끔하며, 물을 더해도 흐트러지지 않는다.

플레이버 : 달콤하고 마일드하다. 깔끔하고 부드럽다. 단맛, 매운맛, 신맛의 균형이 잘 잡혀 있어 맛이 좋다. 물을 더하면 시트러스 과일 향.

종합평가 : 스페이사이드의 훌륭한 위스키. 그란트의 오래 숙성되지 않은 원액에서 잠재력을 느낄 수 있다.

SCORE : 88.5점

■ 증류소 정보

소재지 : Rothes, Moray AB38 7BS
홈페이지 : http://www.glengrant.com/
소유자 : 캄파리그룹(Campari Group)
설립 연도 : 1840년
발효조 : 오리건 파인 10기
증류기 : 초류 4기, 재류 4기
용수 : 글렌그란트 강(Glen Grant Burn)
연간 생산능력 : 620만ℓ
블렌디드 위스키 : 시바스 리갈(Chivas Regal), 패스포트(Passport), 섬씽 스페셜(Something Special)

글렌그란트 ● Glen Grant

글렌그란트에서 60년 외길을 걸어온 데니스 말콤. 용수를 탄 위스키로 건배.

리(Campari)가 증류소를 인수할 때 데니스 외에는 적임자가 없다는 판단에 당시 페르노리카에 있던 데니스를 다시 불러들였다.

2대째인 메이저 그란트는 전형적인 빅토리아 시대의 시골 신사로, 낚시와 사냥, 세계 여행을 즐기며 인생을 만끽했다. 진취적인 기상도 풍부해 위스키 제조에도 혁신을 가져왔다. 글렌그란트는 세계에서 가장 빨리 전기가 도입된 증류소(19세기 후반)이기도 하며, 증류소 개혁에서도 메이저만의 독자적인 수완을 발휘했다. 그 대표적인 예가 기묘한 형태의 스틸이다. 총 8기가 있는 초류·재류 증류기에 커다란 정류기(Purifier)를 부착했다.

"당시에는 스페이사이드 몰트라는 표현이 없었고, 이곳도 하이랜드 몰트 중 하나로 여겨졌습니다. 메이저는 피티하고 헤비한 하이랜드 몰트의 이미지를 싫어해 이런 형태의 스틸을 만들었고, 또 모든 스틸에 정류기를 달아 가볍고 에스테르 향이 나며 깔끔한 위스키를 목표로 했습니다. 오늘날의 스페이사이드 스타일을 확립했다고 해도 과언이 아니죠."

당시에는 모든 증류소가 피트(peat)를 연료로 사용해 맥아를 자체 생산했고, 스틸 가열도 석탄 직화 방식이었다. 하지만 글렌그란트는 전기를 빠르게 도입하고, 크고 키가 큰 스틸로 증기의 구리 접촉을 늘렸으며, 심지어 정류기까지 부착했다. 세계를 여행했던 메이저의, 어떤 의미에서는 글로벌한 시야를 엿볼 수 있는 부분이다.

글렌그란트는 한 번 생산할 때 맥아 12.3t이라는 많은 양을 투입한다. 발효조는 오리건 파인 재질 10기가 있으며, 발효 시간은 48시간으로 설정되어 있다.

또 하나 메이저가 만든 것은 증류소 뒤편

증류소는 글렌그란트 강을 따라 건설되어 있다. 뒤편으로는 아름다운 빅토리아 정원이 펼쳐져 있다.

에 펼쳐진 27에이커(약 3만3000평)의 빅토리아 정원이다. 용수를 끌어오는 글렌그란트 강을 따라 조성된 자연 정원으로, 사계절의 꽃뿐만 아니라 사과, 배, 자두 같은 과일나무도 심어져 있다. 전 세계 증류소를 찾아봐도 이토록 훌륭한 정원을 보유한 곳은 흔치 않을 것이다.

메이저 사후 1952년 글렌그란트는 더 글렌리벳(The Glenlivet)과 합병했고, 1972년에는 롱몬(Longmorn)도 그룹에 합류했다. 그러나 1978년 캐나다의 씨그램(Seagram)에 인수되었고, 2001년에는 페르노리카 소유가 되었으나, 2006년에는 이탈리아의 캄파리가 1억 1500만 파운드에 인수하여 화제가 됐다.

어떤 의미에서는 제자리를 찾았다고 말할 수도 있다. 글렌그란트는 이탈리아에서 판매량 1위를 자랑하기 때문이다. 이탈리아 시장 점유율은 70%에 달하여, 이탈리아에서 '싱글 몰트'라고 하면 글렌그란트를 가리킬 정도다.

OB 12년
43% / 700㎖

OB 18년
43% / 700㎖

글렌가일 ◉ Glengyle

79년 만에 부활한 스프링뱅크의 두 번째 증류소

스프링뱅크에서 도보로 7~8분 거리에 글렌가일 증류소가 있다. 원래 설립된 해는 1872년으로, 당시 스프링뱅크를 소유하던 미첼 가문의 동생 윌리엄 미첼이 형과 다툰 후 별도의 증류소를 세운 것이 그 시작이라고 한다.

19세기 후반부터 20세기 초반은 캠벨타운의 전성기였으나, 20세기에 들어서며 쇠퇴했다. 글렌가일 역시 1925년을 마지막으로 가동을 중단했다. 남아있던 위스키 오크 캐스크들도 이후 경매에 부쳐져 모두 팔려 나갔다고 전해진다.

이 글렌가일의 부활을 결정한 것은 스프링뱅크의 현 소유주인 헤들리 라이트이다. 그는 윌리엄 미첼의 3대 조카이다. 농업 조합 창고나 라이플 클럽 사격장으로 사용되던 옛 증류소의 낡은 건물들을 매입해 2004년 12월, 79년 만에 글렌가일을 부활시켰다.

스틸은 단 2기이며, 하이랜드의 벤위비스 증류소에서 사용하던 중고품이라고 한다. 오른쪽이 초류 스틸이다.

스틸은 북부 하이랜드의 벤위비스 증류소에서 사용하던 중고품이며, 맥아 분쇄기는 스페이사이드의 크레이겔라키에서 사용하던 중고품을 들여왔다. 벤위비스는 인버고든 그레인 증류소 내에 있던 작은 증류소로, 1977년에 폐쇄됐다. 글렌가일은 스틸을 반입하면서 넥 상부를 덧대어 높이를 늘려 깨끗한 맛의 술을 얻을 수 있도록 했다. 그 외 매시 턴과 4기의 목재 발효조는 모두 새것을 사용하고 있다.

글렌가일은 한 번 생산할 때 맥아 4.5t을 사용한다. 매시 턴은 세미 라우터 턴 방식이며, 맥아는 모두 스프링뱅크에서 생산된 것을 사용한다. 맥아의 80%는 스프링뱅크와 동일한 라이틀리 피티드 맥아이지만, 20%는 헤빌리 피티드라고 한다.

연간 생산 능력은 75만ℓ이나, 현재는 9월부터 12월까지 4개월간만 조업한다. 생산량은 연간 10만ℓ 내외인 것으로 알려졌다.

스프링뱅크와 글렌가일은 동일한 직원이 근무하며, 두 증류소는 교대로 생산을 진행하고 있다. '글렌가일'이라는 브랜드명은 다른 회사가 등록해 놓았기 때문에, 싱글 몰트는 '킬케런'이라는 이름으로 병입된다. 킬케런은 캠벨타운의 옛 지명으로, '성 케아란의 교회'를 의미한다고 한다.

옛 창고는 지역 라이플클럽의 사격장으로 사용됐다. 소음은 어떻게 처리했는지 의문이다.

■ Tasting Note(OB 킬케런 12년 46%)

아로마 : 약한 스모크 향이 느껴진다. 견고하고 복잡하며, 허브, 맥아, 향나무 향. 물을 더하면 쇼트브레드 향과 미세한 오일리함이 더해진다.

플레이버 : 건조한 피트(peat) 향이 특징이다. 달콤하고 스파이시하며, 복합적이고 깊은 맛이 일품이다. 미세한 짠맛이 느껴지지만, 감칠맛이 응축된 듯하다.

종합평가 : 스프링뱅크의 DNA가 살아 숨 쉰다. 복합적이면서도 맛이 뛰어나다. 스트레이트로 마실 것.

SCORE : 90.0점

■ 증류소 정보

소재지 : Glengyle Road, Campbeltown, Argyll & Bute PA28 6EX

홈페이지 : https://kilkerran.scot/

소유자 : J.&A.미첼(J.&A. Mitchell & Co. Ltd.)

설립 연도 : 1872년(2004년 재개)

발효조 : 낙엽송 2기, 더글러스 퍼 2기

증류기 : 초류 1기, 재류 1기

용수 : 크로스힐 호(Crosshill Loch)

연간 생산능력 : 75만ℓ

블렌디드 위스키 : 캠벨타운 로흐(Campbeltown Loch)

글렌 키스 ◉ Glen Keith

3회 증류와 피티드 맥아를 사용하는
스트라스아일라의 제2 증류소

스페이사이드 키스(Keith)에는 로시스(Rothes),
엘긴(Elgin), 더프타운(Dufftown)과 마찬가지
로 몰트 위스키 증류소들이 밀집해 있다. 좁
은 마을 안에는 스트라스아일라(Strathisla),
글렌 키스, 스트라스밀(Strathmill)이 있고, 교
외에는 오크로이스크(Auchroisk), 글렌토커스
(Glentauchers), 올트모어(Aultmore)가 운영 중
이다. 이 6개 증류소를 합쳐 '키스 지구의 증
류소'라고 부른다.

글렌 키스는 1957년 스트라스아일라의 제2
증류소로 설립되었다. 아일라 강을 사이에 두
고 스트라스아일라 맞은편, 키스역에서 걸어
서 2~3분 거리에 있다.

증류소의 전신은 제분 및 오트밀 공장이었
으며, 이 공장을 개초해 증류소가 문을 열었
다. 증류소답지 않은 외관을 가진 이유다. 오
크 캐스크도 일부를 제외하고 키스 마을 교외

현재는 패스포트의 키 몰트이다. 정면 유리창에도 패스
포트의 심볼이 그려져 있다.

에 있는 시바스(Chivas)의 집중 숙성고로 가져
가서 숙성시킨다.

시바스(현 페르노리카)가 인수했을 때 미국
시장에서는 저렴하고 가벼운 맛의 블렌디드
위스키가 요구되었다. 당시 인기였던 커티 삭
(Cutty Sark)이나 J&B 같은 위스키이다. 이에
맞춰 만들어진 것이 100 파이퍼스(100 Pipers)
였고, 그 원액으로 기대되었던 것이 글렌 키스
였다.

가벼운 풍미의 원액을 만들기 위해 일부러
로우랜드 방식의 3회 증류를 도입했다. 또한
시바스가 보유한 증류소 중에는 아일라 몰
트가 없었기 때문에, 스모키한 원액도 생산
했다. 이는 블렌더들 사이에서 크레이그더프
(Craigduff) 또는 글렌아일라(Glenisla)로 알려
져 있었다. 그러나 위스키 불황으로 1999년부
터 2013년까지 폐쇄되었다. 2014년에 현 소
유주인 페르노리카의 주도로 재가동이 결정
되었다.

글렌 키스는 한 번 생산할 때 8t의 맥아를

사진으로는 잘 보이지 않지만 라인 암(lyne arm)이 긴 것
이 글렌 키스의 특징이라고 한다.

사용한다. 매시 턴은 브릭스(Briggs)의 최신식 풀 라우터 턴이고, 발효조는 스테인리스 스틸 6기, 오리건 파인 9기 등 총 15기가 있다. 스틸은 초류, 재류 합쳐 총 6기인데, 라인 암이 가늘고 유난히 긴 것이 특징이다.

기존에는 공식 싱글 몰트 제품이 거의 유통되지 않았다. 하지만 2019년부터 '시크릿 스페이사이드 컬렉션'[1]의 일부로 글렌 키스 3종이 출시되고 있다.

1 페르노리카가 소유한 스페이사이드 증류소의 위스키를 병입한 시리즈.

■ **Tasting Note(GM 코니서스 초이스 1997, 46%)**
아로마 : 크리미하고 플로럴. 마지팬[2], 요구르트, 고산지대 꽃 향. 물을 더하면 구운 사과, 꿀 향.
플레이버 : 약간 딱딱한 인상이지만, 콘텐츠는 견고하다. 뜨겁고 스파이시. 물을 더하면 스위트해진다.
종합평가 : 소량의 물을 더하면 키스 지역의 특징인 사과와 꿀 향미가 열린다.
SCORE : 85.0점

■ **증류소 정보**
소재지 : Station Road, Keith, Moray AB55 3BU
소유자 : 페르노리카
설립 연도 : 1957년
발효조 : 스테인리스 스틸 6기, 오리건 파인 9기
증류기 : 초류 3기, 재류 3기
용수 : 뉴밀 샘물(Newmill Springs)
연간 생산능력 : 600만ℓ
블렌디드 위스키 : 시바스 리갈(Chivas Regal), 패스포트(Passport)

2 으깬 아몬드나 아몬드 반죽, 설탕, 달걀 흰자로 만든 말랑말랑한 과자.

글렌킨치 ⦿ Glenkinchie

팟 스틸은 업계 최대급!
로우랜드 몰트의 대표 주자

글렌킨치 증류소는 클래식 몰트(Classic Malts)[1] 중 하나이자 로우랜드의 대표로 선정됐다. 처음에는 10년 숙성 제품이었지만, 출시 20년 후인 2007년에 12년 숙성으로 바뀌었다.

글렌킨치는 에든버러 근교의 이스트 로디언(East Lothian) 지방에 1825년 지어졌다. 처음에는 밀턴(Milton) 증류소라 불렸지만, 1837년에 정식으로 면허를 취득하며 글렌킨치로 이름을 바꾸었다. 설립자는 이 지역에서 농업을 하던 존과 조지 레이트(John and George Rate) 형제로, 원래는 농가의 부업으로 시작했다. 그러나 20세기 초 SMD(Scottish Malt Distillers)로 넘어갔고, 이후 DCL, UD를 거쳐 현재는 디아지오에 속해 있다.

글렌킨치의 가장 큰 특징은 거대한 스틸이다. 초류 1기, 재류 1기 등 총 2기만 있지만 사이즈가 매우 크다. 특히 초류 스틸은 용량이 약 3만1000ℓ로, 스카치 위스키 업계에서 최대급을 자랑한다.

한 번 생산할 때 9.5t의 맥아를 사용하며, 약 4만2000ℓ의 맥즙을 추출한다. 매시 턴은 풀 라우터 턴이며, 발효조는 오리건 파인 재질로 총 6기가 있다. 발효 시간은 48~72시간

업계 최대급의 팟 스틸. 앞쪽이 초류 스틸이고 뒤쪽이 재류 스틸이다. 둘 다 랜턴 헤드형이다.

으로 다소 짧은 편인데, 이는 경수(硬水, Hard Water)[2]를 쓰기 때문이라고 한다. 사용하는 효모는 케리(Kerry)의 리퀴드 이스트이며, 발효 후 밑술의 알코올 도수는 10%로 비교적 높게 설정되어 있다.

팟 스틸의 형태는 둘 다 랜턴 헤드형이고, 라인 암(lyne arm)이 급격한 각도로 아래로 꺾여 있다. 게다가 냉각 장치는 일반적인 셀 앤 튜브 방식이 아닌, 전통적인 웜 텁(worm tub) 방식을 고수한다. 흥미롭게도 클래식 몰트 6개 증류소 중 셀 앤 튜브 방식의 냉각 장치를 사용하는 곳은 라가불린(Lagavulin)뿐이며, 나머지 5곳은 모두 웜 텁 방식이다. 이런 점도 '클래식'으로 선정된 이유 중 하나일 것이다.

글렌킨치의 연간 생산 능력은 약 250만ℓ이지만, 이 중 90%가 블렌디드 위스키 원액으로 사용된다. 싱글 몰트로 판매되는 양은 전체의 약 10%에 불과하며, 연간 25만 병 정도다.

---

1 1988년 UDV(United Distillers and Vintners, 현 디아지오)가 출시한 6개 증류소의 싱글 몰트 위스키 시리즈. 스코틀랜드 각 지역의 개성을 대표한다.

2 칼슘과 마그네슘 같은 미네랄 성분이 많이 함유된 물.

붉은 벽돌로 지어진 커다란 숙성고. 비지터센터도 잘 갖추어져 많은 사람이 방문한다.

■ **Tasting Note(OB 12년, 43%)**

아로마 : 흰 꽃, 크림, 사과, 서양 배, 시나몬. 라이트하지만 견고하다. 물을 더하면 롤케이크 향이 느껴진다.

플레이버 : 스위트하고 플로럴. 깔끔하고 산뜻하다. 밸런스가 나쁘지 않고, 깊은 맛도 있다.

종합평가 : 로우랜드 몰트이지만 견고한 맛이 있어 클래식 몰트로 선정된 이유를 알 것 같다.

SCORE : 84.5점

■ **증류소 정보**

소재지 : Peastonbank, by Pencaitland, East Lothian EH34 5ET

홈페이지 : https://www.malts.com/

소유자 : 디아지오

설립 연도 : 1837년

발효조 : 오리건 파인 6기

증류기 : 초류 1기, 재류 1기

용수 : 래머뮈어 힐스의 샘물(Lammermuir Hills Spring)

연간 생산능력 : 250만ℓ

블렌디브 브랜드 : 헤이그(Haig), 벨즈(Bell's), 조니 워커(Johnnie Walker)

더 글렌리벳 ◉ The Glenlivet

6기의 팟 스틸이 가동 중인 제2 증류동. 오른쪽이 초류 스틸 , 왼쪽이 재류 스틸이다. 글렌리벳의 스틸은 모두 동일하다.

정부 공인 제1호 증류소의 명예와 끊임없는 도전

스카치 위스키 역사의 문을 연 조지 스미스.

스카치 위스키의 역사에서 1824년은 기념비적인 해였다. 그 전 해에 주세법이 개정되어, 1세기 가까이 이어져 온 밀주 시대가 막을 내렸기 때문이다. 글렌리벳이 정부 공인 제1호 증류소로 출발한 것도 바로 이 해였다.

창업자 조지 스미스(George Smith)는 당시 하이랜드 지방을 대표하는 뛰어난 위스키 장인이었다. 그의 집안은 아버지(유명한 자코바이트[1]로, 본래 성은 '가우Gow'였다) 대부터 밀주업을 이어왔고, 그 가문이 위스키 제조지로 선택한 곳이 바로 스페이사이드 지방의 글렌리벳, 즉 리벳 강의 계곡이었다.

---

1 1688년 영국 명예혁명으로 추방된 스튜어트 왕조의 제임스 2세와 그 후손의 복위를 주장한 세력. 스코틀랜드 혈통의 스튜어트 왕가를 잉글랜드와 스코틀랜드 왕좌에 앉혀야 한다며 여러 차례 반란을 일으켰다.

양질의 물과 풍부한 피트(peat), 서늘한 기후를 갖춘 리벳 계곡은 밀주 제조 중심지로, 당시에는 200곳이 넘는 밀주 양조장들이 깊은 산속 리벳 계곡에 밀집해 있었다고 한다. 그 가운데에서도 스미스가 만드는 밀주의 맛이 우수하다고 소문났고, 당시의 국왕 조지 4세(재위 1820~30년)가 즐겨 마신 위스키이기도 했다.

그런 '밀주업자들의 계곡'에서 스미스 혼자만 감히 정부 공인 증류소의 길을 선택했기 때문에, 처음에는 밀주 동료들로부터 배신자

■ **Tasting Note(OB 12년, 40%)**
아로마 : 플로럴하고 프루티. 사과, 시트러스, 크림, 바닐라, 꿀, 멘솔. 물을 더해도 향이 무너지지 않음.
플레이버 : 부드럽고 매끄럽다. 확실한 깊이가 있으며 스위트. 단맛, 매운맛, 신맛의 밸런스도 뛰어나다. 여운도 길다.
종합평가 : 완성도가 매우 높은 스페이사이드의 명주. 가능하다면 스트레이트로 마시고 싶다.
SCORE : 89.5점

■ **증류소 정보**
소재지 : Glenlivet, Ballindalloch, Moray AB37 9D
홈페이지 : https://www.theglenlivet.com
소유자 : 페르노리카
설립 연도 : 1824년
발효조 : 스테인리스 16기, 오리건 파인 16기
증류기 : 초류 14기, 재류 14기
용수 : 조지의 샘(Josie's Well)
연간 생산능력 : 2100만ℓ
블렌디드 위스키 : 시바스 리갈(Chivas Regal), 로얄 살루트(Royal Salute)

더 글렌리벳 ● The Glenlivet

조지 스미스가 늘 지니고 다녔던 두 자루의 권총. 스미스의 몸은 지켰지만, 증류소는 방화를 당했다.

라고 낙인 찍혀 끊임없이 목숨을 위협받았다고 한다.

신변의 위협을 느낀 스미스는 호신용 권총 2정을 늘 몸에 지니고 다녔다고 한다. 스미스의 증류소는 여러 차례 방화 공격을 받았다. 현재 글렌리벳 증류소를 방문하면 이 권총이 자랑스럽게 전시되어 있다.

하지만 스미스의 생각이 옳았다는 것이 곧 입증되었다. 19세기 중반에는 그가 만든 글렌리벳이 몰트 위스키의 대명사로 불릴 정도였다. 이 때문에 그 명성을 이용하려고 무단으로 '글렌리벳'이라는 이름을 쓰는 증류소들이 급증했고, 1870년대에는 그 수가 거의 30곳에 이르렀다고 한다.

스미스 가문은 결국 참지 못하고 1880년에 소송을 제기했고, 4년 후인 1884년에 승소했다. 그 후 '글렌리벳'은 명칭을 단독으로 사용할 수 있는 증류소가 되었고, 다른 곳과 구별하기 위해 정관사를 붙인 '더 글렌리벳'(The Glenlivet)이 되었다.

글렌리벳은 게일어로 '평온한 계곡', '부드러운 장소'라는 의미이다. 하지만 스카치의 역사에 빛나는 금자탑을 세운 글렌리벳은, 그 이름과는 달리 결코 평온하지만은 않은 길을 걸어왔다.

그 후로도 스미스 가문이 경영을 이어왔지만, 1978년 캐나다의 씨그램(Seagram)이 인수했고, 그 산하의 시바스 브라더스(Chivas Brothers)가 증류소 운영을 맡게 되었다. 그러나 씨그램이 주류 사업에서 철수하면서, 2001년 프랑스의 페르노리카가 인수했다.

페르노리카 소유가 된 이후에는 전략이 재검토되었고, 싱글 몰트로서 같은 스페이사이드의 글렌피딕(Glenfiddich)을 따라잡고 넘는 것이 최대 목표가 되었다. 이를 위해 막대한 투자가 이루어졌고, 2006년에는 연간 판매량이 50만 케이스를 돌파, 현재는 맥캘란을 제치고 싱글 몰트 판매 세계 2위(약 120만 케이스)에 올라섰다.

당시 마케팅에 사용된 것이 "더 글렌리벳의

현대적이고 개방적인 제2 증류동. 오른쪽 뒤편에 원래 있던 제1 증류동이 있고, 반대편에는 제3 증류동이 있다.

역사가 곧 스카치의 역사”라는 카피이다. 물론, 이런 말을 할 수 있는 곳은 '더 글렌리벳'뿐이다.

글렌리벳은 한 번 생산할 때 맥아 13.5t을 사용하고, 생산하는 것은 논-피티드(Non-peated) 몰트뿐이다. 글렌리벳에는 원래의 제1 증류동 외에 2010년에 완성된 제2 증류동, 2018년에 가동된 제3 증류동이 있어, 총 3개의 증류 설비가 있다.

팟 스틸의 형태·크기 등은 모두 동일하지만, 발효조는 목재 16기, 스테인리스 16기 등 총 32기이다. 팟 스틸은 제1 증류동에 8기, 제2 증류동에 6기, 제3증류동에 14기로, 총 28기를 가동한다.

숫자로만 보면 맥캘란이나 글렌피딕보다 적지만, 연간 생산능력은 2100만ℓ로 스코틀랜드 최대를 넘어 세계 최대의 몰트 위스키 증류소이다.

OB 15년
40% / 700㎖

OB 18년
40% / 700㎖

파운더스 리저브
40% / 700㎖

글렌로시 ● Glenlossie

헤이그의 '키 몰트'인
스페이사이드의 아름다운 위스키

글렌로시는 블렌디드 위스키 헤이그(Haig)의 중요한 몰트 원액으로, 과거부터 블렌더 사이에서 높은 평가를 받아왔다. 그래서 싱글 몰트로 시중에 판매되는 양이 매우 적어 구하기 어려운 위스키이다.

1990년대부터 UD(현 디아지오)의 '꽃과 동물 시리즈'로 10년 숙성 제품이 유통되기 시작했지만, 지금도 스탠더드 오피셜 보틀은 이 제품이 유일하다.

라벨에는 로시 계곡에 서식하는 야생 조류가 그려져 있다. 용수를 끌어오는 마녹 힐은 딱따구리 등 야생 조류의 보고로 알려져 있다. 증류소는 엘긴에서 남쪽으로 약 6㎞ 떨어진 로시 강을 향해 열려 있는 계곡을 따라 세워져 있다. 글렌로시는 게일어로 '로시 계곡'이라는 뜻이다.

글렌로시는 로시 강의 계곡이라는 뜻이지만 증류소는 강변에 없다.

설립된 해는 1876년이다. 창업자인 존 더프(John Duff)는 원래 펍 경영자였다. 글렌로시를 짓기 전에는 헌틀리(Huntly) 근처의 글렌드로낙(Glendronach) 증류소에서 매니저로도 일했다. 더프에게는 지역 재무 담당관과 부동산 감정사라는 두 명의 파트너가 있었다. 이후 1919년 DCL에 인수되었고, 존 헤이그(John Haig) 소유로 오늘날까지 계속 운영되고 있다.

1960년대에 대규모 개축 공사로 팟 스틸이 4기에서 6기로 증설되었다. 1971년에는 부지 안에 제2 증류소인 마녹모어(Mannochmore)가 지어졌다. 글렌로시와 마녹모어는 헤이그 산하에서 자매 증류소로 운영됐다. 현재는 두 곳 모두 디아지오 계열이다.

팟 스틸은 스트레이트 헤드형으로, 초류, 재류를 합쳐 6기가 있다. 특히 3기의 재류 스틸 라인 암(lyne arm)에는 정류기가 부착되어 있어, 깨끗하고 가벼운 스피릿을 생산할 수 있다.

2018년 1월부터 1년 반 동안 다시 대대적인 개축 공사가 진행되어 현재는 친환경적인 증류소로 탈바꿈했다. 한 번 생산할 때 8t의 맥아를 사용하며, 매시 턴은 스테인리스 스틸로 만든 풀 라우터 턴을 사용한다. 발효조는 낙엽송 8기, 스테인리스 스틸 2기 등 총 10기가 가동 중이다.

연간 생산능력은 370만ℓ로 중간 규모지만, 부지 내에는 10개의 거대한 숙성고가 있어 20만 배럴의 위스키를 저장할 수 있다. 또 다크 그레인(Dark Grains)[1] 제조 공장이 함께 운영되어, 연간 3000t의 드래프(Draff)[2]를 처리할 수 있다. 마녹모어와 함께 하나의 대규모 콤플렉스(복합시설)을 이루고 있는 것이다.

1 위스키 제조 후 남은 맥아 찌꺼기(드래프)와 발효 폐액을 혼합하고 건조하여 만든 동물 사료.
2 위스키 제조 과정에서 당분 추출 후 남은 맥아 찌꺼기이다. 주로 동물 사료로 재활용된다.

■ Tasting Note(OB 10년, 43%)

아로마 : 시트러스, 민트, 시나몬, 자몽. 품질이 좋고 우아하고 다정한 인상. 오트케이크, 비스킷.

플레이버 : 스위트하고 소프트, 클린. 바디는 가볍지만 밸런스가 잘 잡혀 있어 질리지 않게 마실 수 있다. 물을 더하면 꿀, 메이플 시럽 맛이 난다.

종합평가 : 가볍고 마시기 좋은 스페이사이드의 훌륭한 위스키이다. 식전주로 좋으며, 스트레이트로.

SCORE : 85.5점

■ 증류소 정보

소재지 : Thormshill, by Elgin, Moray IV30 85S
홈페이지 : https://www.malts.com/
소유자 : 디아지오
설립 연도 : 1876년
발효조 : 낙엽송 8기, 스테인리스 스틸 2기
증류기 : 초류 3기, 재류 3기
용수 : 바든 강(Bardon Burn)
연간 생산능력 : 370만ℓ
블렌디드 위스키 : 헤이그(Haig), 딤플(Dimple)

글렌모렌지 ◉ Glenmorangie

체육관처럼 넓은 공간 안에 좌우로 2열, 총 12기의 증류기가 늘어서 있다. 스코틀랜드 위스키 증류소 중에서도 가장 그림 같은 증류동이다.

미래를 밝히는 제2 증류소 '라이트하우스'도 현재 준비 중

글렌모렌지 하면 '테인(Tain)의 16인'[1]이라고 하는 캐치프레이즈로 유명하다. 실제로 100년 이상 항상 16명의 남자들이 위스키를 만들어왔다.

생산량은 예전에 비해 10배 이상 증가했지만, 맥아 제조(몰팅)나 오크 캐스크 수리 작업(쿠퍼리지)이 없어지고 컴퓨터 제어가 도입되면서 지금도 여전히 16명만으로 증류소가 운영되고 있다.

2008년부터 시작된 증산 계획으로 발효조는 기존 8기에서 12기로, 증류기도 8기에서 12기로 증가했지만, '테인의 16인의 남자들'이라는 캐치프레이즈를 고수하고 있다.

글렌모렌지 증류소는 1843년에 설립됐다. 지역 출신인 윌리엄 매더슨(William Matheson)이 낡은 농가 건물을 개조해 시작했다. 원래 이곳은 맥주 양조장으로 알려져 있었으나, 모렌지라는 이름이 본격적으로 알려지게 된 것은 1918년에 맥도날드 앤 뮈어(Macdonald & Muir)의 로데릭 맥도날드(Roderick Macdonald)

---

1 글렌모렌지는 다른 증류소와 달리 한정된 숙련공으로 위스키 생산의 전 과정을 책임지는데, 이를 '테인의 16인'이라 일컫는다.

가 인수하면서부터다. 당시 이 회사는 블렌디드 위스키인 '하이랜드 퀸'(Highland Queen)을 제조하고 있었고, 그 원액을 확보하기 위해 글렌모렌지가 필요했다.

이후 약 100년 가까이 맥도날드 앤 뮈어가 운영을 이어오다가, 1996년에 사명을 '글렌모렌지 주식회사'로 변경했다. 이듬해인 1997년에는 아일라 섬의 아드벡 증류소를 인수하면서 글렌모렌지, 글렌 모레이, 아드벡 등 세 증류소를 소유하게 되었다. 하지만 2004년에 프랑스의 모엣헤네시루이비통(LVMH)에 매

■ **Tasting Note(OB 10년, 40%)**
아로마 : 사과, 바나나, 파인애플, 메이플 시럽, 커스터드. 고급 디저트 느낌. 물을 조금 타면 바닐라와 밀푀유 향이 올라온다.
플레이버 : 부드럽고 달콤하며 마일드하다. 시트러스 계열의 느낌이 난다. 매우 균형 잡힌 맛으로, 계속 마시고 싶어지는 위스키.
종합평가 : 이전보다 더 마일드하고 달콤해졌다. 식전 주로 어울리지만, 언제 마셔도 즐길 수 있는 위스키.
SCORE : 87.5점

■ **증류소 정보**
소재지 : Tain, Ross & Cromarty, Highland IV19 1PZ
홈페이지 : https://www.glenmorangie.com/
소유자 : 모엣헤네시루이비통(LVMH)
설립 연도 : 1843년
발효조 : 스테인리스 12기
증류기 : 초류 6기, 재류 6기
용수 : 타롤기 샘(Tarlogie Springs)
연간 생산능력 : 650만ℓ
블렌디드 위스키 : 하이랜드 퀸

글렌모렌지 ● Glenmorangie

각되었고, 현재는 프랑스 자본의 회사가 되었다. 참고로 글렌 모레이는 2008년에 또 다른 프랑스 회사인 라 마르티니케즈(La Martini-quaise)에 매각되었다.

현재 글렌모렌지는 한 번 생산할 때 맥아 10.3t을 사용한다. 매시 턴은 최신식의 풀 라우터 턴이며, 얻어지는 맥즙은 약 4만8000ℓ이다. 발효조는 스테인리스제로 총 12기가 있다. 사용하는 효모는 뉴질랜드 마우리 사의 액체 효모이며, 발효조 한 기당 250ℓ를 투입한다. 발효 시간은 52시간이고, 얻어지는 밑술의 알코올 도수는 약 8%이다.

팟 스틸은 업계에서 가장 높은 볼 타입으로, 높이는 5.14m이다. 체육관처럼 넓은 공간에 좌우로 각 6기씩, 총 12기가 줄지어 있는 모습은 마치 대성당이나 신전, 혹은 미래의 우주기지처럼 보이기도 한다. 아마 스코틀랜드 증류소 중에서 가장 장엄하고 아름다운 스틸 하우스일 것이다.

증류는 하나의 워시백에서 얻은 워시를 4등분하여 4개의 초류 스틸에 투입한다. 나머지 2기에는 워시백의 절반, 즉 발효조 1.5기 분이 들어간다. 즉 초류 스틸 6기에 대해 워시백 1.5기의 양이 대응된다는 뜻이다.

글렌모렌지는 '오크 캐스크의 선구자'로도 유명하다. 숙성에는 퍼스트 필과 세컨드 필 버번 캐스크만을 사용한다. 스카치 위스키 중 처음으로 버번 캐스크를 사용한 곳이 글렌모렌지였다. 게다가 1994년에는 업계 최초로 '우드 피니시'[2] 제품을 선보이며, 이후 스카치 위스키의 트렌드를 만들었다.

글렌모렌지가 당시 사용한 오크통은 포트[3], 마데이라[4], 셰리[5] 캐스크였다. 이후 '엑스트라 머츄어드'(추가 숙성) 시리즈로 이름을 바꾸고, 현재는 포트 캐스크의 '퀸타루반', 셰리 캐스크의 '라산타', 소테른[6] 캐스크의 '더 넥타'가 대표 제품으로 출시되고 있다.

또 버번 캐스크의 재료인 화이트 오크도 중시한다. 미국 미주리 주 오자크 산맥에서 직접 나무를 선별해 2년간 자연 건조한 후 켄터키 주에서 오크통을 제작하는 일명 '디자이너 캐스크' 개발에도 힘을 쏟았다.

이러한 '오크통의 선구자'로서 그 결정체가 2009년부터 매년 1회 출시되고 있는 '프라이빗 에디션'[7] 시리즈이다. 지금까지 '소날타PX', '피넬타', '아르테인', '엘란타', '콤판타' 등 총 10종이 출시되었다. '오크통의 마법사'라 불릴 만한 혁신적인 시리즈였다.

현재 글렌모렌지는 글렌피딕, 더 글렌리벳, 맥캘란에 이어 세계에서 4번째로 많이 팔리는 싱글 몰트 위스키이다. 그러나 더 큰 도약

---

2 위스키를 한 캐스크에서만 숙성하지 않고 일정 기간이 지난 후 다른 캐스크로 옮겨 숙성하는 방법.
3 포르투갈에서 생산되는 주정 강화 와인.
4 포르투갈령인 아프리카 연안 마데이라 제도에서 생산되는 와인.
5 스페인 전통 주정 강화 와인.
6 프랑스 보르도 지방에서 생산되는 디저트 와인.
7 2020년부터 '어 테일 오브 ○○○(A Tale of ○○○)'라는 새로운 명칭이 붙은 일명 '테일 시리즈'로 출시.

과 실험적인 증류를 위해 증류소 부지 내에 제 2의 증류소 격인 '라이트하우스'(등대) 증류소를 신설해 2021년부터 가동하고 있다. 과연 이 증류소가 어떤 미래를 밝혀줄지 전 세계 글렌모렌지 팬들의 이목이 집중되고 있다.

넥타도르(Nectar d'Or)
46% / 700㎖

라산타(Lasanta) 12년
43% / 700㎖

던니지 방식의 창고에는 많은 오크통이 줄지어 있다.

퀸타루반(Quinta Ruban) 14년
46% / 700㎖

OB 18년
43% / 700㎖

글렌 모레이 ● Glen Moray

글렌 모레이 증류소는 엘긴 중심부에서 약간 벗어난 주택가 뒤쪽에 있다. 북해에 접한 모레이 지역 일대는 '라이크 오 모레이'(Laich O'Moray, '모레이의 영주라는 뜻')라고 불린다. 예로부터 보리의 주요 생산지로 유명했다.

하이랜드 지역 치고는 비교적 기후가 온화해서, 현지인들은 "이 일대는 다른 스코틀랜드 지역보다 여름이 40일이나 더 길다"고 자랑한다. 즉, 모레이 외의 다른 스코틀랜드에는 여름이 존재하지 않는다는 의미이다.

현재 증류소가 있는 곳은 18세기에 '웨스트 브루어리'라는 이름의 맥주 공장이 있던 자리이다. 우연히도 글렌 모레이와 자매 증류소였던 글렌모렌지도 예전에는 맥주 공장이었다. 당시 모회사인 맥도날드 앤 뮤어(Macdonald & Muir)가 1996년에 글렌모렌지로 사명을 변경했다. 이후 이 회사는 LVMH(모엣헤네시루이비통) 그룹에 인수되었지만, 글렌 모레이는 2008년에 프랑스 주류 업체 '라 마르티니케즈'(La Martiniquaise)가 인수했다. 현재 글렌 모레이 역시 프랑스 자본의 증류소가 되었다.

라 마르티니케즈는 '라벨5'와 같은 자사 브랜드의 스카치 위스키를 프랑스 내 슈퍼마켓 등에 유통한다. 라벨5는 스카치 블렌디드 위스키 중 판매량 5~6위로 인기 있는 브랜드이다. 이 위스키의 원액을 확보하기 위해 글렌 모레이를 인수한 것이다.

증류소는 1897년에 설립되었으며, 설립자는 엘긴 지역의 사업가였다. 증류소 부지가 맥주 공장 이전에는 처형장이었다는 흥미로운 이야기도 있다. 1962년, 새로운 숙성고를 건설하던 중 땅속에서 해골 여러 개가 출토되어 지역 사회에서 화제가 되기도 했다.

한 번 생산할 때 10.1t의 맥아를 사용하며, 발효조는 스테인리스 스틸 14기가 있다. 스틸 역시 기존 6기에서 3기를 증설해 초류 3기, 재류 6기 등 총 9기가 되었다. 새로 도입된 초류 3기는 이탈리아 업체 프릴리(Frilli) 제품이다.

생산 능력도 증설 후 약 3배 가까운 570만ℓ가 됐다. 게다가 매시 턴과 발효조, 스틸 2기를 추가로 도입해 890만ℓ 규모의 거대한 증류소로 확장 공사 중이라고 한다. 숙성고도 팔레타이즈(Palletized)[1] 방식의 2동을 건설 중이

스틸은 묵직한 스트레이트 헤드형이다. 증축과 개축을 반복하여 스틸 하우스는 복잡한 구조를 가지고 있다.

---

1 숙성고에서 캐스크를 선반 대신 팔레트 위에 올려서 보관하는 방식. 운반이 용이하고 공간 효율이 좋다.

며, 프랑스를 중심으로 유럽연합(EU)에서 높아지는 라벨5의 수요에 대응하려 한다.

■ **Tasting Note(OB 12년, 40%)**

아로마 : 시트러스, 청사과, 서양 배, 백도, 캔디. 우아한 향. 물을 더하면 크림, 꿀 향이 나고 더욱 소프트해진다.

플레이버 : 스무스하고 소프트하며, 라이트 바디. 몰티하고 단맛과 매운맛의 밸런스가 잘 잡혀 있다. 물을 더하면 바디감이 약해진다.

종합평가 : 아로마는 탁월한 스페이사이드 몰트이지만, 바디감이 다소 약한 편이다. 스트레이트로 즐기는 것을 추천한다.

SCORE : 86.0점

■ **증류소 정보**

소재지 : Bruceland Road, Elgin, Moray IV30 1YE

홈페이지 : http://www.glenmoray.com/

소유자 : 라 마르티니케즈

설립 연도 : 1897년

발효조 : 스테인리스 스틸 14기

증류기 : 초류 3기, 재류 6기

용수 : 로시 강(River Lossie)

연간 생산능력 : 570만ℓ

블렌디드 위스키 : 라벨5, 제임스 마틴스, 커티 삭

글렌 오드 ● Glen Ord

거대한 제맥 시설을 갖춘 디아지오의 몰트 증류소

글렌 오드는 디아지오가 소유한 31개 몰트 위스키 증류소 중 연간 생산능력이 1100만ℓ로, 로즈아일(Roseisle) 다음으로 두 번째 규모를 자랑한다. 글렌 오드에는 제1, 제2 생산동이 있으며, 매시 턴은 둘 다 12.5t으로 거대하다.

발효조는 두 생산동을 합쳐 총 22기로, 모두 오리건 파인 재질이다. 스틸은 제1동에 6기, 제2동에 8기 등 총 14기가 가동 중이다. 매시 턴과 발효조, 그리고 스틸의 형태와 크기는 제1, 제2동이 모두 동일하게 설정되어 있다.

사실 글렌 오드는 맥아 제조 시설이 함께 있는 것으로도 알려져 있다. 1961년에 처음으로 살라딘 박스(Saladin Box)[1] 방식의 몰팅 시설이 도입되었고, 1968년에는 별도의 드럼 몰팅(Drum Malting)[2] 시설이 건설되었다. 살라딘 박스는 1983년까지 가동되었지만 그 후 중단되었다. 이 시설을 2015년에 개조하여 제2 증류소로 사용하고 있다.

이후 드럼 몰팅 시설이 확장됐다. 현재는 18기의 스티핑 탱크(Steeping Tank)[3]에서 이틀간 물에 담근 후 18기의 드럼식 제맥기로 4일 동

넓은 유리창이 있는 스틸 하우스에 8기의 스틸이 나란히 있다. 이곳은 예전에 살라딘 박스가 있었던 곳이다.

안 제맥한다. 맥아를 건조시키는 킬른(Kiln)은 4개 동이 있는데, 이 중 2개는 논-피티드용이고, 나머지 2개가 피티드 맥아용이라고 한다.

글렌 오드 제맥소에서 생산하는 맥아는 연간 4만5000t에 달한다. 맥아는 글렌 오드뿐만 아니라 클라이넬리시(Clynelish), 티니닉(Teaninich), 그리고 스카이 섬의 탈리스커(Talisker) 등에도 공급된다. 탈리스커의 피티드 맥아는 거의 전부 이 글렌 오드에서 만들어지고 있다.

과거 글렌 오드의 싱글 몰트는 오드, 오디, 뮈어 오브 오드 등 다양한 이름으로 알려져 있었다. 하지만 2006년부터 '싱글톤 오브 글렌 오드(The Singleton of Glen Ord)'로 통일되었다.

싱글톤 시리즈에는 글렌 오드, 더프타운(Dufftown), 글렌둘란(Glendullan) 세 가지가 있다. 지난 10년간 판매량이 급격히 늘어 현재 3개 제품의 총판매량은 연간 약 600만 병에 이른다고 한다. 그중에서도 글렌 오드의 인기가

---

[1] 보리를 기계로 몰팅하는 방식 중 하나이다. 커다란 사각형 상자(살라딘 박스) 안에 보리를 넣고 발아시킨다.
[2] 회전하는 드럼통 안에서 보리를 몰팅하는 방식으로, 온도와 습도 조절이 용이하다.
[3] 보리를 물에 담가 싹을 틔우기 전 불리는 통.

가장 높다고 한다.

약진은 여기서 그치지 않는다. 현재 연간 100만 케이스(1200만 병) 판매를 목표로 하고 있다. 연간 100만 케이스 판매량을 달성한 싱글 몰트는 글렌피딕, 더 글렌리벳, 맥캘란뿐이다. 디아지오가 소유한 이 싱글톤 시리즈가 이들 3대 브랜드에 도전하려는 것이다.

■ **Tasting Note(시그나토리 2007년, 46%)**
아로마 : 스위트하고 프루티. 흰 꽃, 꿀, 바닐라, 메이플, 부드러운 오크. 물을 더하면 사과, 파인애플.
플레이버 : 클린하고 프루티. 견고하며 깊은 맛이 있다. 밸런스도 뛰어나다.
종합평가 : 밸런스가 잡힌 좋은 술이다. 글렌 오드의 클린하고 에스테리한 특징이 잘 드러난다. 스트레이트로 마시는 것이 좋다.
SCORE : 87.5점

■ **증류소 정보**
소재지 : Muir of Ord, Ross & Cromarty, Highland I6 7UJ
홈페이지 : https://www.malts.com/
소유자 : 디아지오
설립 연도 : 1838년
발효조 : 오리건 파인 22기
증류기 : 초류 7기, 재류 7기
용수 : 남바나흐 호수(Loch nam-Bannach), 난유안 호수(Loch nan Euan)
연간 생산능력 : 1100만ℓ
블렌디드 위스키 : 듀어스(Dewar's), 조니워커(Johnnie Walker)

글렌로시스 ● Glenrothes

'커티 삭'의 주요 원액,
흑인 유령으로 유명해진 증류소

스페이사이드의 크레이겔라키(Craigellachie)에서 엘긴(Elgin)으로 향하는 A941번 국도를 따라 북쪽으로 가면 로시스(Rothes) 마을에 다다른다. 그리 크지 않은 마을이지만, 이곳 역시 예로부터 위스키 산업의 중심지로 번성했다.

마을 중심부에 위치한 글렌로시스는 1878년에 설립되었다. '로시스 강 계곡'이라는 뜻에서 글렌로시스라는 이름이 붙여졌다. 그러나 자금을 지원하던 글래스고의 은행이 그해에 파산하면서 계획에 큰 차질이 생겼다. 이 때문에 당초 예정했던 규모를 축소하여 지을 수밖에 없었다.

고난의 역사와는 반대로, 위스키 자체는 일찍부터 높은 평가를 받았다. 블렌더들 사이에서는 항상 스페이사이드의 톱 드레싱(Top Dressing)[1] 중 하나로 꼽혔다.

글렌로시스가 독특한 점은 스틸 하우스에 유령이 출몰했다는 것이다. 1980년대에 스틸을 기존 6기에서 10기로 증설한 것이 계기였다. 이후 야간 근무를 하던 직원들이 흑인 유령을 보기 시작했다. 그 흑인의 이름은 바이웨이(Byway)[2]였다. 바이웨이는 글렌그란트 증

마을 공동묘지에서 본 글렌로시스 증류소. 이곳에 흑인 유령으로 소문난 바이웨이의 무덤이 있다.

류소의 2대 소유주인 메이저 제임스 그란트(Major James Grant)의 집사로 오랫동안 일했다. 1900년대 초 메이저가 남아프리카 길거리에서 고아였던 바이웨이를 발견하여 로시스로 데려왔다. 이후 60년 가까이 로시스에서 살았고, 그의 무덤도 마을 공동묘지에 있었다. '바이웨이'는 물론 '길가'를 의미한다.

바이웨이의 유령이 나타난 이유는 글렌로시스의 확장 공사로 바이웨이의 영혼의 산책로가 방해받았기 때문이라고 한다. 증류소 측에서는 영매사를 불러 바이웨이의 길을 바꾸어 주었다. 그 이후 유령은 더 이상 나타나지 않았지만, 직원들은 건배할 때마다 "투 바이웨이(To Byway)"를 외치게 되었다고 한다.

글렌로시스는 블렌디드 위스키인 커티 삭(Cutty Sark)의 중요한 원액이다. 생산량의 95%가 블렌딩용으로 사용되며, 싱글 몰트는 5%에 불과하다고 알려져 있었다. 게다가 싱글 몰트의 브랜드 소유권은 런던의 BBR(Berry Bros. & Rudd Brands)이 가지고 있었지만,

---

1 블렌디드 위스키에서 가장 중요한 맛과 깊이를 부여하는 고품질 위스키.
2 원래 이름은 바이와 마카라가(Biawa Makalaga).

2017년 현 소유주인 에드링턴(Edrington)으로 넘어갔다.

이것이 계기가 되었는지, 기존의 빈티지(증류 연도) 표기 방식에서 현재는 일반적인 숙성 연도 표기 방식으로 바뀌었다. 현재 한 번 생산할 때 5.5t의 맥아를 사용하며, 스틸은 총 10기이다. 용수는 로시스 마을 뒤에 있는 아드카니 샘(Ardcanny Spring)과 페어리즈 우물(Fairies Well) 두 곳을 사용한다.

■ **Tasting Note(OB 12년, 40%)**
아로마 : 프루티하고 스위트. 살구, 프룬, 곶감. 올로로소 셰리. 토피, 캐슈넛. 물을 더하면 소프트해진다.
플레이버 : 소프트하고 스위트. 미디엄에서 라이트 바디로, 밸런스도 우수하다.
종합평가 : 밸런스가 잘 잡힌 스페이사이드의 좋은 위스키이다. 빈티지 표기 제품보다 안정감이 더해졌다. 스트레이트로 마시는 것이 좋다.
SCORE : 89.0점

■ **증류소 정보**
소재지 : Rothes, Moray AB38 7AA
홈페이지 : https://www.theglenrothes.com/
소유자 : 에드링턴그룹
설립 연도 : 1878년
발효조 : 오리건 파인 12기, 스테인리스 스틸 8기
증류기 : 초류 5기, 재류 5기
용수 : 아드카니 샘물, 페어리즈 우물물
연간 생산능력 : 560만ℓ
블렌디드 위스키 : 커티 삭, 페이머스 그라우스(The Famous Grouse)

글렌 스코시아 ◉ Glen Scotia

캠벨타운 몰트의 흥망성쇠를 이야기하는 증인

킨타이어 반도 끝에 있는 캠벨타운(Camp-beltown)은 한때 위스키 산업의 중심지였다. 19세기 후반에는 30개 가까운 증류소가 좁은 마을에 몰려 있었다. 일본 닛카위스키의 창업자 다케츠루 마사타카(竹鶴政孝)가 견습을 위해 방문했던 1920년에도 14개의 증류소가 운영 중이었다고 한다. 하지만 현재는 단 3개만 남아 있다. 스프링뱅크(Springbank)와 글렌가일(Glengyle), 그리고 글렌 스코시아(Glen Scotia)이다.

캠벨타운이 번성했던 이유는 이곳이 보리의 주산지였고, 스코틀랜드에서 드문 석탄 광맥이 있었으며, 천연의 좋은 항구를 갖추고 있었기 때문이다. 그러나 석탄은 모두 캐냈고, 해상 운송은 시대에 뒤처졌으며, 미국의 금주법 시대(1920~1933년)에 질이 낮은 위스키를 대량으로 밀수했던 것도 이곳에 치명적인 타격을 입혔다. 금주법 시대가 끝난 후 사람들이 캠벨타운 몰트를 외면했기 때문이다. 한 번 찍힌 질 낮은 제품이라는 낙인은 그렇게 쉽게 지울 수 없었다.

글렌 스코시아는 1832년에 창업했다. 하지만 캠벨타운의 쇠퇴와 함께 1928년 한차례 문을 닫았다. 이후 1980년대에 100만 파운드라는 거금을 들여 대대적으로 보수하여 본격적으로 운영을 재개했다. 현재는 로크 로몬드

글렌 스코시아의 숙성고는 랙식이다. 사용하는 캐스크는 주로 아메리칸 화이트 오크로 만든 버번 캐스크이다.

(Loch Lomond) 소유이며, 2019년부터는 중국 투자회사인 힐하우스 캐피탈 매니지먼트(Hillhouse Capital Management)로 소유권이 넘어갔다.

글렌 스코시아의 전 소유자 던컨 맥칼럼(Duncan MacCallum)이 1930년 빚을 갚지 못해 캠벨타운 로크(Campbeltown Loch)에 몸을 던진 이후, 증류소 안에 그의 유령이 나온다는 소문으로도 유명했다. 참고로 캠벨타운 로크는 마을의 바다 입구(바다)를 뜻하며, 유명한 스코틀랜드 민요에도 나온다. '바다가 모두 위스키였으면'이라는 술꾼의 소망을 노래한 것으로, 누군가 술집에서 이 노래를 부르기 시작하면 곧바로 다들 합창할 만큼 즐거운 노래이다.

글렌 스코시아는 한 번 생산할 때 2.8t의 맥아를 사용한다. 매시 턴은 옛날 방식인 주철제다. 발효조는 스테인리스로 9기가 있다. 발효 시간은 평균 128시간으로 긴 편이다. 피티드 맥아는 1년에 4주 정도 사용하지만(그 외

에는 논-피티드) 피트(peat) 농도는 19ppm과 25ppm 두 가지 종류가 있다고 한다.

팟 스틸은 스트레이트 헤드형으로 초류와 재류가 각각 1개씩 있다. 용수는 크로스힐 호(Crosshill Loch)의 물과 건물 지하 80피트(약 24m)에서 끌어올린 지하수를 사용하고 있다.

■ Tasting Note(OB 캠벨타운 하버, 40%)

아로마 : 솔티하고 스모키. 마른 피트, 소금 앙금이 들어간 찹쌀떡, 크림. 물을 더하면 시트러스, 바닐라, 꿀. 복잡.

플레이버 : 스위트하면서도 드라이. 달고, 맵고, 신맛의 밸런스가 뛰어나고 개성적이다. 물을 더하면 부드러워지고 마시기 편해진다.

종합평가 : 탄탄한 바디감이 있으며, 캠벨타운의 좋은 점을 지금까지 전하고 있다.

SCORE : 86.0점

■ 증류소 정보

소재지 : High Street, Campbeltown, Argyll and Bute PA28 6DS

홈페이지 : https://www.glenscotia.com/

소유자 : 힐하우스 캐피탈 매니지먼트

설립 연도 : 1832년

발효조 : 스테인리스 9기

증류기 : 초류 1기, 재류 1기

용수 : 크로스힐 호와 증류소 우물물

연간 생산능력 : 80만ℓ

블렌디드 위스키 : 스코시아 로얄(Scotia Royal)

글렌 스페이 ◉ Glen Spey

잉글랜드 회사가 최초로 소유한 스카치 증류소

글렌 스페이 증류소는 로시스(Rothes) 마을 중심부, 로시스 백작 레슬리(Leslie)가 지은 성(현재는 완전히 폐허 상태) 바로 아래에 있다. 로시스 백작은 헝가리 귀족 가문의 후예로, 17세기 청교도혁명 당시 끝까지 크롬웰군에 저항했던 인물이라고 한다. 성은 포위군에 의해 거의 완벽하게 파괴되었다.

글렌 스페이는 로시스 지역에서 운영 중인 4개의 증류소 중 하나이다. 1878년에 설립되었으며, 지역 곡물 상인 제임스 스튜어트(James Stewart)가 오트밀 공장을 증류소로 개조한 것이다. 그래서 처음에는 '밀스 오브 로시스(the Mills of Rothes, 로시스 제분소)'라고 불렸다.

그러나 1887년 런던의 유명한 진 생산업체 길비(Gilbey)에 매각되면서 글렌 스페이라는 이름으로 바뀌었다. 잉글랜드 회사가 스카치 몰트 위스키 증류소를 소유한 것은 이것이 최초의 사례였다. 길비 사는 이후 세계적인 주류 회사인 그랜드 메트로폴리탄 그룹의 자회사가 되었고, 길비 진 외에 스미노프 보드카 등도 생산했다. 1997년 모회사가 기네스 그룹과 합병하면서 현재는 디아지오 계열사가 되었다.

1970년에는 건물을 신축했고, 이때 팟 스틸이 2기에서 4기로 증설되었다. 증류소는 로

정면에서 본 글렌 스페이 증류소. 왼편 언덕 위에는 폐허가 된 로시스 성벽의 일부가 남아 있다.

시스 강변에 있지만, 바로 상류에 글렌 로시스 증류소가 있어 옛날부터 냉각에 필요한 찬물을 충분히 얻기 어려운 불리한 점이 있었다고 한다. 지금은 그렇지 않지만, 예전에는 냉각 후의 따뜻한 폐수를 그대로 강에 흘려보냈다.

글렌 스페이는 한 번 생산할 때 4.4t의 맥아를 사용한다. 매시 턴은 세미 라우터 턴이고, 발효조는 스테인리스 스틸로 총 8기가 있다. 스틸은 랜턴 헤드형으로 초류, 재류를 합쳐 총 4기가 가동된다. 재류 스틸에는 정류기(Purifier)가 부착되어 있어 깨끗하고 가벼운 뉴팟(New Pot)를 만들어낸다고 한다. 연간 생산능력은 140만ℓ로, 디아지오 소유의 28개 증류소 중 3번째로 작다.

싱글 몰트로는 2001년에 출시된 '꽃과 동물 시리즈' 12년 숙성 제품이 유일하며, 독립병입자를 통해서도 거의 찾아볼 수 없다. 라벨에는 증류소 근처 숲에 서식하는 상모솔새의 귀여운 모습이 그려져 있다.

　글렌 스페이는 오크로이스크(Auchroisk), 녹칸두(Knockando), 스트라스밀(Strathmill)과 함께 J&B의 핵심적인 원액이다. 참고로 J&B는 한때 연간 6800만 병을 판매하며 블렌디드 스카치 위스키 판매량 3위였지만, 최근 급격히 판매량이 줄어들어 현재는 연간 3600만 병을 판매하며 7위로 하락했다고 한다.

■ Tasting Note(OB 12년, 43%)

아로마 : 밀기울, 껍질, 곡물 향. 드라이하고 희미한 스모크 향도 있음. 허브, 아마씨유. 물을 더하면 스위트, 꿀.

플레이버 : 드라이하고 라이트. 허브, 헤더, 보릿짚. 안쪽에서 스파이스, 칠리. 물을 더하면 마시기 편해진다.

종합평가 : 드라이하고 가벼워 식전주로 좋다. 약간 오일리하므로 탄산수를 섞어 마실 것을 추천한다.

SCORE : 81.5점

■ 증류소 정보

소재지 : Rothes, Moray AB38 7AU

홈페이지 : https://www.malts.com/

소유자 : 디아지오

설립 연도 : 1878년

발효조 : 스테인리스 스틸 8기

증류기 : 초류 2기, 재류 2기

용수 : 더니 강(Deonie Burn)

연간 생산능력 : 140만ℓ

블렌디드 위스키 : J&B, 스페이 로얄(Spey Royal)

글렌토커스 ● Glentauchers

왼쪽은 오래된 킬른 건물과 숙성고, 오른쪽 흰 건물은 현재의 증류동이다. 스틸은 총 6기 있다.

수동 조작을 고수하는 '발렌타인'의 키 몰트

글렌토커스 증류소는 키스(Keith)에서 A95번 국도를 따라 크레이겔라키(Craigellachie) 방면 서쪽으로 8㎞ 정도 떨어진 멀벤(Mulben) 지역에 있다. 증류소 근처에 '토커스 우드(Tauchers Wood)' 숲이 있어, 글렌토커스라는 이름이 붙었을 것이다.

설립된 해는 1898년이다. 블렌디드 위스키인 듀어스(Dewar's), 조니워커와 함께 당시 '빅 3'로 불렸던 뷰캐넌스(Buchanan's)의 제임스 뷰캐넌(James Buchanan)이 설립했다. 뷰캐넌스의 첫 번째 본격적인 증류 사업 진출이었다. 뷰캐넌은 후에 블렌디드 스카치 위스키 '블랙 앤 화이트(Black & White)'의 성공으로 귀족 작위(로드 울라빙턴, Lord Woolavington)를 받았다.

'블랙 앤 화이트' 라벨에는 검은색 스코티시 테리어와 흰색 웨스트 하이랜드 화이트 테리어 두 마리의 개가 그려져 있다. 원래는 흰 바탕에 '뷰캐넌스 블렌드'라고만 쓰여 있었다. '블랙 앤 화이트'는 소비자들이 붙인 애칭이었는데, 아이디어 맨이었던 뷰캐넌은 즉시 이 애칭을 브랜드 이름으로 바꿨다.

글렌토커스는 1925년 DCL의 일원이 되었고, 1965년에 건물을 새로 지었다. 이때 묵직한 스트레이트 헤드형 팟 스틸이 2기에서 6기로 증설되었다.

이후에도 DCL 소유로 운영되었지만, 1980년대 위스키 불황의 영향으로 1985년 폐쇄되었다. 1989년 얼라이드 디스틸러스가 인수하여 다시 가동을 시작했다. 2005년 페르노리카에 매각되어 현재까지 생산이 계속되고 있다.

글렌토커스는 한 번 생산할 때 12.2t의 맥아

를 사용하는 거대한 규모이다. 발효조는 오리
건 파인 재질로 6기가 있다. 이곳의 독특한 점
은 모든 공정이 옛 방식 그대로 수동 조작으
로 이루어진다는 것이다. 이곳은 페르노리카
제조 직원들의 연수 센터 역할을 하고 있어,
신입 직원들은 이 글렌토커스 증류소에서 위
스키 제조 노하우를 배운다.

　그동안 싱글 몰트 제품은 거의 유통되지 않
았다. 하지만 현재는 발렌타인의 키 몰트 중
하나로서, 글렌버기(Glenburgie), 밀튼더프
(Miltonduff)와 마찬가지로 15년 숙성 제품이
매년 수량 한정으로 출시되고 있다.

■ **Tasting Note(OB 발렌타인 몰트 15년, 40%)**
아로마 : 스위트하고 프루티, 서양 배, 애플 파이, 바나
나, 파인애플. 물을 더하면 딸기, 블랙베리 잼.
플레이버 : 라이트 바디이지만 스위트하고 스무스하
며 마일드. 밸런스가 잘 잡혀 있고, 풍미가 혼연일체
되어 있다.
종합평가 : 밸런스가 뛰어난 좋은 술이다. 화려하지는
않지만 편안하다. 스트레이트로 즐기고 싶다.
SCORE : 87.0점

■ **증류소 정보**
소재지 : Mulben, Moray AB55 6YL
소유자 : 페르노리카
설립 연도 : 1898년
발효조 : 오리건 파인 6기
증류기 : 초류 3기, 재류 3기
용수 : 로자리 강(Rosarie Burn), 멀벤 힐(Mulben
Hills)의 샘물
연간 생산능력 : 420만ℓ
블렌디드 위스키 : 발렌타인, 시바스 리갈

글렌터렛 ● Glenturret

스위스 라리끄 그룹이 새 소유주,
현존하는 가장 오래된 스카치
위스키 증류소

글렌터렛은 기네스북에 등재된 고양이 타우저(Towser)로 유명했지만, 지난 20년간은 존재감이 많이 희미해졌다. 2002년 당시 소유주였던 에드링턴(Edrington)이 이곳을 블렌디드 위스키 페이머스 그라우스(Famous Grouse)의 '영적인 고향(Spiritual Home)'으로 삼고, 최신식 방문객 센터를 열었기 때문이다. 즉, 고양이와 뇌조(Grouse)라는 천적이 한 지붕 아래에 살게 된 것이다.

타우저는 23년 11개월의 생애 동안 2만 8899마리의 쥐를 잡은 위스키 고양이계의 챔피언이었다. 하지만 뇌조의 커다란 조형물이 등장하면서 타우저를 보러 증류소를 찾는 사람들이 줄어들었다. 예전에 팔리던 타우저 관련 상품들도 사라지고, 상점은 온통 뇌조 상품으로 가득 찼다.

글렌터렛은 1775년에 설립되어 현존하는 증류소 중 가장 오래된 역사를 자랑한다. 그러나 긴 역사 속에서 여러 번 소유주가 바뀌며 부침을 겪었다.

현재의 스타일을 확립한 것은 1950~1970년대의 소유주였던 제임스 페어리(James Fairlie)이다. 그는 옛 시절의 위스키 제조 방식을 보존하기 위해 농업과 겸업하는 스타일의 증류소를 고집했다. 같은 농업 겸업 스타일을 유지하는 에드라두어(Edradour)와 제조 규모, 생산 능력이 거의 비슷하다.

글렌터렛 증류소는 한 번 생산할 때 맥아 1.05t을 사용하며, 매시 턴은 가장 구식인 오픈 스타일을 여전히 사용하고 있다. 갈퀴 같은 혼합 장치 없이 장인이 나무 막대로 직접 저어주는 옛 방식을 고수한다. 발효조는 더글러스 퍼 재질로 8기가 있다. 스틸은 초류, 재류 합쳐 단 2기뿐이다.

'페이머스 그라우스'의 원액으로 대부분 사용되어 싱글 몰트 제품은 거의 출시되지 않았다. 그러나 2018년 에드링턴이 갑자기 글렌터렛 매각을 발표했다. 2019년 이를 인수한 곳은 스위스에 본사를 둔 라리끄(Lalique) 그룹이었다.

기네스북에 등재된 세계 최고의 위스키 고양이 타우저의 동상. 그의 기일에는 꽃이 끊이지 않는다.

　라리끄는 고급 크리스털, 보석, 가구 등을 만드는 회사이다. 현재 글렌터렛의 브랜드 재정비와 증류소 확장 계획에 착수했다. 라리끄가 새로운 소유주가 되고, 맥캘란 증류소의 전 마스터 디스틸러였던 밥 달가노(Bob Dalgarno)가 새로운 위스키 제조 책임자로 취임하면서 다시 전 세계 위스키 팬들의 주목을 받고 있다.

■ **Tasting Note(OB 10년, 40%)**
아로마 : 밀기울, 보릿짚, 간장. 허브, 아마씨유, 찻잎 같은 향도. 물을 더하면 바닐라, 오크. 약간 밸런스가 부족하다.
플레이버 : 스무스하지만 오일리하고, 곡물 풍미가 지배적이다. 너티.
종합평가 : 매우 개성적인 아로마와 플레이버가 있다.
SCORE : 80.5점

■ **증류소 정보**
소재지 : The Hosh, Crieff, Perth & Kinross PH7 4HA
홈페이지 : https://www.theglenturret.com/
소유자 : 라리끄그룹
설립 연도 : 1775년
발효조 : 더글러스 퍼 8기
증류기 : 초류 1기, 재류 1기
용수 : 터렛 호수(Loch Turret)
연간 생산능력 : 34만ℓ
블렌디드 위스키 : 페이머스 그라우스

글렌위비스 ◉ Glen Wyvis

로컬 커뮤니티가 운영하는
세계 최초의 크래프트 증류소

글렌위비스는 로컬 커뮤니티가 운영하는 세계 최초의 증류소로 단숨에 화제가 됐다. 2016년에 설립되었고, 2017년 11월 30일 건물 준공이 완료되었다. 첫 증류는 2018년 1월 25일에 이루어졌다. 11월 30일은 스코틀랜드의 수호 성인인 성 안드레아를 기리는 날[1]이고, 1월 25일은 '스코틀랜드의 국민 시인'으로 불리는 로버트 번스(Robert Burns, 1759-1796)의 생일이다.

증류소는 북부 하이랜드의 딩월(Dingwall) 마을을 내려다보는 산비탈에 세워져 있다. 그래서 용수는 지하 150m 깊이의 우물을 파서 끌어올리고 있다. 보리는 반경 10마일(약 16㎞) 이내의 지역 농가에서 수확한 것을 사용한다. 맥아 제조는 인버네스의 베어즈 몰트(Bairs Malt)에 위탁한다. 현재는 논-피티드(Non-Peated) 맥아만 사용하지만, 앞으로는 피티드 맥아도 사용할 계획이다.

매시 턴은 포사이스(Forsyths)의 세미 라우터 턴이며, 한 번 생산할 때 맥아 0.5t을 투입하는 매우 작은 규모이다. 이것으로 2500ℓ의 맥즙을 추출해 스테인리스 스틸 발효조에서

스틸은 포사이스 제품으로 2기뿐이다. 앞쪽이 초류 스틸, 뒤쪽이 재류 스틸이다. 이 외에 진 전용 스틸도 있다.

발효시킨다. 발효조는 처음에는 2기였지만 현재는 6기로 늘었다. 사용하는 효모는 드라이 이스트(피나클·Pinnacle)이며, 발효 시간은 96~144시간으로 상당히 길게 설정되어 있다.

지금은 하루에 한 번만 제조하고 있지만, 앞으로는 연간 10만ℓ를 생산하는 게 목표다. 팟스틸 역시 포사이스 제품으로 초류, 재류 각각 1기씩 있다. 각각의 투입 용량은 2500ℓ, 1700ℓ이다.

첫해의 생산량은 약 5만ℓ였지만, 별도로 400ℓ 규모의 진 전용 스틸도 도입해 현재는 런던 드라이 진도 만들고 있다. 명칭은 '굿월

---

1 '성 안드레아 축일(St. Andrew's Day)'. 성 안드레아는 형제인 베드로와 함께 예수의 첫 제자로, 12사도 중 한 명이다. 4세기쯤 유해 일부가 스코틀랜드로 옮겨졌다는 전승에 따라 수호성인이 됐다. 스코틀랜드 국기에 있는 흰색 X자형 십자가는 성 안드레아를 상징한다.

산 중턱에 갑자기 모습을 드러낸 글렌위비스. 독특한 디자인으로 증류소라고 생각하기 어렵다.

진(GoodWill Gin)'이다. '선한 의지를 가진 사람들의 진'이라는 뜻이다. 딩월 마을 주민 3000명이 출자하여 탄생한 증류소인 만큼, 그들에게 감사를 담은 이름일 것이다.

■ **증류소 정보**
소재지 : Upper Docharty, Dingwall, Highland IV15 9UF
홈페이지 : https://glenwyvis.com/
소유자 : 글렌위비스 디스틸러리
설립 연도 : 2016년
발효조 : 스테인리스 스틸 6기
증류기 : 초류 1기, 재류 1기
용수 : 증류소 내 우물물
연간 생산 능력 : 10만ℓ

로드 스튜어트가 부른 '세일링'은 북해의 작은 어촌이 배경

영국 출신의 록 가수(부모는 스코틀랜드인) 로드 스튜어트(Sir Rod Stewart)의 〈세일링(Sailing)〉은 누구나 한번쯤 들어봤을 명곡 중의 명곡이다. 1975년에 발매된 앨범 〈애틀랜틱 크로싱(Atlantic Crossing)〉의 수록곡으로, 영국 차트 1위를 차지하며 전 세계적인 히트를 기록했다.

하지만 이 곡이 스코틀랜드의 포크 듀오 서덜랜드 브라더스(Sutherland Brothers)의 곡이었다는 사실은 잘 알려져 있지 않다. 1972년에 발표된 곡을 로드가 앨범에 커버한 것이다.

"I am sailing, I am sailing, Home again, Cross the sea ~ To be near you, To be free"

로드가 허스키하고 감미로운 목소리로 노래하면 마치 연인에게 돌아가는 남자친구의 노래처럼 들린다. 하지만 사실은 장엄한 종교적인 노래이다. 여기서 'You'는 연인이 아니라 예수 그리스도를 의미한다. 서덜랜드 브라더스가 이 곡의 영감을 얻은 곳은 북해 연안의 크로비(Crovie)라는 마을이었다. 전형적인 가난한 어촌이었던 이곳의 남자들은 코라클(Coracle)이라는 작은 배를 타고 바다에 나가 생계를 유지했다. 당연히 폭풍우로 조난을 당하는 사람도 많았다. '세일링'이라는 이 곡은 돌아오지 못한 남자들을 위한 진혼곡이기도 했다.

하이랜드 파크 ◉ Highland Park

1860년대에 세워진 오래된 킬른(Kiln). 뒤쪽에는 또 하나의 킬른이 있다. 모두 석조 건물이다.

오크니 특유의 피트가 빚어내는 뛰어난 올라운더

스코틀랜드 북부에는 70여 개의 크고 작은 섬들로 이루어진 오크니 제도(Orkney Islands)가 있다. '오크니'라는 명칭은 바이킹어로 '바다표범의 섬' 또는 '멧돼지의 섬'이라는 설이 있으나, 확실한 것은 알려져 있지 않다. 셰틀랜드 제도(Shetland Islands)와 마찬가지로 8세기 이후 수백 년 동안 바이킹이 지배했던 섬이다. 중심 섬인 메인랜드 섬의 커크월 외곽에 하이랜드 파크 증류소가 있다. 북위 59도로, 정통 증류소로서는 스코틀랜드 최북단을 자랑한다.

증류소가 세워진 장소는 '전설적인 밀주업자'로 불리는 매그너스 은손(Magnus Eunson)이 밀조를 하던 곳이다. 매그너스는 교회의 장로라고 하는 겉모습을 하고 있었지만 이면에는 밀주업자라는 이중의 얼굴을 가진 인물이었다.

그가 위스키 통을 숨긴 장소는 교회의 설교단 아래였다. 단속이 있을 때는 통을 자택으로 옮긴 뒤, 하얀 천을 덮어 천연두 환자로 위장했다. 급습한 세금 징수인이 목격한 것은 천연두 환자의 장례식. 매그너스는 천의 머리맡에 무릎 꿇고 열심히 성경을 읽고 있었다. 참석한 마을 사람들은 '스몰폭스(smallpox)', 천연두로 죽었다고 수군거렸다. 감찰관은 허둥지둥 집을 뛰쳐나왔을 것이다. 이것이 그가 '전설의 밀주업자'라고 불리는 이유다.

하이랜드 파크의 창업은 1798년. 이후 소유주가 여러 차례 바뀌며 증류소는 개축과 확장을 반복했고, 현재의 형태가 갖추어진 것은 1860년대부터다. 석조 건물 대부분이 이 시기의 것이며, 두 개의 킬른 중 오래된 하나도 1860년에 세워진 것이다. 이 킬른에서 알 수 있듯이, 하이랜드 파크의 가장 큰 특징은 지금

■ Tasting Note(OB 12년, 40%)

아로마 : 스모키하고 중후하며 복합적. 약간 오일리. 허브향. 물을 더하면 스위트해진다. 꿀 향.

플레이버 : 리치하고 스위트하며 복잡. 초콜릿과 향신료. 모든 요소가 응축된 듯한 인상. 물을 더하면 크리미.

종합평가 : 북쪽의 거인이라는 명칭에 걸맞지만, 예전에 비해 밸런스가 다소 무너짐. 소량의 물과 함께 즐기길.

SCORE : 86.5점

■ 증류소 정보 요약

소재지 : Kirkwall, Mainland, Orkney KW15 1SU

홈페이지 : https://www.highlandparkwhisky.com

소유자 : 에드링턴그룹

설립 연도 : 1798년

발효조 : 오리건 파인, 낙엽송 등 총 12기

증류기 : 초류 2기, 재류 2기

용수 : 클란티트의 샘

연간 생산능력 : 250만ℓ

블렌디드 위스키 : 커티 삭(Cutty Sark), 페이머스 그라우스(The Famous Grouse)

하이랜드 파크 ● Highland Park

하이랜드 파크의 증류기는 모두 스트레이트 헤드형이며, 냉각은 옥외 셸 앤 튜브 방식으로 이루어진다.

도 플로어 몰팅을 하고 있다는 점이다.

증류소에는 한 번에 8t의 보리를 몰팅할 수 있는 바닥(플로어)이 5면 있다. 1주일에 40t 가까운 맥아를 제조할 수 있다. 이때 사용되는 피트(peat)는 스캐파 만(灣)을 내려다보는 호비스터 힐에서 채취되며, 증류소는 이곳에 2000에이커(약 250만 평)의 피트 보그(peat bog, 채굴장)[1]을 갖고 있다.

본토의 피트와 달리 오크니의 피트는 포기(foggie), 야피(yaffie), 모스(moss)의 3층 구조로, 이들을 혼합해 사용한다. 가장 깊은 모스 부분(깊이 1.2~1.5m)은 약 1만6000년 전에 쌓인 것이다.

맥아 건조에는 피트 외에 무연탄도 사용되며, 자가 생산 맥아의 페놀 수치는 약 40~42ppm이다. 여기에 본토의 심슨즈가 제조한 논-피티드 맥아를 혼합해 사용한다. 비율은 약 3대7로, 자체 제조 맥아는 전체 투입량의 30% 정도다. 최종 페놀 수치는

______
1 피트(이탄)가 자연적으로 형성되어 쌓여 있는 습지나 땅.

10~15ppm 수준이다.

맥아는 한 번에 8t을 만들지만, 맥즙을 만드는 데 투입하는 맥아는 6t이다. 매시 턴은 스테인리스로 만든 세미 라우터 턴으로, 용량은 12t이다. 하이랜드 파크에서는 전통적으로 절반만 사용하는 방식이 이어지고 있다. 추출되는 맥즙은 3만ℓ로, 발효조는 오리건 파인(Oregon Pine), 더글러스 퍼(Douglas Fir), 시베리안 라치(Siberian Larch) 등 총 12기를 가동 중이다. 오리건 파인과 더글러스 퍼는 미국산이지만, 시베리안 라치는 스칸디나비아산 낙엽송으로, 과거 바이킹이 롱십(longship)이라는 배를 건조할 때 사용한 재목이다.

팟 스틸은 초류 2기, 재류 2기 등 총 4기이다. 특징은 사용하는 오크통에 대한 집착이다. 맥캘란과 같은 에드링턴(Edrington) 그룹 소속

한 번에 8t의 보리를 몰팅할 수 있는 맥아 제조용 바닥. 앞쪽에 온도계를 두어 맥아의 온도를 모니터링하고 있다.

앞쪽은 스테인리스제 매시 턴, 뒤쪽은 오리건 파인으로
만든 발효조. 최근에는 낙엽송 재질의 발효조도 도입했다.

의 증류소로서, 셰리 캐스크 숙성에 강한 집념
을 보인다. 증류소에는 현재 19개 동의 던니지
창고, 4개 동의 랙식 창고 등 총 23개 동의 창
고가 있다. 이곳에서 4만 개 이상의 캐스크가
숙성되고 있다. 이 중 90% 이상이 셰리 캐스
크이다.

발크넛
46.8% / 700㎖

OB 18년
43% / 700㎖

홀리루드 ● Holyrood

혁신과 놀라움이 가득한
에든버러의 최신 증류소

맥캘란 증류소의 마스터 블렌더였던 데이비드 로버트슨(David Robertson)과 캐나다인 롭 카펜터, 켈리 카펜터 부부가 2019년에 에든버러에 홀리루드 증류소를 설립했다. 건물은 1825년에 지어진 철도 관련 오래된 창고를 개조했다. 건축 허가는 2016년에 받았지만, 역사적인 건물이었기 때문에 개조하는 데 2년이라는 시간과 730만 파운드라는 막대한 비용이 들었다. 원래 데이비드는 위스키 투자 회사를 운영했기 때문에, 홀리루드 증류소에는 투자자 60명이 출자했다고 한다.

홀리루드는 한 번 생산할 때 맥아 1t을 사용하며, 매시 턴은 세미 라우터 턴, 발효조는 스테인리스 스틸 6기를 사용한다. 여기까지 들으면 평범한 크래프트 증류소를 떠올리게 되지만, 이 증류소의 가장 독특한 점은 바로 팟 스틸의 모양이다.

초류 스틸 5000ℓ, 재류 스틸 3750ℓ 등 2기의 스틸만 있는데, 기이한 모습에 압도된다. 높이가 무려 7m에 달해 마치 높은 굴뚝을 보는 듯하다. 기존 스카치 위스키 스틸 중 가장 높았던 글렌모렌지의 5.14m를 훨씬 뛰어넘는 높이다. 데이비드의 아이디어로, '어차피 할 것이라면 최고를 목표로 한다'는 생각이 담겼다.

더 독특한 것은 5가지 종류의 위스키를 구

마치 높은 굴뚝과 같은 팟 스틸. 헤드 높이가 7m에 달해 스카치 위스키 스틸 중 가장 길다.

별해서 생산한다는 점이다. 데이비드는 원래 '이지 드링킹 위스키 컴퍼니(Easy Drinking Whisky Company)'를 설립해 '콘셉트 위스키(Concept Whisky)'[1]를 만들었다. 이번에도 그와 비슷한 발상을 적용했다. 플로럴(Floral), 프루티(Fruity), 스위트(Sweet), 스파이시(Spicy), 스모키(Smoky) 등 5가지 몰트 위스키는 각각 사용하는 맥아와 효모, 증류 과정, 그리고 캐스크가 모두 다르다.

예를 들어 '플로럴'에는 와인 효모를 사용하고, 미들 컷(Middle Cut) 구간을 최대한 좁게 가져가며, 아메리칸 오크와 버진 오크 캐스크

1 특정 아이디어나 풍미를 중심으로 기획하고 생산한 위스키.

를 사용한다. '프루티'의 경우에는 3가지 종류의 효모를 사용하며, 아메리칸 오크, 와인 캐스크, 셰리 캐스크에서 숙성한다.

　맥아도 맥주용 맥아와 위스키용 맥아를 섞어 사용하고, 발효 시간 역시 위스키 타입과 효모에 따라 48시간에서 168시간으로 매우 복잡하다. 또한 재류 스틸에는 정류기(Purifier)와 워터 재킷(Water Jacket)[2]까지 부착되어 있다. 데이비드와 그 팀의 고집, 그리고 열정이 곳곳에 담겨 있다.

---

2 스틸의 넥 부분에 설치하여 차가운 물을 순환시키는 장치. 증기의 역류를 유도해 위스키의 캐릭터를 조절할 수 있다.

■ 증류소 정보
소재지 : 19 St Leonards Lane, Edinburgh EH8 9SH
홈페이지 : https://www.holyrooddistillery.co.uk/
소유자 : 홀리루드 디스틸러리
설립 연도 : 2019년
발효조 : 스테인리스 스틸 6기
증류기 : 초류 1기, 재류 1기
용수 : 에든버러 상수도
연간 생산능력 : 25만ℓ
블렌디드 위스키 :

하이볼 유행의 원점이 된 명탐정의 '가소진'

　하이볼 유행이 계속되고 있다. 하이볼 유행은 빅토리아 시대 런던에서 시작됐다. 1880~90년대 런던은 셜록 홈즈가 활약하던 시대이다. 그의 작품 <보헤미아 왕국의 스캔들>과 <마자린의 보석>에는 위스키에 소다수(탄산수)를 타 마시는 장면이 등장한다.

　베이커가 221B번지의 홈즈 서재 안락의자 옆에는 위스키 디캔터와 가정용 탄산수 제조기인 '가소진(Gasogene)'이 놓여 있었다. '가소진'은 가스 제너레이터(Gas Generator)의 줄임말이다. 말 그대로 집에서 직접 탄산수를 만드는 장치이다. 조롱박 모양의 유리병으로, 아래쪽 둥근 부분에는 물이나 레몬수를 넣고, 위쪽 둥근 부분에는 탄산 가스의 원료인 주석산(酒石酸, 타타르산)과 베이킹소다(중탄산나트륨)을 넣는다. 여기에 소량의 물을 떨어뜨리면 탄산가스가 발생하고, 사이펀(siphon)의 원리[1]에 따라 아래쪽 액체에 탄산가스가 주입되는 방식이다.

　전 세계에는 홈즈의 방을 재현한 박물관이 몇 군데 있는데, 그 방에 없어서는 안 될 소품이 바로 가소진이다. 미국의 셜록 홈즈 팬클럽 회장이 대대로 '가소진'이라는 별명을 쓴다는 것은 유명한 이야기이다. 그리고 이 경우에 등장하는 위스키는, 셜록 홈즈를 만든 코난 도일이 스코틀랜드 출신이었기 때문에, 특별히 상표명이 언급되지 않더라도 당연히 스카치 위스키였을 것으로 여겨진다.

---

1 대기압과 중력을 이용해 높은 곳의 액체를 구부러진 관을 통해 낮은 곳으로 이동시키는 현상. 관이 액체로 완전히 채워져야 한다.

인치데어니 ⦿ InchDairnie

진정한 크래프트 증류소의 조건은 새로운 것에 도전하는 것

2015년에 설립된 인치데어니 증류소는 에덴 밀(Eden Mill), 킹스반스(Kingsbarns)와 같은 파이프(Fife) 지역에 있다. 설립자 이안 팔머(Ian Palmer)는 인버고든(Invergordon) 그레인 위스키 증류소의 매니저를 지냈다. 그래서인지 그레인 위스키 제조 노하우가 곳곳에 적용되어 있다. 게다가 "크래프트 증류소라고 불리고 싶지 않다"고 말할 정도로 모든 것이 파격적이다.

먼저 생산 규모가 남다르다. 대부분의 크래프트 증류소가 연간 생산량 10~20만ℓ인 것에 비해, 인치데어니는 200만ℓ이다. 몇 년 안에 400만ℓ로 늘릴 예정이라고 한다. 200만ℓ라면 아일라 섬의 보모어(Bowmore) 증류소와 같은 규모이다.

제조 방식도 일반적인 크래프트 증류소와는 다른 독특한 방식을 사용한다. 일반적인 스카치 위스키 증류소는 봄보리를 사용하지만, 인치데어니는 일부러 가을에 심는 겨울보리도 사용한다. 단백질 함량이 더 높아 풍부한 맛을 낼 수 있기 때문이다.

맥아를 분쇄할 때도 일반적인 롤러 밀(Roller Mill)[1] 대신 그레인 위스키에 사용하는 해머 밀

교외의 숲속에 있는 인치데어니 증류소. 현대적인 디자인으로 마치 바이오 연구소처럼 보인다.

(Hammer Mill)[2]을 사용한다. 당화 과정에서도 맥주 제조용 당화 탱크를 사용하며, 여과에는 최신식 매시 필터(Mash Filter)[3]를 사용한다. "이것이 더 맑은 맥즙을 만들 수 있기 때문"이라고 한다.

팟 스틸도 인치데어니에는 일반적인 스틸 2기 외에, 이곳에만 있는 특수한 로몬드 스틸(Lomond Still) 1기가 있어 총 3기를 보유하고 있다. 모두 이탈리아 업체 프릴리(Frilli) 제품이다. 특히 로몬드 스틸은 목 부분(넥) 내부에 6단의 선반(시브 트레이, Sieve Tray)이 설치되어 있어, 이 스틸 1기로 원액의 알코올 도수를 90% 가까이 올릴 수 있다.

한 번 생산할 때 4t의 맥아를 사용해 1만 1500ℓ의 맥즙을 추출한다. 4회분을 모아 하나의 발효조에 넣는다. 발효조는 스테인리스

---

2 고속으로 회전하는 망치가 맥아를 부순다. 미세한 입자로 균일하게 분쇄할 수 있다.

3 맥즙을 여과하는 현대적 장비. 여러 개의 여과판을 사용해 압력으로 맥즙을 빠르게 분리해낸다. 전통적인 매시 턴보다 효율이 높다.

---

1 원통형 롤러를 서로 마주보거나 평판에 대고 회전시켜 곡물, 자갈 등을 분쇄하는 기계. 재료를 천천히 분쇄한다.

이안 팔머와 그가 디자인한 특수한 로몬드 스틸. 이탈리아의 프릴리 제품이다.

스틸로 총 6기가 있다. 모두 야외에 설치되어 있는 것도 독특하다.

"규모만 보면 이곳은 크래프트가 아니지만, 진정한 크래프트 증류소의 조건은 끊임없이 새로운 것에 도전하는 것입니다. 그런 의미에서 우리가 추구하는 것이야말로 진정한 크래프트입니다."

이 말 그대로 인치데어니는 라이 위스키와 귀리를 사용한 오트 위스키 제조도 시작했다.

■ 증류소 정보

소재지 : Whitecraigs Road, Glenrothes, Fife KY6 2RX

홈페이지 : http://inchdairniedistillery.com/

소유자 : 인치데어니 디스틸러리

설립 연도 : 2015년

발효조 : 스테인리스 스틸 6기

증류기 : 초류 1기, 재류 1기, 로몬드 타입 1기

용수 : 플라워즈 오브 메이(Flowers of May) 샘물 등

연간 생산능력 : 200만ℓ

블렌디드 위스키 :

판매량 기준 세계 20대 위스키 절반 이상은 인도산

아래는 전 세계 위스키 판매량을 순서대로 정리한 것이다. 이 자료를 보면 상위 20개 브랜드 중 13개가 인도산이다. 특히 상위 4개 브랜드의 판매량만 해도 1억1160만 케이스로 압도적이다.

(단위 : 만 케이스, 1케이스는 750ml 12병, 출처 : DRINKSINT.COM)

순위	위스키 브랜드	생산국	판매량
1	맥도웰즈 No.1	인도	3070
2	오피서스 초이스	인도	3060
3	임페리얼 블루	인도	2830
4	로얄 스태그	인도	2200
5	조니워커	스코틀랜드	1840
6	잭 다니엘스	미국	1340
7	오리지널 초이스	인도	1270
8	골든 오크	인도	1060
9	짐 빔	미국	1040
10	헤이워드 파인	인도	960
11	제임슨	아일랜드	810
12	크라운 로얄	캐나다	790
13	발렌타인	스코틀랜드	770
14	블렌더스 프라이드	인도	760
15	백파이퍼	인도	610
16	로얄 챌린지	인도	550
17	올드 태번	인도	530
18	가쿠빈	일본	520
19	시바스 리갈	스코틀랜드	440
20	디렉터스 스페셜	인도	420
20	그랜츠	스코틀랜드	420
20	뱅갈로르 몰트	인도	420

인치고워 ● Inchgower

검은머리물떼새의 모습이
사랑스러운, 너티한 '벨즈' 원액 몰트

스페이 강 하구에서 동쪽으로 8km 떨어진 곳에 버키(Buckie)라는 오래된 항구 마을이 있다. 한때 청어 잡이로 번성했던 이 항구 마을을 내려다보는 언덕 위에 인치고워 증류소가 있다.

인치(Inch)는 게일어로 '섬' 또는 '강 옆의 초원'을 의미한다. 고워(gower)는 게일어로 '염소'를 뜻하므로, '강 옆의 염소 방목지'라는 의미이다. 그러나 '꽃과 동물 시리즈' 14년 숙성 제품 라벨에는 하이랜드 해변에서 흔히 볼 수 있는 검은머리물떼새(Oystercatcher)의 모습이 그려져 있고, 염소는 어디에도 등장하지 않는다.

알렉산더 윌슨(Alexander Wilson)이 인치고워를 세운 것은 1871년이다. 원래 증류소는 토치니얼(Tochineal)이라는 다른 장소에 있었지만, 토지 임대료 문제로 지주와 갈등을 겪은 뒤 현재의 위치로 옮겨왔다고 한다.

이 새로운 증류소도 경영난에 처해 1936년부터 1938년까지 버키 마을 의회가 소유했다. 그 후 퍼스에 본사를 둔 아서 벨 앤 선즈(Arthur Bell & Sons)에 6000파운드에 매각되었다. 블렌디드 스카치 '벨즈(Bell's)'의 원액을 확보하기 위해서였다. 그 후 인치고워는 벨즈의 중요한 몰트 원액이 되었다.

아서 벨은 인치고워에 견과류 느낌(너티)과 스파이시한 풍미의 몰트 원액을 요구했다. 그래서 맑은 맥즙 대신 일부러 탁한 맥즙을 채취한다. 또 발효 시간도 48~53시간으로 짧게 가져가고, 증류 시 미들 컷(Middle Cut)은 에스테리(Estery)[1]한 요소를 최소화하기 위해 70%에서 시작해 55%에서 마무리한다.

이런 방식으로 페인티(Fainty)[2]하고 설퍼리(Sulphury)[3]한 풍미를 뉴 팟(New Pot)에 더하려는 것이다. 이는 화려하고 에스테리한 몰트를 만드는 스페이사이드의 전통적인 방식과는 대조적이다.

인치고워는 한 번 생산할 때 8.4t의 맥아를 사용하며, 매시 턴은 세미 라우터 턴을 사용한다. 발효조는 오리건 파인 재질로 6기가 있다.

인치고워 증류소는 버키 마을 교외, 바다를 내려다보는 언덕 위에 있다. 주변에는 풍요로운 보리밭이 펼쳐져 있다.

---

1 과일 향을 뜻하는 위스키 용어. 발효 과정에서 생성되는 에스터(Ester) 성분에서 비롯된다.

2 증류한 원액에서 느껴지는 약간 기름지고 불쾌할 수 있는 냄새. 숙성 과정에서 변화되거나 사라진다.

3 유황 냄새. 주로 발효 또는 증류 과정에서 생성되거나 셰리 오크통에서 유래할 수 있다.

팟 스틸은 뭉툭한 스트레이트 헤드형으로, 초류, 재류를 합쳐 총 4기가 있다. 숙성고는 거대해서 6만 배럴의 위스키를 저장할 수 있다.

현재 인치고워의 캐스크뿐만 아니라 인근 증류소의 위스키 숙성에도 사용된다. 연간 생산능력은 320만ℓ이지만 현재 200만ℓ 전후로 생산하고 있다. 생산량 거의 대부분은 블렌딩 용으로 사용되며, 싱글 몰트는 '꽃과 동물 시리즈' 14년 보틀 정도만 출시되고 있다.

■ Tasting Note(OB 14년, 43%)

아로마 : 소프트하고 온화하다. 맥아당, 배. 물을 더하면 바나나, 메이플, 꿀.

플레이버 : 스위트하고 리치, 프루티. 단맛, 매운맛, 신맛의 밸런스가 잘 잡혀 있고, 감칠맛이 응축되어 있다. 물을 더하면 한층 더 스무스해진다.

종합평가 : 향은 온화하지만 플레이버는 매우 리치하고 스위트하다. 가능하면 스트레이트로.

SCORE : 87.5점

■ 증류소 정보

소재지 : Buckie, Moray AB56 5AB
홈페이지 : http://www.malts.com/
소유자 : 디아지오
설립 연도 : 1871년
발효조 : 오리건 파인 6기
증류기 : 초류 2기, 재류 2기
용수 : 멘더프 힐즈(Menduff Hills)의 샘물
연간 생산능력 : 320만ℓ
블렌디드 브렌드 : 벨즈

아일 오브 해리스 ◉ Isle of Harris

해리스 트위드(Harris Tweed)[1]로 유명한 아우터 헤브리디스 제도의 해리스 섬에 아일 오브 해리스 증류소가 2014년 설립되었다. 증류소는 섬 남부의 타버트(Tarbert) 항구에 세워졌다.

아일 오브 해리스는 2015년 9월부터 진 생산을 시작했고, 몰트 위스키는 12월부터 제조를 시작했다. 진의 보타니컬(Botanical)[2]에 슈가 켈프(Sugar Kelp)[3]와 다시마를 사용한 최초의 증류소이다. '해리스 진'은 전 세계적으로 판매되며 큰 인기를 얻고 있다.

위스키 '헤라치(the Hearach)'는 게일어로 '해리스 섬 주민'을 의미한다. 2019년 기준 주 9회 제조하며, 연간 약 36만ℓ에 달하는 해리스 위스키를 생산하고 있다.

해리스 증류소는 한 번 생산할 때 1.2t의 맥아를 사용하며, 매시 턴은 스테인리스 스틸로 만든 세미 라우터 턴이다. 추출하는 맥즙은 약 6000ℓ이며, 이를 1기의 발효조에 투입한다. 발효조는 오리건 파인 재질로, 처음에는 4기

이탈리아 프릴리(Frilli) 제품인 팟 스틸. 앞쪽이 초류 스틸이고 뒤쪽이 재류 스틸이다. 진 용도의 스틸은 따로 있다.

였지만 현재는 8기로 증설되었다.

사용하는 맥아는 페놀 수치 12~14ppm의 미디엄 피티드 맥아이다. 하지만 해리스산 피트(peat)를 사용한 페놀 수치 30ppm의 헤빌리 피티드 맥아도 소량이지만 사용하고 있다. 스틸은 이탈리아 업체 프릴리(Frilli) 제품으로 초류, 재류 각 1기씩 총 2기만 있다. 건물은 모던하지만 교회를 형상화했으며, 천장이 높고 햇살이 충분히 들어오도록 설계됐다.

설립자 앤더슨 베이크웰(Anderson Bakewell)의 바램은 해리스 섬의 풍부한 자연과 하나된 증류소를 만들고, 나아가 섬 경제 활성화에 기여하는 것이다. 2018년에는 스카이 섬(Isle of Skye)의 탈리스커(Talisker)·토라베이그(Torabhaig), 라세이(Raasay) 섬의 라세이 증류소와 공동으로 4개 증류소를 돌아보는 헤브리디안 위스키 트레일(Hebridean Whisky Trail) 프로모션을 시작했다.

설립 4년 차인 2018년에는 약 9만 명의 관광객이 해리스 증류소를 방문했다. 이는 지역

---

1 스코틀랜드 아우터 헤브리디스(Hebrides)에 있는 섬 주민들이 집에서 수작업으로 방적하고 염색하고 마감한 트위드 원단. 버진 양모로 만들었다. 품질이 우수해 버버리, 에르메스 등의 명품 브랜드에 공급된다.
2 진을 만들 때 사용되는 식물성 재료. 주니퍼 베리가 필수 재료이며, 그 외에 다양한 허브, 향신료, 과일 껍질 등이 사용된다.
3 갈색 해조류의 일종. 감칠맛과 미네랄 풍미를 더한다.

예배당을 형상화한 증류소 외관. 바로 앞이 바다이며, 여름철에는 많은 관광객이 방문한다.

경제의 구세주라 할 만하다. 해리스 섬 인구가 약 2000명인데, 그 50배에 가까운 사람들이 증류소를 찾았기 때문이다.

■ Tasing Note(아일 오브 해리스 진, 45%)

아로마 : 주니퍼, 레몬필, 고수 씨앗. 시트러스 계열로 프레시하다. 물을 더하면 희미한 감칠맛과 미네랄.

플레이버 : 스위트하고 소프트하며, 스무스하다. 바디감은 가볍지만 밸런스가 나쁘지 않다. 프레시하다. 안쪽에는 은은한 감칠맛이 있다.

종합평가 : 초기에 비해 해초 향이 억제되어 있어 런던 드라이 진에 가깝다.

SCORE : 85.0점

■ 증류소 정보

소재지 : Tarbert, Isle of Harris, Outer Hebrides HS33DJ

홈페이지 : http://www.harrisdistillery.com/

소유자 : 아일 오브 해리스

설립 연도 : 2014년

발효조 : 오리건 파인 8기

증류기 : 초류 1기, 재류 1기

용수 : 노크어카린 강(Abhainn Cnoc a' Charrain)

연간 생산능력 : 40만ℓ

블렌디드 위스키 :

아일 오브 주라 ◉ Isle of Jura

지주 세 명이 섬 주민들을 위해 세운 사슴 섬의 위스키

주라 섬은 아일라 섬 북동쪽에 있는 남북 40km, 동서 10km의 가느다란 섬이다. 아일라 섬과는 좁은 아일라 해협을 사이에 두고 마주 보고 있다. 섬으로 건너는 교통수단은 자동차 6~7대 정도가 겨우 탈 수 있는 작은 페리밖에 없다. 인구는 겨우 180명이다. 야생 사슴(붉은 사슴)은 약 5000마리나 서식하고 있다. 주라(Jura)는 바이킹 말로 '사슴의 섬'을 의미한다.

주라 섬의 크레이그하우스(Craighouse) 마을에 증류소가 탄생한 것은 1810년이다. 당시 섬을 소유했던 캠벨 가문의 아치볼드 캠벨(Archibald Campbell)이 세운 것으로, 처음에는 스몰 아일즈(Small Isles) 증류소라고 불렸다.

1876년 블렌더(Blender)인 퍼거슨(Ferguson)이 라이선스를 취득하고 새로운 소유주가 되었으나, 임대료 문제로 지주와 마찰을 빚어 생

아일라 섬의 포트 애스케이그(Port Askaig) 항구에서 맞은편 주라 섬으로 페리가 운행한다. 주라의 팝스 산(Paps of Jura)이 보인다.

산이 중단되었다. 이 회사는 모든 증류 기기를 섬 밖으로 옮기고, 고정자산세를 피하기 위해 증류소 지붕까지 철거해 지주에 맞섰고, 그 뒤 완전히 폐쇄되었다.

"섬 주민의 고용을 위해서"라며 주라 섬의 지주 세 명이 출자해 1963년에 새로 세운 것이 현재의 신생 주라 증류소이다. 설계는 델메 에반스(Delmé Evans)가 담당했다. 본토의 탈리스커(Talisker)나 글렌알라키(GlenAllachie), 맥더프(Macduff) 등을 설계한 인물이다.

주라는 한 번 생산할 때 5t의 맥아를 투입하며, 매시 턴은 세미 라우터 턴 방식이다. 발효조는 스테인리스제 6기를 사용한다. 맥아는 논-피티드를 사용하지만, 1년에 4주간만 페놀수치 40ppm의 헤빌리 피티드 맥아도 사용한다. 팟 스틸은 랜턴 헤드 형태로 초류 2기, 재류 2기 등 총 4기이다. 매우 큰 스틸이며, 헤드(head) 높이는 글렌모렌지 다음으로 높다고 한다. 원래 아일라 몰트와 차별화하기 위해 가볍고 깔끔한 맛을 내려 했기 때문이다.

주라는 1980년대 이후 화이트 앤 맥케이(White & MacKay)가 운영해왔다. 2014년 필리핀의 엠페라도르(Emperador)가 화이트 앤 맥케이를 인수했고, 현재는 그 산하에 있다. 판매량도 이에 따라 급증해 현재는 연간 170만병 가까이 판매하고 있다. 제품은 2018년에 전면 리뉴얼되었고, 주라의 풍토를 더욱 살린 디자인으로 바뀌었다.

■ **Tasting Note(OB 12년, 40%)**

아로마 : 플로럴하고 약간 오일리. 아마씨 기름, 무두 질한 가죽, 숯불, 다시마, 바닷바람. 물을 더하면 달콤 해진다.

플레이버 : 달콤하지만 개성적. 허브와 같은 향이 있다. 약간 짠맛이 있으며, 마치 만사니야(Manzanilla)[1] 같다. 물을 더하면 밸런스가 깨진다.

종합평가 : 이전보다 개성이 뚜렷하다. 약간 물을 더하거나 탄산수와 섞어 마시는 것이 좋다.

SCORE : 82.5점

■ **증류소 정보**

소재지 : Craighouse, Isle of Jura, PA60 7XT

홈페이지 : https://jurawhisky.com/

소유자 : 엠페라도르 디스틸러스(Emperador Distillers)

설립 연도 : 1810년(1963년 재건)

발효조 : 스테인리스 6기

증류기 : 초류 2기, 재류 2기

용수 : 마켓 호수(Market Loch)

연간 생산능력 : 240만ℓ

블렌디드 위스키 : 화이트 앤 맥케이(White & MacKay), 클레이모어(Claymore)

---

1 스페인 남부 헤레스(Jerez) 지방에서 생산되는 드라이 셰리 와인. 짭짤하고 드라이하다.

아일 오브 라세이 ⊙ Isle of Raasay

인구가 160명뿐인 작은 섬에 생긴 게스트하우스 겸용 증류소

스코틀랜드의 스카이 섬(Isle of Skye)의 동쪽에 위치한 라세이 섬은 과거 자코바이트 운동[1] 당시 보니 프린스 찰스[2]를 숨겨주었던 일로도 유명하다. 실제로 컬로든 전투(Battle of Culloden)[3] 때는 이 섬에서 100명의 병사와 20명의 백파이퍼[4]가 참전했다고 전해진다.

1746년 컬로든 전투 패배 후 스카이 섬의 플로라 맥도널드가 왕자(찰스 에드워드 스튜어트)를 포트리(Portree)[5]까지 데려간 일화는 잘 알려져 있다. 그리고 보트를 타고 라세이 섬까지 왕자를 데려다 준 것은 라세이의 남성들이었다. 그 결과 라세이 주민들은 여성과 아이들까지 정부군에 의해 몰살당하고, 모든 가옥과 배가 불태워졌다. 심지어 사람뿐만 아니라 양, 소, 닭 등 살아 있는 모든 생명체를 죽이라

이탈리아의 프릴리가 만든 스틸 2기. 앞쪽이 초류, 뒤쪽이 재류. 재류 스틸은 진도 만들 수 있다.

는 명령이 내려졌다고 하니, 그 참상은 상상 이상이었다. 이런 라세이 섬에 증류소가 생긴 것은 2017년이다. 창업자는 알래스데어 데이(Alasdair Day)로, 증류소를 지을 부지를 찾던 중 라세이의 오래된 호텔이 매물로 나온 것을 알게 되어 창업을 결심했다고 한다.

현재 라세이 증류소는 1번 증류할 때 몰트를 1t 투입하고, 여기서 약 5000ℓ의 맥즙을 추출한다. 발효조는 스테인리스제 6기가 있고, 스틸은 이탈리아의 프릴리(Frilli)가 제작한 초류 1기, 재류 1기 등 총 2기뿐이다. 재류 스틸에는 소형 칼럼타워가 부착되어 있어 진(Gin)도 증류할 수 있다. 모든 원액은 섬에서 숙성시키며,

---

1 자코바이트(Jacobite)는 1688년 영국에서 명예혁명이 일어났을 때 반혁명 세력의 통칭이다. 추방된 스튜어트 왕조의 제임스 2세와 그 직계 남손이 정통 국왕이라며 복위를 지지했다.

2 찰스 에드워드 스튜어트(Charles Edward Stuart). 그의 아버지 제임스는 제임스 2세의 아들이다. 제임스가 죽자 자코바이트들이 주장하는 연합왕국의 왕위 계승자 자리를 물려받았다. 스코틀랜드 사람들은 그를 보니 프린스 찰리(Bonnie Prince Charlie)라고 불렀다.

3 1746년 4월 스코틀랜드 고지대 인버네스 근처인 컬로든 습지에서 영국 정부군과 찰스 에드워드 스튜어트를 지지하는 자코바이트 사이에서 벌어진 전투

4 스코틀랜드의 백파이퍼들은 전장에서 병사들을 음악으로 이끌었다. 부대를 선두에서 이끌며 파이프를 불었고, 병사들의 사기를 끌어올렸다.

5 스카이 섬에서 가장 큰 마을

병입도 라세이 섬 내에서 진행된다. 나아가 북유럽과 아이슬란드산 보리 재배도 시도 중이며, 앞으로는 모든 재료를 라세이 섬에서 조달할 계획이다. 라세이 섬의 면적은 약 64㎢, 섬의 인구는 160명이다.

오른쪽은 호텔을 개조한 숙박시설이고, 왼쪽은 증류소 비지터 센터. 매점도 충실하다.

■ Tasting Note(OB 이노기랄 릴리스, 45%)

아로마 : 신맛이 감도는 피트, 팥, 뿌리채소, 잘 익은 살구, 매실 말차. 두텁고 복합적인 맛. 물을 타면 스모키함이 강조됨. 석회질 느낌도.

플레이버 : 스위트하고 리치함. 복합적이고 콘텐츠가 풍부함. 와인 느낌과 스파이스 함. 물을 타면 약간 바디감이 무너진다.

종합평가 : 아직 젊지만 내용이 충실하고 흥미로운 위스키. 미래가 기대되는 몰트. 스트레이트로 마시는 것을 추천.

SCORE : 86.5점

■ 증류소 정보

소재지 : Borodale House, Isle of Raasay, Highland IV40 8PB

홈페이지 : http://www.rbdistillers.com

소유자 : R&B디스틸러스

설립 연도 : 2017년

발효조 : 스테인리스 6기

증류기 : 초류 1기, 재류 1기

용수 : 증류소 뒤편의 우물물

연간 생산능력 : 20만ℓ

블렌디드 위스키 :

킬호만 ⦿ Kilchoman

아일라 섬 북서부, 과거 앵거스 오그(Angus Og)[1]가 여름 별궁을 두었다고 전해지는 로크 곰(Loch Gorm) 호수 기슭에 킬호만 증류소가 문을 열었다. 호수 근처 록사이드 팜(Rockside Farm) 건물의 일부를 개조해 증류소를 만들었다.

킬호만 증류소는 앤서니 윌리스(Anthony Wills)가 설립했다. 처음에는 부지 후보지가 여러 번 바뀌었지만, 록사이드 팜의 농장주인 마크 프렌치(Mark French)가 공동 출자자가 되면서 현재의 부지로 정해졌다. 생산은 2005년에 시작되었고, 이후 2015년 마크 프렌치가 은퇴하면서 현재는 농장을 포함해 앤서니 윌리스의 단독 소유가 되었다.

킬호만은 한 번 생산할 때 맥아 1.2t을 사용한다. 아일라 섬에서 가장 규모가 작다. 매시 턴은 세미 라우터 턴 방식으로 6000ℓ의 맥즙을 추출하며, 스테인리스 발효조에서 뉴질랜드 마우리사의 효모를 넣어 발효시킨다. 팟 스틸은 처음에는 2기뿐이었고, 연간 생산능력은 23만ℓ에 불과했다.

그러나 일찍부터 자체적으로 맥아를 생산했고, 현재는 새로운 킬른(Kiln)동이 완성되어 필

---

[1] 14세기 스코틀랜드의 귀족이자 클랜 도날드(Clan Donald)의 수장이었던 아웅거스 오그 맥도널(Aonghus Óg Mac Domhnaill). 아일라의 영주였으며, 스코틀랜드 독립 전쟁에서 로버트 1세를 지지하며 중요한 역할을 했다.

스틸은 포사이스(Forsyth) 제품이며, 앞쪽이 재류 스틸, 안쪽이 초류 스틸이다. 현재는 이와 동일한 스틸 2기가 추가되었다.

요한 맥아의 약 30%를 스스로 충당하고 있다. 게다가 그 보리는 모두 증류소가 보유하고 있는 밭에서 재배한 것이다. 또 작은 규모지만 병입 설비를 갖추고 있어, 이제는 원료 보리 재배부터 맥아 제조, 당화, 발효, 증류, 숙성, 병입까지 모든 과정을 아일라 섬에서 할 수 있게 됐다. 이것이 바로 '100% 아일라'이며, 이를 완벽하게 실현한 곳은 킬호만뿐이다.

최근 전 세계적인 아일라 위스키 붐과 크래프트 위스키 붐을 타고 킬호만의 매출도 급증했다. 이에 따라 2019년에는 생산 설비를 두 배로 늘렸다. 선택한 방법은 동일한 설비를 하나 더 만드는 것이었다. 그래서 새로운 매시 턴, 6기의 스테인리스 발효조, 기존과 동일한 2기의 스틸을 도입해 쌍둥이 증류 설비를 만들었다. 말 그대로 완벽한 복사판이다.

'100% 아일라'에 사용하는 자체 생산 맥아의 페놀 수치는 20ppm이지만, 그 외에는 아일라 섬의 포트 엘런(Port Ellen)에서 생산된

새롭게 생긴 맥아 제조 시설이다. 밭에서 자체 재배한 보리를 아일라의 피트를 사용하여 이곳에서 맥아로 가공할 수 있다.

맥아를 사용한다. 50ppm이라는 피트(peat) 수치도 킬호만의 고집이다.

■ Tastig Note(OB 마키어베이 46%)

아로마 : 스모키하고 피티. 바비큐, 고기 풍미의 감칠맛 성분. 바닐라 빈. 물을 더하면 버터 스카치, 크림.

플레이버 : 스위트하고 제대로 되어 있다. 스모키하지만 포용력이 있고 풍부하다. 물을 더하면 산미 있는 바비큐 소스 맛.

종합평가 : 콘텐츠가 꽉 차 있어 숯불에 구운 스테이크 고기 같다.

SCORE : 88.5점

■ 증류소 정보

소재지 : Rockside Farm, Isle of Islay, PA49 7UT

홈페이지 : https://www.kilchomandistillery.com/

소유자 : 킬호만 디스틸러리

설립 연도 : 2005년

발효조 : 스테인리스 12기

증류기 : 초류 2기, 재류 2기

용수 : 올트 그린 오스마일 강(Allt Gleann Osamail burn)

연간 생산능력 : 48만ℓ

블렌디드 위스키 :

킹스반스 ⦿ Kingsbarns

골프 성지 옆에 탄생한
'왕의 곡식 창고'라는 이름의 증류소

파이프(Fife) 지방의 동해안, 유명한 세인트 앤드루스(St. Andrews) 골프장 남쪽에 2014년 설립된 킹스반스 증류소가 있다. 기념할 만한 첫 증류는 11월 30일 '성 안드레아 축일(St. Andrew's Day)'[1]에 이루어졌다. 첫 증류 원액을 담은 오크 캐스크는 증류소의 상징이기도 한, 18세기에 지어진 오래된 비둘기집 안에 보관돼 있다.

"파이프 지방은 왕실과 인연이 깊은 땅입니다. 이 일대는 '왕의 곡식 창고', 즉 킹스반스라고 불렸습니다. 네덜란드, 벨기에, 독일 등 대륙과 교역도 활발해서, 농가들은 네덜란드산 타일을 사용한 비둘기집을 짓고 사치를 뽐냈습니다." 킹스반스 증류소 설립자 중 한 명인 더글러스 클레먼트(Douglas Clement)가 한 말이다. 그는 이웃한 킹스반스 골프 링크스(Kingsbarns Golf Links)[2]에서 오랫동안 캐디로 일했다. 실제로 자금을 대고 소유주가 된 것은 이 지역에 거주하는 명문 귀족 웨미스(Wemyss) 가문이다. 웨미스 패밀리 스피리츠

18세기에 지어진 오래된 농가를 개조하여 만든 킹스반스 증류소. 바다와 가깝다.

(Wemyss Family Spirits)는 진과 보드카, 블렌디드 위스키를 만들고 독립병입자로도 알려져 있다. 웨미스 가문은 자신들의 증류소를 갖는 것이 오랜 꿈이었다고 한다.

킹스반스는 한 번 생산할 때 맥아 1.5t을 사용한다. 보리는 모두 파이프 지역에서 생산된 것이다. 맥즙은 7500ℓ를 추출한다. 발효조는 스테인리스 스틸 재질로 총 4기가 있다. 효모는 남아프리카와 벨기에산 두 종류의 드라이 이스트를 혼합해 사용한다.

팟 스틸은 포사이스 제품이며, 랜턴 헤드형으로 초류와 재류가 각각 1기씩 있다. 넥이 가늘고 라인 암(lyne arm)이 비정상적으로 긴 것이 특징이다. 로우랜드 전통의 가볍고 깨끗한 향과 맛을 가진 위스키를 만드는 것이 목표다. 그래서 논-피티드 맥아만을 사용한다.

크래프트 증류소이지만 연간 생산능력은 약 60만ℓ이며, 전통을 중시한 정통적인 제조 방식을 추구하고 있다. 싱글 몰트 제품도 출시했는데, 내부를 특수 처리한 와인 캐스크에서 숙성한 제품도 있다.

---

1 성 안드레아는 형제인 베드로와 함께 예수의 첫 제자. 12사도 중 한 명이다. 스코틀랜드에서는 4세기쯤 유해 일부가 스코틀랜드로 옮겨졌다는 전승에 따라 수호성인이 됐다. 스코틀랜드 국기는 파란 바탕에 흰색의 X자형 십자가가 있는데, 이 십자가는 성 안드레아를 상징한다.

2 스코틀랜드 세인트 앤드루스 인근 1.8마일(약 2.8㎞) 길이의 해안선을 따라 조성된 골프장. 11세기 말에 말콤 왕이 곡식을 이곳에 보관했다고 전해지며 지역 명칭이 반스(Bans, 헛간)가 됐다.

로우랜드 타입의 가볍고 깨끗한 스타일의 원액을 얻기 위해 키가 큰 랜턴 헤드형 스틸을 사용한다.

■ Tasting Note(Dream to Dram, 46%)

아로마 : 온화하지만 스위트. 스파이시. 럼에 절인 스펀지 케이크. 물을 더하면 시트러스, 민트, 바닐라, 오렌지.

플레이버 : 프레시하고 스위트. 시트러스. 라이트 바디. 밸런스가 나쁘지 않다.

종합평가 : 매우 클린하고 라이트. 숙성 연수에 비하면 밸런스가 잘 잡혀 있다. 5년 정도 더 기다리고 싶은 마음도 든다.

SCORE : 83.5점

■ 증류소 정보

소재지 : East Newhall Farm, Kingsbarns, Fife KY16 8QE

홈페이지 : https://www.kingsbarnsdistillery.com/

소유자 : 웨미스 디스틸러리(Wemyss Distillery)

설립 연도 : 2014년

발효조 : 스테인리스 스틸 4기

증류기 : 초류 1기, 재류 1기

용수 : 부지 내 우물물

연간 생산능력 : 60만ℓ

블렌디드 위스키 :

키닌비 ● Kininvie

몽키 숄더의 키 몰트,
그랜트의 세 번째 증류소

키닌비 증류소는 글렌피딕(Glenfiddich)과 발베니(Balvenie)에 이은 윌리엄 그랜트 앤 선즈(William Grant & Sons)의 세 번째 증류소로 지어졌다. 정식 오픈은 1990년 7월 4일로, 미국의 독립 기념일이었다.

그랜트는 가족 기업으로, 굳이 이 날을 택한 이유는 자유와 독립을 중시하는 회사의 정신이 미국의 건국 정신과 상통한다고 생각했기 때문이다. 창업자 윌리엄 그랜트의 손녀이자 당시 88세였던 자넷 시드 로버츠(Janet Sheed Roberts)가 테이프 커팅을 했다.

키닌비는 지명으로, 발베니 증류소와 부지를 맞대고 있다. 아니, 발베니의 뒤편에 있다

키가 낮고 기묘한 형태의 벌지형 재류 스틸과 뭉툭한 스트레이트 헤드형 초류 스틸이다.

고 하는 편이 더 이해하기 쉬울 것이다. 건물은 네모난 콘크리트 구조물이며, 파고다 지붕도 없어 언뜻 보면 증류소 건물 같지 않다. 하지만 위스키 제조 방식 자체는 매우 전통적이다.

한 번 생산할 때 맥아 9.6t을 사용하며, 9기의 발효조는 더글러스 퍼로 만들어졌다. 팟 스틸도 글렌피딕과 마찬가지로 작은 것을 사용한다. 초류 스틸은 양파처럼 생긴 스트레이트 헤드형으로 3기가 있다. 재류 스틸은 넥이 굵은 벌지형으로 6기 있다.

키닌비는 싱글 몰트로는 거의 출시되지 않고, 대부분 몽키 숄더(Monkey Shoulder)의 원액으로 사용된다. 몽키 숄더는 키닌비, 글렌피딕, 발베니 세 몰트를 원액으로 블렌딩한다. 인기의 비결은 싱글 몰트로 출시되지 않는 키닌비가 키 몰트로 사용된다는 점이다.

몽키 숄더는 전 세계 바(Bar)의 필수품으로, 특히 칵테일 재료로 바텐더들에게 사랑받고

증류소라고 하지만 부지에 있는 것은 증류동뿐이다. 마치 창고나 숙성고 같은 외관이다.

있다. 현재 스카치 블렌디드 몰트 위스키 중에서는 조니워커(Johnnie Walker)의 그린 라벨을 제치고 전 세계 판매량 1위를 자랑한다.

■ Tasting Note(OB 17년 350㎖ 42.6%)
아로마 : 아로마틱하고 풍부하다. 바닐라, 꿀, 버터스카치[1], 잘 익은 살구, 다크 초콜릿, 헤이즐넛 향이 난다. 복합적이다.
플레이버 : 견고하고 풍부하다. 복합적이며 맛이 응축되어 있어 황홀하다. 물을 더하면 신선한 후르츠.
종합평가 : 풍부하고 아로마, 플레이버가 돋보이는 위스키다. 스페이사이드의 숨겨진 보물이다.
SCORE : 91.0점

■ 증류소 정보
소재지 : Dufftown, Moray AB55 4DH
홈페이지 : https://www.kininvie.com/
소유자 : 윌리엄 그랜트 앤 선즈
설립 연도 : 1990년
발효조 : 더글러스 퍼 9기(발베니 증류소 내)
증류기 : 초류 3기, 재류 6기
용수 : 콘발 힐(Conval Hill)의 샘
연간 생산능력 : 480만ℓ
블렌디드 위스키 : 그랜츠(Grant's), 몽키 숄더

---

1 버터와 황설탕을 주재료로 만들어진 과자.

녹칸두 ⦿ Knockando

스페이 강 왼쪽 강변의 깊은 계곡 속에 증류소가 있어 지금도 외딴 숨겨진 마을 같은 분위기가 풍긴다.

J&B의 원액용으로
클라우디한 맥즙을 추출

녹칸두 증류소는 스페이 강 중류 지역, 스페이 강을 내려다보는 왼쪽 언덕 위에 세워져 있다. 녹칸두는 게일어로 '작은 검은 언덕' 또는 '작은 검은 무덤'을 뜻한다.

같은 지역에 있는 카듀(Cardhu)가 부드러운 위스키로 여성적인 몰트라고 한다면 녹칸두는 예전부터 남성적인 위스키라고 불려왔다.

녹칸두가 설립된 것은 1898년으로, 엘긴(Elgin)의 주류 상인 이안 톰슨(Ian Thompson)이 오랜 꿈을 실현하기 위해 세웠다. 그러나 1904년 런던의 진(Gin) 제조업체인 길비(Gilbey)에 3500파운드에 매각되었고, 그 후 그랜드 메트로폴리탄(Grand Metropolitan) 계열의 인터내셔널 디스틸러스 앤 빈트너스(Interna-tional Distillers & Vintners, IDV)사가 소유하면서, 이 회사의 대표적인 증류소가 되었다.

실제 운영은 블렌디드 스카치 위스키 J&B로 유명한 저스테리니 앤 브룩스(Justerini & Brooks)가 맡았다. 녹칸두는 지금도 J&B의 주요 원액으로 사용되고 있다. 1997년 그랜드 메트로폴리탄 그룹과 기네스 그룹이 합병해 디아지오가 탄생하면서, 현재는 디아지오 산하의 증류소이다.

녹칸두는 한 번 생산할 때 맥아 4.4t을 사용한다. 매시 턴은 스테인리스 재질의 세미 라우터 턴이며, 발효조는 더글러스 퍼 재질이 8기 있다. J&B의 원액으로 견과류 향이 요구되었기 때문에 맑은 맥즙이 아닌 클라우디(Cloudy)한 맥즙을 추출하는 것이 이곳의 특징이다. 발효 시간은 50시간의 짧은 발효와 100시간의 긴 발효 두 가지가 있으며, 이를 번갈아 사용한다. 팟 스틸은 초류가 랜턴 헤드형으로 2기, 재류 스틸은 벌지형으로 2기 등 총 4기로 구성되어 있다.

녹칸두에는 특별한 창고가 있는데, 이곳에 128개 증류소의 캐스크가 저장되어 있었던 것으로 유명하다. 원래 J&B 울티마(Ultima)용 캐스크였다. J&B 울티마는 1990년대에 구할 수 있는 스코틀랜드 128개 증류소의 원액을 모두 블렌딩한, 애호가들이 매우 탐냈던 위스키로 알려져 있다. 언젠가 어디에서인가 J&B 울티마를 발견한다면 꼭 한번 시음해 보기를 권한다. 다시는 이런 위스키를 만들 수 없을 것이기 때문이다.

■ Tasting Note(OB 12년, 43%)

아로마 : 묵직하고 깊이가 있다. 초콜릿, 너트, 마지팬 향. 드라이하고 가죽 제품과 같은 뉘앙스도.

플레이버 : 달콤하고 제대로 잡혀 있다. 복합적인 바디감. 피니시는 뜨겁고 스파이시. 물을 더하면 바디감이 약해진다.

종합평가 : 스페이사이드 위스키로는 이례적인 두터운 풍미. 아주 소량의 물을 더해 마시길.

SCORE : 84.0점

■ 증류소 정보

소재지 : Knockando, Aberlour, Moray AB38 7RT
홈페이지 : https://www.malts.com
소유자 : 디아지오
설립 연도 : 1898년
발효조 : 더글러스 퍼 8기
증류기 : 초류 2기, 재류 2기
용수 : 카드낙(Cardnach)의 샘물
연간 생산능력 : 140만ℓ
블렌디드 위스키 : J&B, 스페이 로얄(Spey Royal)

DCL이 직접 세운
19세기 말의 귀중한 증류소

디스틸러스 컴퍼니 리미티드(Distillers Company Limited, 통칭 DCL)는 1877년에 창업한 회사로, 그 후 100년 가까이 스카치 위스키 업계를 군림해왔다. 연이어 증류소와 블렌드 회사를 인수하여 산하에 편입해 성장했고, 심지어 "DCL이 아니면 스카치가 아니다"라고 불릴 정도였다. 하지만 사실 그들 자신이 직접 세운 증류소는 손에 꼽을 정도이다. 그 몇 안 되는 증류소 중 하나가 게일어로 '검은 언덕'을 의미하는 녹두이다.

설립된 해는 1893년으로, 그 후 100년 가까이 DCL이 운영했지만, 1988년에 인버하우스(Inver House)에 매각되었다. 인버하우스는 2001년에 태국의 회사가 인수했고, 현재는 타이 베버리지(Thai Beverage) 소속이다.

DCL 시대에는 싱글 몰트로 병입되는 경우가 거의 없었지만, 인버하우스가 인수한 후 싱글 몰트에 주력했다. 그때 녹두는 다른 위스키인 녹칸두(Knockando)나 카듀(Cardhu) 등과 혼동하기 쉬워 '아녹(anCnoc)'이라는 브랜드명으로 병입했다. 아녹은 게일어로 '작은 언덕'을 의미한다.

증류소는 한 번 생산할 때 맥아 5t을 사용하며, 매시 턴은 스테인리스 재질의 세미 라우터 턴이다. 발효조는 오리건 파인 재질로 8기가 있는데, 그중 2기는 마무리 발효용으로 사용

벌지형 스틸. 앞에 있는 것이 초류 스틸, 뒤에 있는 것이 재류 스틸이다. 냉각은 전통적인 옥외 웜 텁을 지금도 사용하고 있다.

된다고 한다. 기존 발효조에서 약 45시간 발효시킨 후, 이 새로운 발효조로 옮겨서 약 20시간 정도 추가 발효를 진행한다.

팟 스틸은 2기밖에 없지만, 둘 다 DCL 시대부터 내려온 전통인 옥외 웜 텁(worm tub) 방식을 채택하고 있다. 또 특이하게도 초류에만 웜 텁 앞에 수평식인 셀 앤 튜브 콘덴서를 설치하여 냉각 효과를 더욱 높이고, 구리와 접촉을 늘리게 했다.

연간 생산능력은 200만ℓ이지만, 그중 70%는 논-피티드 맥아로, 30%는 헤빌리 피티드

맥아를 사용한다. 페놀 수치는 45ppm으로, 현재 이것은 '피트하트(Peatheart)'라는 이름으로 병입되고 있다. 한때 업계에 군림한 DCL의 흔적이 남아 있는 유일한 증류소로, 지금은 귀중한 존재가 되었다.

■ **Tasting Note(OB 아녹 12년, 40%)**

아로마 : 아로마틱 캔들. 플로럴하고 허브 같다. 민트, 시나몬, 리코리스(서양 감초). 물을 더하면 바닐라 향이 나고 스위트해진다.

플레이버 : 라이트 바디이지만, 스위트하고 소프트하다. 약간 스파이시하다. 물을 더하면 바디감이 약해진다.

종합평가 : 밸런스가 잘 잡힌 가벼운 향미는 좋은 인상을 준다. 되도록 스트레이트로.

SCORE : 84.0점

■ **증류소 정보**

소재지 : Knock, Huntly, Aberdeenshire AB54 7LJ

홈페이지 : https://ancnoc.com/

소유자 : 타이 베버리지

설립 연도 : 1893년

발효조 : 오리건 파인 8기

증류기 : 초류 1기, 재류 1기

용수 : 녹힐(Knock Hill)의 샘물

연간 생산능력 : 200만ℓ

블렌디드 위스키 : 인버하우스, J&B

라가불린 ● Lagavulin

바다에 떠 있는 거대한 요새처럼 보이는 라가불린 증류소. 눈앞의 만에는 물범과 백조의 모습이 보인다.

'쉬지 않는 피터'가 이끌었던
화이트 호스의 키 몰트

아일라 섬 남쪽 해안의 '킬달튼 3형제(Kildalton Three)' 증류소 중 아드벡(Ardbeg)과 라프로익(Laphroaig) 증류소는 1815년에 창업했다. 라가불린은 1년 늦은 1816년에 세워졌다. 그러나 라가불린 증류소 주변은 과거 밀주 제조의 중심지였으며, 10개 이상의 밀주 양조장이 밀집해 있었다고 한다. 그 이유는 사람이 쉽게 접근할 수 없는 습지대에 둘러싸여 있었고, 눈앞에는 암초 지대가 펼쳐져 수많은 암초들이 선박 운항을 어렵게 했기 때문이다(당시 밀주 단속은 배를 타고 이루어졌다). 라가불린은 게일어로 '물레방아가 있는 움푹 들어간 곳'을 의미한다.

라가불린 증류소를 창업한 것은 아일라 섬의 존스턴(Johnston) 가문으로, 창업자 존 존스턴(John Johnston)은 라프로익을 창업한 존스턴 형제의 아버지라고 전해진다. 하지만 존이 죽은 후, 증류소는 글래스고의 와인 상인 알렉산더 그레이엄(Alexander Graham)의 손에 넘어갔고, 이후 에든버러 출신의 제임스 로건 맥키(James Logan Mackie)로 소유주가 바뀌었다. 이 제임스 밑에서 수련을 쌓은 사람이 그의 조카 피터 맥키(Peter Mackie)였고, 피터의 지휘 아래 라가불린이 발전하게 된다.

제임스가 죽은 후 1889년 증류소를 상속 받은 피터는 이듬해인 1890년 화이트 호스 (White Horse)를 출시했다. 이것은 라가불린을 키 몰트(Key Malt)로 사용한, 당시로서는 드문 블렌디드 스카치(Blended Scotch)였다. 피터 맥키는 에너지가 넘치고 괴짜 같은 성격이어서 '쉬지 않는 피터(Restless Peter)'라 불리며 업계로부터, 그리고 라가불린의 장인들로부터 두려움의 대상이 되었다. 근력 강화를 위해 직원들의 식사에 몰래 단백질을 섞어 먹였다는 일화도 있다.

■ **Tasting Note(OB 16년, 43%)**
아로마 : 딥하고 깊이가 있으며, 스모키. 해변의 바비큐. 복합적이고 감칠맛이 응축되어 있다. 물을 더하면 스위트해진다.
플레이버 : 둥글둥글하고 쥬시. 스모키하지만 감칠맛이 있으며, 단맛, 매운맛, 신맛의 밸런스가 잘 잡혀 있다. 여운도 길고 스파이시.
종합평가 : 스모키하지만 실크처럼 부드럽고 묵직하다. 아일라의 고전적인 명주.
SCORE : 89.0점

■ **증류소 정보**
소재지 : Port Ellen, Isle of Islay, Argyll & Bute PA42 7DZ
홈페이지 : https://www.malts.com/
소유자 : 디아지오
설립 연도 : 1816년
발효조 : 낙엽송 10기
증류기 : 초류 2기, 재류 2기
용수 : 소란 호(Loch Solan)의 샘물
연간 생산능력 : 253만ℓ

라가불린 ◉ Lagavulin

스틸은 묵직한 양파 모양이다. 왼쪽 2기가 초류 스틸이고, 오른쪽 2기가 재류 스틸이다.

그 피터가 이끌던 화이트 호스가 DCL에 인수된 것은 1927년이다. 이후 라가불린은 DCL, UD, 그리고 현재의 디아지오 주류 기업으로 계승되고 있다.

라가불린은 한 번 생산할 때 4.4t의 맥아를 사용한다. 맥아는 1974년부터 모두 같은 계열사인 포트 엘런(Port Ellen)에서 생산된 것을 사용하고 있다. 맥아의 페놀 수치는 34~38ppm으로, 쿨일라(Caol Ila)와 같다. 매시 턴은 최신식 풀 라우터 턴 방식이며, 추출하는 맥즙은 약 2만1000ℓ이다. 발효조는 낙엽송 재질이며 총 10기가 있다. 사용하는 효모는 뉴질랜드 마우리사의 리퀴드 이스트이며, 발효조 1기에 100ℓ의 효모를 투입한다. 발효 시간은 평균 55시간이고, 밑술의 알코올 도수는 9%로 설정되어 있다고 한다.

팟 스틸은 라가불린의 가장 큰 특징 중 하나이다. 목이 잘록하지 않은 양파 모양의 스틸이 초류 2기, 재류 2기 등 총 4기이다. 1기의 발효조에서 얻은 밑술을 2등분해 초류 스틸에 투입한다. 초류 투입량은 1만400ℓ이며, 재류에 투입하는 로우 와인(Low Wine)은 1만2200ℓ로 더 많다. 이는 초류와 재류가 2대1의 비율로 대응하기 때문이다. 그 대신 재류는 초류의 두 배인 11시간에 걸쳐 증류를 한다.

"목이 잘록하지 않은 뭉툭한 형태와 긴 시간을 들여 진행하는 느린 증류(Slow Distillation)가 풍부하고 강력한 풍미를 만들어낸다"고 라가불린 직원은 설명한다.

미들 컷(Middle Cut)은 70~60%로, 이 또한 길게 잡아서 그만큼 스모키하고 오일리한 성분을 회수한다. 같은 맥아를 사용하면서도 쿨일라보다 더 피티하고 풍부한 것은 이 때문

괴짜, 과대망상증 환자라고 불렸던 피터 맥키. 스파이 영화에 나올 법한 외모이다.

발효조는 낙엽송 재질이며 총 10기이다. 세계적인 명성에 비해 규모는 그리 크지 않다.

이다. 연간 생산 능력은 253만ℓ이며, 현재는 대부분을 본토의 집중 숙성고에서 숙성시키고 있다. 아일라 섬에서 숙성되는 캐스크는 5000개밖에 없다고 한다. 과거에는 쿨일라나 포트 엘런의 창고에도 라가불린의 캐스크가 보관되었지만, 현재는 본토로 옮겨졌다.

　라가불린 판매량은 한때 보모어에 밀려 아일라에서 3위였으나, 최근 몇 년 동안 반등하여 현재는 연간 220만 병 이상이다. 라프로익 다음으로 2위의 매출을 자랑한다. 한때 보모어에 뒤처졌던 것은 정규 제품이 16년과 같이 장기 숙성 제품밖에 없었기 때문인데, 현재는 12년과 8년 제품도 포트폴리오에 추가하여 전 세계 팬들의 뜨거운 요청에 부응하고 있다.

OB 8년
48% / 700㎖

라그 ◉ Lagg

피트의 떼루아(Terroir)도 실험하는 아란 섬 제2의 증류소

아란(Arran) 증류소가 설립된 것은 1993년으로, 첫 증류는 2년 뒤인 1995년 11월에 시작되었다. 당시에는 크래프트(Craft)라는 용어가 없어서 마이크로 디스틸러리(Micro Distillery)라고 불렸지만, 창업한 지 30년 가까이 된 현재는 스코틀랜드 증류소 중에서도 가장 많은 관광객이 찾는 인기 명소가 되었다. 아란 섬 자체가 글래스고와 가깝고 인기 있는 리조트 섬이기 때문이다.

크래프트 위스키 붐에 힘입어 아란 증류소의 사업도 순조롭게 진행되었다. 이에 따라 아란 섬에 또 다른 증류소를 건설한다고 한다. 제2 증류소의 후보지로 선정된 곳은 섬 남부의 라그(Lagg) 지역이다. 과거 이곳에는 같은 이름의 증류소가 있었으나 19세기에 폐쇄되었다. 원래 아란 섬은 '스코틀랜드의 축소판'이라고도 불리는 섬으로, 북부와 남부의 기후 및 풍토가 전혀 다르다. 따라서 북부의 로크란자(Lochranza)와 남부의 라그에서는 서로 다른 풍미의 위스키가 생산될 것으로 기대된다고 한다. 이것 또한 라그가 선택된 이유일 것이다.

라그는 2019년에 문을 열었다. 한 번 생산할 때 맥아 2t을 사용하며, 매시 턴은 세미 라우터 턴 방식이다. 발효조는 오리건 파인 재질이 4기 가동된다. 스틸은 포사이스(Forsyth) 제품으로 초류 1기, 재류 1기 등 총 2기뿐이다. 하지만 생산 건물은 넓어서 향후 추가 증설이 가능하도록 공간이 미리 확보되어 있다.

아란 증류소가 로크란자로 개명한 것을 계기로, 기존의 아란 증류소에서 생산하던 피트(peat) 맥아를 사용한 위스키는 모두 라그에서 생산하게 되었다. 피트 수준은 50ppm의 헤빌리 피티드이며, 라그에서는 스코틀랜드 각지, 나아가 외국산 피트도 사용하여 맥아를 건조시키고, 피트에 따른 테루아(Terroir)[1]의 차이에 대해서도 실험하고 있다고 한다.

북부의 로크란자가 논-피티드 맥아를 사용해 안정적인 공급을 목표로 하는 반면, 남부의 라그는 피트나 보리 품종, 효모의 차이에 따른 실험적인 양조도 한다. 비지터센터에 힘을 쏟고 있으며, 로크란자에서 연간 10만 명, 라그에서 연간 10만 명, 총 20만 명의 관광객을 맞이하는 것이 목표이다.

넓은 공간에 스틸이 2기밖에 없다. 앞으로 증산할 목표로 공간을 확보하고 있다.

---

1 프랑스어로, 와인이나 위스키 등에서 나는 독특한 풍미와 특성이 해당 지역의 토양, 기후, 지형 등 자연적 요인과 생산 방식에 의해 결정된다는 개념.

모던하고 디자인이 우수한 증류소 외관. 기후도 풍경도 북쪽과 비교해 마일드하다.

■ 증류소 정보

소재지 : Kilmory, Isle of Arran, North Ayrshire KA27 8PG

홈페이지 : https://www.laggwhisky.com/

소유자 : 아일 오브 아란 디스틸러스(Isle of Arran Distillers)

설립 연도 : 2019년

발효조 : 오리건 파인 4기

증류기 : 초류 1기, 재류 1기

용수 : 현지의 우물물

연간 생산능력 : 75만ℓ

블렌디드 위스키 :

남극 얼음 아래에서 발견된 100년 된 위스키 이야기

남극 탐험으로 유명한 인물 하면 아문센과 스콧이 있지만, 사실 또 한 명의 위대한 인물이 있다. 어니스트 섀클턴(Ernest Shackleton)경이다. 섀클턴은 1901년 스콧 탐험대에 참여했고, 그로부터 6년 뒤인 1907년 자신이 대장이 되어 남극점 최초 도달을 목표로 내걸었다. 이때는 아문센에게 선수를 빼앗겼지만, 2년간에 걸친 남극 대륙 조사 활동이 높이 평가되어 훗날 기사 작위를 받았다.

이 섀클턴 탐험대가 남극으로 가져간 것이 맥킨레이(Mackinlay's)가 만든 '레어 올드 하이랜드 몰트 위스키(Rare Old Highland Malt Whisky)'였다. 탐험대를 위해 특별히 병입된 것으로, 25개의 나무 상자에 담겨 베이스 캠프를 설치했던 케이프 로이즈(Cape Royds)의 통칭인 '섀클턴 오두막'에 보관되었다. 원래는 약 300병 있었고, 2년간의 활동 후, 탐험대가 남극을 떠날 때 남은 3상자는 오두막 바닥 아래에 묻었다고 한다.

그로부터 100년 뒤인 2007년, 뉴질랜드 탐험대가 이 위스키를 발견하여 100년 만에 얼음 아래에서 꺼내는 데 성공했다. 그중 11병이 캔터베리대학 연구실로 옮겨져 조사가 이루어졌다. 그때 복제품을 만든 사람이 화이트 앤 맥케이(Whyte & Mackay)의 마스터 블렌더인 리처드 패터슨(Richard Paterson)이다. 복제품은 2010년에 판매되었는데, 혹시라도 발견한다면 꼭 한번 맛보길 바란다.

라프로익 ◉ Laphroaig

로크 인달 만에 면해 건설된 라프로익 증류소. 맑은 날에는 바다 건너편으로 아일랜드가 보인다.

영국 찰스 3세로부터
왕실 납품 자격을 부여받은 유일한
싱글 몰트 증류소

증류소는 포트 엘런 항구에서 동쪽으로 약 2㎞ 정도 떨어진 고요하고 아름다운 로크 인달(Loch Indaal) 만에 면해 있다. 하얗게 칠해진 외벽과 검은 지붕, 킬른(Kiln)이 어우러진 외관이다. 스코틀랜드 증류소 중 건물의 아름다움으로 1~2위를 다툴 만하다. 라프로익은 게일어로 '넓은 만의 아름다운 움푹 패인 땅'을 뜻한다.

증류소는 1815년 도널드와 알렉산더 존스턴(Donald and Alexander Johnston) 형제가 설립했다. 1954년까지 존스턴 가문이 운영했다. 가문의 마지막 후손인 이안 헌터(Ian Hunter)가

아일라 섬으로 돌아와 어머니와 숙모로부터 경영을 위임받은 것은 1908년이었다. 이때 라가불린의 피터 맥키(Peter Mackie)와 불화가 있었다. 그동안 피터가 가지고 있던 라프로익 판매권을 이안 헌터가 되찾았기 때문이다.

분노한 피터는 "라프로익을 망하게 하겠다"며 라가불린 부지 내에 라프로익과 비슷한 증류소를 건설했다. 이것이 몰트 밀(Malt Mill) 증류소였다. 몰트 밀의 환상적인 위스키는 명장 켄 로치 감독의 영화 <앤젤스 셰어: 천사를 위한 위스키>의 모티프 중 하나가 되었다. 그런데 완성된 위스키는 라프로익과 흡사하지만 전혀 다른 것이었고, 몰트 밀은 1962년에 폐쇄되었다.

라프로익은 이안 헌터 사망 후 그의 오른팔이었던 베시 윌리엄슨(Bessie Williamson)에게

위임되었고, 그녀의 지휘 아래 수많은 개혁과 생산량 증대가 이루어졌다. 베시는 스코틀랜드 최초의 여성 증류소 소장 겸 경영자였다. 은퇴 후 경영권은 휘트브레드(Whitbread), 얼라이드 도멕(Allied Domecq)을 거쳐 현재는 '산토리 글로벌 스피리츠'의 소유가 되었다.

라프로익은 플로어 몰팅을 유지하는 몇 안 되는 증류소 중 하나다. 한 번 생산할 때 맥아 5.5t을 사용한다. 자체 생산 맥아의 비율은 15% 정도로, 나머지는 포트 엘런에서 공급받

■ Tasting Note(OB 10년, 43%)

아로마 : 스모키하고 피티 느낌. 바닷바람, 요오드, 요구르트. 모닥불의 재와 해조류의 감칠맛 성분도. 물을 더하면 바닐라 크림향이 느껴진다.

플레이버 : 스모키하지만 스위트. 피트를 태운 벽난로 앞에서 커피를 마시는 듯한 인상. 물을 더하면 바디가 약해진다.

종합평가 : 홀로 캠핑을 하면서 모닥불 앞에서 스트레이트로 마시고 싶은 위스키다. 아웃도어 활동의 동반자로 적합하다.

SCORE : 88.5점

■ 증류소 정보

소재지 : Port Ellen, Isle of Islay, Argyll & Bute PA42 7DU

홈페이지 : https://www.laphroaig.com/

소유자 : 산토리 글로벌 스피리츠

설립 연도 : 1815년

발효조 : 스테인리스 6기

증류기 : 초류 3기, 재류 4기

용수 : 킬브라이드 호(Kilbride Loch)

연간 생산능력 : 330만ℓ

블렌디드 위스키 브랜드 : 롱존(Long John), 아일라 미스트(Islay Mist)

라프로익 ● Laphroaig

는다. 또 소량이지만 본토산 맥아도 사용한다. 자체 생산 맥아의 페놀 값은 45~55ppm인 반면, 포트 엘런과 본토산은 35~40ppm으로 다소 낮은 수준이다. 반드시 이 맥아들을 섞어서 사용한다.

매시 턴은 풀 라우터 턴 방식이며, 얻어지는 맥즙은 약 2만7000ℓ에 달한다. 맥즙 2회분을 한 기의 스테인리스 발효조에서 발효시킨다. 사용되는 효모는 뉴질랜드 마우리사의 액상 효모이며, 발효 시간은 평균 55시간이다. 밑술의 알코올 도수는 8%로 설정되어 있다.

팟 스틸은 초류 스틸 3기, 재류 스틸 4기로 총 7기다. 숫자만 놓고 보면 아일라 최대 규모이지만, 각 증류기 크기는 작다. 특히 재류 스틸 3기는 투입량 4700ℓ로 최소 사이즈에 해당한다. 게다가 넥 부분이 강하게 꺾인 랜턴 헤드형(초류 스틸은 스트레이트 헤드형)이며, 라인 암(lyne arm)도 약 15도 위쪽으로 구부러져

한 번에 5.5t의 맥아를 생산할 수 있는 플로어. 총 4면이 있으며, 사용하는 맥아의 15%를 이곳에서 충당한다.

있어 최대의 환류를 유도하도록 고안되었다.

발효조 1기에서 얻어진 밑술을 5등분해 초류 스틸에 투입하는 것도 변칙적이며, 재류 스틸 1기가 다른 스틸의 두 배 크기인 것도 독특하다. 또한 재류 시의 헤드컷 시간도 45분으로 업계 최장인 것으로 알려져 있다. 미들 컷(Middle Cut)은 알코올 도수 72~61% 구간에서 이루어진다.

라프로익은 10년, 15년, 18년, 쿼터 캐스크, 카디어스(Càirdeas) 등 다채로운 제품 라인업을 자랑한다. 그중 핵심 제품인 10년산은 퍼스트 필(First Fill)[1] 버번 캐스크만을 사용하는 고집을 보여준다. 이는 이안 헌터가 북미 시장을 겨냥해 영업을 진행했던 당시, 버번 위스키를 담았던 빈 캐스크를 스카치 위스키에 활용할 수 있을지 고심했기 때문으로 전해진다. 현재 스카치 위스키에 사용되는 캐스크의 90%

라프로익 중흥의 시조로 불리는 베시 윌리엄슨. 그녀의 자택 정원에서 바라본 라프로익 증류소의 모습이다.

---

1 이전에 버번 위스키나 셰리 와인 등 다른 주류를 한 번만 숙성시켰던 캐스크를 의미한다. 퍼스트 필 캐스크는 해당 주류의 풍미를 위스키에 더욱 강하게 전달하는 경향이 있다.

팟 스틸은 초류, 재류를 합쳐 총 7기 있다. 전면에 보이는 것이 재류 증류기인데, 사람과 비교하면 그 크기를 쉽게 짐작할 수 있다.

이상이 버번 캐스크이지만, 이를 일찍 실행에 옮긴 인물이 바로 이안 헌터다.

라프로익의 연간 판매량은 380만 병을 넘어선다. 이는 아일라 몰트 중 압도적인 1위 기록이다. 생산량의 70%는 싱글 몰트용으로, 30%는 블렌딩용으로 사용된다.

라프로익은 찰스 3세가 애호하는 위스키로, 싱글 몰트 위스키로는 유일하게 로얄 워런트 (Royal Warrant)[2]를 수여받았다. 라프로익은 왕실의 문장을 라벨에 사용할 수 있는 유일한 싱글 몰트이다.

---

2 영국 왕실에 물품이나 서비스를 공급하는 업체에 수여되는 공식 인증. 해당 업체의 제품이 왕실에서 사용되고 있음을 나타낸다.

셀렉트
40% / 700㎖

쿼터 캐스크
48% / 700㎖

린도어스 애비 ● Lindores Abbey

모든 위스키 애호가의 성지,
수도사 존 코와 인연이 깊은 증류소

"수도사 존 코(John Cor)에게 맥아 8볼(boll)[1]을 주어 아쿠아 비테(Aqua Vitae)[2]를 만들게 하다." 1494년에 작성된 이 문서가 인류 최초의 위스키 기록으로 알려져 있다. 그 존 코가 머물렀던 곳이 바로 파이프(Fife) 지방의 린도어스 수도원(Lindores Abbey)이었다고 한다.

"린도어스 수도원은 1191년에 세워졌습니다. 이 문서를 작성하게 한 이는 제임스 4세였는데, 당시 왕은 근처 포클랜드 궁전(Falkland Palace)에 살았습니다. 물론 이 기록은 라틴어로 쓰여 있으며, 8볼은 옛 단위로 현재 양으로 환산하면 약 500㎏ 정도입니다."

린도어스 증류소 설립자인 드루 매켄지 스미스(Drew McKenzie Smith)가 이렇게 설명했다. 수도원의 폐허를 포함한 토지를 드루의 증조부가 매입한 것은 1913년이었고, 이후 스미스 가문은 이곳에서 농사를 지어왔다. 수도원은 16세기 종교 개혁으로 폐쇄되었고, 토지와 재산은 모두 몰수되었다. 수도원의 위스키 제조 기술이 민간에 전파된 것은 그 이후로 알려져 있다. 이후 18세기에 뉴버그(Newburgh) 마을이 옆에 건설될 때, 수도원의 돌들은 건축 자재로 쓰기 위해 옮겨졌다. 증류소 건설에 앞

개방적인 스틸 하우스이다. 앞쪽이 초류, 안쪽의 2기가 재류 스틸이다. 창밖으로 린도어스 수도원 유적지가 보인다.

서 22곳을 발굴 조사한 결과, 18m에 달하는 돌담이 발견되는 등 린도어스 수도원이 생각보다 훨씬 거대했음이 밝혀졌다. 수도원에는 30에이커(약 12만㎡)의 과수원이 있었는데, 현재는 그 자리에 600그루의 사과, 서양 배, 프룬 나무가 심어져 있다.

린도어스 증류소는 2017년에 설립되었다. 증류소 계획은 고(故) 짐 스완 박사(Dr. Jim Swan, 1941-2017)[3]가 맡았고, 매시 턴과 팟 스틸은 모두 포사이스가 제작했다.

현재 한 번 생산할 때 맥아 2t을 사용하며, 보리는 모두 드루의 밭이나 파이프 지방의 것을 쓴다. 논-피티드 맥아만을 사용한다. 매시 턴은 세미 라우터 턴 방식으로, 맥즙은 약 1만ℓ를 추출한다. 이것을 더글러스 퍼 재질의 발효조에서 발효시킨다. 스틸은 초류 1기, 재류 2기로 1대 2의 구성을 하고 있다. 구리와의 접촉

---

1 중세 스코틀랜드의 부피 단위로, 곡물 측정에 사용되었다.
2 라틴어로 '생명의 물'이라는 뜻이다. 위스키의 어원이기도 하다. 여기서는 증류주에 허브 등을 첨가한 리큐르를 가리킨다.

3 스코틀랜드의 화학자, 생물학자, 작가로 위스키 컨설턴트로 유명했다. '위스키의 아인슈타인'이라고도 불렸다. 위스키와 증류 공정을 연구해 새로운 생산 방식을 개척했다. 숙성 기간이 짧아도 좋은 위스키를 만들 수 있음을 입증했다.

면적을 더 확보하기 위한 짐 스완 박사의 아이디어다.

　린도어스는 바(Bar), 카페, 매점, 미니 박물관 등도 잘 갖추고 있으며, 그곳에서 판매하는 것이 오른쪽 사진의 '아쿠아 비테'다. 이는 뉴 메이크 스피릿(New Make Spirit)[4]에 허브와 향신료를 담가 만든 것이다. 허브는 물론 자가 재배한 것이다. 린도어스의 역사와 당시의 위스키 제조 방식을 많은 사람에게 알리고 싶다는 드루의 염원이 담겨 있다.

---

4 증류를 마친 뒤 오크 캐스크에 숙성하지 않은 투명한 고도수 원액.

■ **Tasting Note(아쿠아 비테 40%)**

아로마 : 기침약 시럽, 플럼주, 석류, 체리. 허브 향도 느껴진다. 물을 더하면 타임, 민트, 꿀 향.

플레이버 : 달콤하고 약용주 같은 느낌이다. 감초, 생강나무, 파슬리, 생강.

종합평가 : 위스키는 아니지만 역사적인 의미가 있다. 탄산수에 타서 마시면 재미있을 것 같다.

SCORE : 78.5점

■ **증류소 정보**

소재지 : Abbey Road, Newburgh, Fife KY14 6HH

홈페이지 : http://lindoresabbeydistillery.com/

소유자 : 더 린도어스 디스틸링(The Lindores Distilling)

설립 연도 : 2017년

발효조 : 더글러스 퍼 4기

증류기 : 초류 1기, 재류 2기

용수 : 현지 우물물

연간 생산능력 : 22.5만ℓ

블렌디드 위스키 :

링크우드 ● Linkwood

링크우드의 공식 병입 제품(OB)은 '꽃과 동물 시리즈'의 12년 숙성 제품뿐이며, 라벨에는 두 마리의 백조가 그려져 있다. 백조는 냉각수를 모아두는 연못에 매년 날아와 링크우드의 상징이 되었다고 한다. 킬른(Kiln) 위의 풍향계와 창고 문에도 이 백조 디자인이 사용되었다.

모레이(Moray)의 중심지 엘긴(Elgin)은 스페이 강(River Spey) 하구에서 서쪽으로 약 13km 떨어져 있다. 이 도시는 예로부터 위스키와 양모 산업, 상업으로 번성했다. 엘긴을 중심으로 주변 지역에 10개가 넘는 증류소가 밀집해 있다. 인구 약 2만 명의 엘긴에는 존스톤즈(Johnstons)를 비롯한 니트, 캐시미어 공장이 있다. 또 몰트 애호가들에게 친숙한 고든 & 맥페일(Gordon & MacPhail)[1]의 본거지로도 알려져 있다.

링크우드는 엘긴에서 남동쪽으로 2km 떨어진 곳에 있다. '링크우드'라는 이름은 이 지역에 있던 귀족 저택의 이름에서 유래했다고 한다. 증류소는 1821년에 세워졌다. 지역 명문가인 브라운 가문의 피터 브라운(Peter Brown)이 설립했고, 약 100년간 이 가문이 경영했다.

1970년대에 지어진 링크우드B. 현재는 이것만 남아있지만 확장하여 증류기는 총 6기가 되었다.

1936년 DCL 소유가 되었고, 현재는 디아지오의 계열사이다.

DCL 산하에 있을 때 증류소 매니저로 북부 로스(Ross) 출신의 로더릭 매켄지(Roderick Mackenzie)가 고용되었다. 그는 게일어를 구사하는 토박이였으며, 유명한 고집쟁이였다고 한다. 그는 맛을 바꿀 수 있는 모든 것에 반대했다. 심지어 스틸 하우스 안의 거미줄조차도 치우는 것을 금지했다는 일화가 남아있다.

1971년 대대적인 리모델링 공사로 새로운 증류동이 완성되었다. 오래된 동은 링크우드A, 새로운 동은 링크우드B라고 불렀다. 링크우드A에는 팟 스틸이 2기, 링크우드B에는 4기가 있었다. A는 주철제 웜 텁을, B는 셸 앤 튜브 응축기를 냉각 장치로 사용했다.

링크우드A는 2013년까지 가동했다. 그 후 철거되어 현재는 남아있지 않다. 그 대신 링크우드B에 새로운 팟 스틸 2기가 추가되어 현재는 총 6기가 되었다. 현재 한 번 생산할 때 맥아 12.5t을 사용한다. 매시 턴은 풀 라우터 턴

---

1 스카치 위스키 독립병입업체. 벤로막(Benromach) 증류소를 갖고 있고, 두 번째 자체 증류소인 케언(The Cairn)은 2022년 문을 열었다. 고든 & 맥페일은 2024년부터 다른 증류소에서 위스키 구매를 중단하고 자체 증류에 집중하겠다고 발표했다.

을 사용한다. 발효조는 낙엽송 재질로 총 11기 있다. 발효는 숏 발효(65시간)와 롱 발효(105시간)로 설정되어 있다.

링크우드는 생산량의 99%가 블렌딩용으로 사용된다. 조니워커나 화이트 호스 등에 중요한 몰트 원액으로 사용된다.

■ Tasting Note(OB 12년 43%)

아로마 : 스위트하고 프루티. 민트, 바닐라, 꿀. 풍부하고 기분 좋은 향이다. 복숭아 콩포트(Compote)[2]. 물을 더해도 향이 무너지지 않는다.

플레이버 : 스위트하고 깊이가 있으며 프루티. 잘 익은 파인애플. 밸런스가 좋다.

종합평가 : 스페이사이드의 숨겨진 좋은 술이다. 백조처럼 우아하다. 황홀한 맛이다. 스트레이트나 아주 소량의 물을 더해 마시는 것을 추천한다.

SCORE : 89.5점

■ 증류소 정보

소재지 : Elgin, Moray IV3 8RD

홈페이지 : www.malts.com

소유자 : 디아지오

설립 연도 : 1821년

발효조 : 낙엽송 11기

증류기 : 초류 3기, 재류 3기

용수 : 밀부이스 호수(Millbuies Loch) 근처의 샘

연간 생산능력 : 560만ℓ

블렌디드 위스키 : 조니워커(Johnnie Walker), 화이트 호스(White Horse)

---

2 과일을 설탕 시럽에 졸여 만든 디저트

로크 로몬드 ● Loch Lomond

로크 로몬드 증류소는 1965년에 문을 열었다. 설립자는 리틀밀(Littlemill) 증류소였지만, 2019년부터는 중국 투자 회사인 힐하우스 캐피탈(Hillhouse Capital)[1] 소유가 되었다.

원래 스트레이트 넥(원통형 헤드)의 로몬드형 스틸 2기로 시작했다. 그 후 4기가 추가되었고, 여기에 노멀 넥(백조 목 모양의 스완 넥) 스틸 2기도 도입되어 총 8기의 팟 스틸을 갖췄다. 그리고 2007년에는 코페이 스틸(Coffey Still) 타입의 연속식 증류기도 추가했다. 현재는 연간 1000만ℓ에 가까운 몰트 위스키를 생산할 수 있게 됐다.

사실 연속식 증류기로 제조하는 것은 일반적인 그레인 위스키가 아니라, 맥아 100%의 몰트 위스키이다. 하지만 스코틀랜드의 현행 위스키법에 따라 이것은 몰트 위스키라고 부를 수 없기 때문에 '싱글 그레인 위스키'라고 부르고 있다. 게다가 이와는 별도로 거대한 증류동이 있다. 그곳에서는 그레인 위스키와 뉴트럴 스피리츠(Neutral Spirits)[2]도 제조하고 있다.

로크 로몬드는 한 번 생산할 때 맥아 9.5t을

이것이 특수한 로몬드 스틸이다. 앞쪽의 재류 스틸에는 17단의 시브 트레이(Sieve Tray) 선반이 들어 있다. 증류한 원액의 순도와 특성을 조절할 수 있다.

사용한다. 매시 턴은 최신의 풀 라우터 턴을 사용한다. 발효조는 스테인리스 스틸 재질로 총 21기가 가동된다. 생산 설비도 독특하지만, 제품도 로크 로몬드와 인치머린(Inchmurrin), 인치모언(Inchmoan), 인치패드(Inchfad), 크로프텐기어(Croftengea) 등이 있어 소비자가 이해하기 어려웠다.

그래서 새 소유주 아래에서 브랜드 재정비가 이루어져 싱글 몰트는 로크 로몬드로 통일됐다. 기존의 인치머린과 인치모언은 각각 로크 로몬드 인치머린, 로크 로몬드 인치모언이

---

1 힐하우스 캐피탈(高瓴資本集團)은 2005년 중국 베이징에 설립된 투자 전문 회사다. 인터넷, 소비재, 헬스케어 등 다양한 산업에 투자하며, 아시아 최대 규모의 투자회사 중 하나다.

2 알코올 도수가 95% 이상으로 매우 높고, 맛과 향이 거의 없는 주정(酒精). 다양한 주류의 베이스로 사용된다. 한국의 희석식 소주는 주정을 이용해 만든다.

됐다.

주력 제품인 로크 로몬드는 노멀 넥 스틸로 증류한 원액에 스트레이트 넥 원액을 블렌딩한 것이다. 인치머린은 논-피티드 맥아만 사용했으며, 오직 스트레이트 넥 원액만을 사용한다. 그에 비해 인치모언은 피티드 맥아를 사용했으며, 주된 원액은 스트레이트 넥이지만, 인치머린과는 재류 때 알코올 도수가 다르다. 인치머린이 약 84%로 증류하는 반면, 인치모언은 65%로 증류한다. 둘 다 호수에 떠 있는 섬의 이름이다.

■ Tasting Note(OB 12년 46%)

아로마 : 스위트하고 아로마틱. 희미한 피트, 짠맛. 아마인유. 물을 더하면 프레시하고 크림, 바닐라 향이 나며 복합적이다.

플레이버 : 단단하고 깊이가 있다. 피니시는 다소 드라이하고 오일리.

종합평가 : 복잡한 깊이가 있으며, 하이랜드도 로우랜드도 아닌 유일무이한 개성을 가졌다.

SCORE : 87.0점

■ 증류소 정보

소재지 : Alexandria, West Dunbartonshire G83 0TL

홈페이지 : https://www.lochlomondwhiskies.com/

소유자 : 힐하우스 캐피탈 매니지먼트

설립 연도 : 1965년

발효조 : 스테인리스 21기

증류기 : 초류 4기, 재류 4기, 그 외 코페이 스틸, 연속식 증류기

용수 : 증류소 부지 내 9개의 시추공

연간 생산능력 : 500(1000)만ℓ

블렌디드 위스키 : 로얄 에스코트(Royal Escort)

로크란자 ◉ Lochranza

크래프트 위스키 붐에 앞장선
아란 섬의 증류소

스코틀랜드 글래스고의 서쪽, 클라이드 만에 있는 것이 아란 섬이다. 아란 섬이라고 하면 '아란 스웨터(Aran Sweater)'로 유명한 아일랜드의 아란 제도를 떠올리기 쉽지만, 여기서는 스코틀랜드의 아란(Arran)을 말한다. 섬의 면적은 약 432㎢, 인구는 5000명 정도다. 만 안쪽에 증류소가 있고, 섬 북부에는 해발 874m의 고앗펠(Goat Fell)산이 솟아 있어 섬 북쪽과 남쪽의 기후, 풍토가 다르다. 예로부터 '스코틀랜드의 축소판'이라고 불려왔다.

원액을 오크 캐스크에 넣어 창고로 옮긴다. 전부 수작업으로 진행된다.

이 아란 섬 북단의 로크란자(Lochranza)에 1993년 설립된 것이 아일 오브 아란 증류소(Isle of Arran Distillery)이다. 창업자는 해롤드 커리(Harold Currie)이다. 당시에는 '크래프트 위스키'나 '크래프트 증류소'라는 개념이 없었고, '마이크로 디스틸러리'라고 불렸다. 아란 섬에 150년 만에 탄생한 수공업 방식의 소규모 증류소였기에 화제가 됐다.

증류소는 한 번 생산할 때 맥아를 2.5t 쓰고, 매시 턴은 세미 라우터 턴을 사용한다. 발효조는 오리건 파인제 6기이며, 창업 당시 2기였던 스틸은 현재는 총 4기로 증설되었다. 연간 생산 능력은 120만ℓ로, 창업 당시의 2배 정도다.

2018년에는 아란 섬 남부의 라그(Lagg)에 새로운 증류소를 오픈해 지금은 북쪽과 남쪽의 2개 증류소 체제가 되었다. 이에 따라 기존의 아란 증류소는 개명해 현재는 소재지 이름을 따서 '로크란자'라고 불리고 있다.

기존에 생산하던 헤빌리 피티드(페놀 수치

키가 높은 스트레이트 헤드형의 스틸. 이것은 재류 스틸로, 용량은 4300ℓ라고 적혀 있다.

50ppm)의 몰트 위스키는 전부 라그에서 만들게 됐다. 북쪽과 남쪽의 스타일을 구분해 위스키를 제조하는 체제로 바뀐 것이다.

명칭 변경에 따라 패키지도 리뉴얼되어, 현재는 '로크란자'라는 명칭으로 새로운 병들이 출시되고 있다.

■ **Tasting Note(OB 아란 10년, 46%)**
아로마 : 프루티하고 라운드한 느낌. 싱싱한 과일, 멜론, 서양 배, 바나나, 파인애플. 물을 첨가하면 더 스위트해진다.
플레이버 : 스위트하면서 풍부함이 있고 단단하다. 허브의 요소도 있고, 뒷맛은 스파이시하다. 물을 첨가하면 부드러워진다.
종합평가 : 몰트의 여러 요소를 포함한 올라운더. 밸런스도 뛰어나다.
SCORE : 88.5점

■ **증류소 정보**
소재지 : Lochranza, Isle of Arran, North Ayrshire KA27 8HJ
홈페이지 : https://www.arranwhisky.com
소유자 : 아일 오브 아란 디스틸러스(Isle of Arran Distillers).
설립 연도 : 1993년
발효조 : 오리건 파인 6기
증류기 : 초류 2기, 재류 2기
용수 : 이산 비오라흐(Easan Biorach)[1] 강의 물
연간 생산능력 : 120만ℓ
블렌디드 위스키 : 로버트 번스(Robert Burns)

1 게일어로 '날카로운 폭포'라는 뜻

롱몬 ◉ Longmorn

다케쓰루 마사타카가 일주일간 배운 스페이사이드의 숨은 명주

롱몬 증류소는 엘긴(Elgin)과 로시머스(Lossiemouth)를 잇는 A941번 국도를 따라 엘긴에서 약 5㎞ 떨어진 곳에 있다. 롱몬은 게일어로 '성인의 장소(Place of the holyman)'라는 뜻이다.

롱몬은 지역 사업가 존 더프(John Duff)가 1894년에 세웠다. 1880년대부터 1890년대에 걸쳐 하이랜드에는 위스키 붐이 일어났고, 수많은 증류소가 이 시기에 지어졌다. 롱몬 설립 역시 이러한 호황 덕분이었다. 주변에 피트(peat)가 풍부했고, 엘긴 지역이 대규모 보리 생산지였던 것도 롱몬의 위스키 제조에 도움이 되었다.

그러나 1900년 파산했고, 이후 증류소는 제임스 R. 그랜트(James R. Grant)의 손에 넘어갔다. 위스키 업계에는 그랜트 성을 가진 사람이 많아 혼동하기 쉽다. 그의 두 아들은 나중에 글렌파클라스나 글렌피딕의 그랜트 가문과 구별하기 위해 '롱몬의 그랜트 형제'로 불리게 되었다고 한다.

그랜트 가문은 1970년대까지 롱몬을 경영하다가, 1972년에 글렌그란트, 글렌리벳 증류소와 합병했다. 1978년에는 캐나다의 씨그램 사에 인수되었으며, 현재는 씨그램의 사업을 인수한 페르노리카가 소유하고 있다.

롱몬은 한 번 생산할 때 8.5t의 맥아를 사용하며, 매시 턴은 브릭스(Briggs)의 최신 설비이다. 발효조는 모두 스테인리스 스틸로 총 10기가 있다. 스틸은 초류 4기, 재류 4기 등 총 8기가 있다. 1990년대까지 초류는 직화 가열 방식(Direct Fired)[1]을 고수했다. 현재는 간접 가열 방식이지만, 초류 스틸에만 익스터널 히팅(External Heating)[2]방식을 채택하고 있다. 연간 생산 능력은 450만ℓ이다.

과거에는 공식 싱글 몰트 제품이 거의 출시되지 않았다. 그러나 2019년부터 '시크릿 스페이사이드 컬렉션'[3]의 일부로 3개의 보틀이 출시되고 있다.

롱몬은 일본 닛카위스키의 창업자 다케쓰루 마사타카(竹鶴政孝)가 1919년 실제로 위스키 제조 과정을 배운 증류소 중 하나다. 재패니즈 위스키의 어머니와 같은 증류소라고 말할 수 있을지도 모르겠다.

2012년 대규모 리모델링 공사로 건물이 크게 정비되었다. 일반인 견학을 허용하지 않는 점은 아쉽다.

---

1 증류기 밑에 직접 불을 지펴 가열하는 전통적인 방식.

2 증류기 외부에 열교환기나 파이프를 설치해 증기를 보내 간접적으로 가열하는 방식.

3 페르노리카 그룹 소유의 일부 증류소에서 생산된 싱글 몰트 위스키들을 모아 출시하는 컬렉션.

팟 스틸은 모두 스트레이트 헤드형으로 8기가 있다. 새 롭게 단장되어 마치 새것처럼 보인다.

■ Tasting Note(OB 18년 48%)

아로마 : 쥬시한 프루츠. 서양 배 타르트. 꿀, 당밀, 버터 스카치[4], 울렉스 오이로패우스(Ulex europaeus). 물을 더하면 왁시해진다.

플레이버 : 프루티하고 스위트. 꿀, 설탕에 절인 복숭아. 감칠맛이 응축되어 있어 황홀하다.

종합평가 : 스페이사이드 몰트의 장점 중 하나. 마치 디 저트 같다. 꼭 스트레이트로 마시는 것을 추천한다.

SCORE : 92.0점

■ 증류소 정보

소재지 : Elgin, Moray IV30 8SJ

소유자 : 페르노리카

설립 연도 : 1894년

발효조 : 스테인리스 스틸 10기

증류기 : 초류 4기, 재류 4기

용수 : 밀부이스 샘물(Millbuies Spring)

연간 생산능력 : 450만ℓ

블렌디드 위스키 : 시바스 리갈(Chivas Regal), 100 파 이퍼스(100 Pipers), 패스포트(Passport)

4 버터와 황설탕을 주재료로 만들어진 과자.

맥캘란 ◉ Macallan

기둥 없는 돔 천장 아래 스틸들이 원형으로 늘어서 있다. 전면에는 스테인리스 발효조가 보인다. 신비로운 광경이다.

스페이사이드에 등장한 유일무이한 거대 증류소

영국의 유명 백화점 해러즈(Harrods)는 과거에 발간한 《위스키 독본》에서 맥캘란을 '싱글 몰트의 롤스로이스'로 극찬했다. 블렌더들 사이에서도 높은 평가를 받아왔고, 최고의 탑 드레싱(top dressing)[1]으로 불려왔다. 그러나 1970년대부터 싱글 몰트 판매에 주력하기 시작했고, 현재는 글렌피딕(Glenfiddich), 더 글렌리벳(The Glenlivet)에 이어 세계 판매량 3위를 자랑할 정도로 성장했다.

증류소는 스페이 강(River Spey) 중류, 크레이겔라키(Craigellachie) 마을 맞은편에 있다. 이곳은 몇 안 되는 스페이 강의 나루터가 있어 예로부터 사람들이 왕래하던 곳이다. 특히 남부로 가축을 몰고 가던 소몰이꾼들에게 맥캘란이 많은 사랑을 받아 왔다. 증류소가 공식 설립된 해는 1824년이지만 그 이전부터 밀주를 제조해 왔다. 맥캘란은 게일어로 '성 필란의 들판'을 의미한다고 하지만 자세한 것은 알려져 있지 않다.

1892년 엘긴(Elgin)의 주류상인 로더릭 켐

---

1 블렌디드 위스키는 여러 종류의 몰트 위스키와 그레인 위스키를 혼합해 만든다. 이 중 키 몰트(Key Malt) 또는 탑 드레싱이라고 불리는 위스키가 블렌디드 위스키의 맛과 향을 결정하는 중요한 요소다.

프(Roderick Kemp)가 맥캘란을 인수했고, 그 이후 켐프 가문이 일관되게 위스키 제조에 관여해 왔다. 다만 현재는 에드링턴 그룹(Edrington Group) 소유이다. 맥캘란을 상징하는 것은 18세기에 지어진 '이스터 엘치스(Easter Elchies)'라는 아름다운 영주의 저택이며, 스페이 강 건너편으로는 벤리네스(Ben Rinnes) 산의 산맥이 펼쳐져 있다. 스페이사이드 최고의 아름다운 경관을 배경으로 건설된 것이 2018년 문을 연 새 맥캘란 증류소다.

■ **Tasting Note(OB 더블 캐스크 12년, 40%)**
아로마 : 온화하지만 깊이가 있다. 프루티하고 몰티하며, 우아한 스위트. 미세한 유황 향과 살구, 아몬드.
플레이버 : 스위트하고 프루티. 미디엄 바디감을 지니며 점차 스파이시해진다. 여운이 길게 이어지며, 물을 더해도 밸런스가 흐트러지지 않는다.
종합평가 : 맥캘란 중에서는 오래 숙성된 것은 아니지만, 균형이 잘 잡혀 있어 편안하다.
SCORE : 87.0점

■ **증류소 정보**
소재지 : Easter Elchies, Craigellachie, Moray AB38 9RX
홈페이지 : https://www.themacallan.com/
소유자 : 에드링턴 그룹
설립 연도 : 1824년
발효조 : 스테인리스 12기
증류기 : 초류 12기, 재류 24기
용수 : 증류소 아래 우물물(스페이 강 밑 모래층을 지나온 지하수)
연간 생산능력 : 1500만ℓ
블렌디드 위스키 : 커티 삭(Cutty Sark), 페이머스 그라우스(Famous Grouse)

에드링턴 그룹이 맥캘란의 증류소를 신설하겠다고 발표한 것은 2012년이다. 설계 공모전이 진행됐고, 2014년 런던의 세계적인 건축가 그룹인 로저 스탈크 하버 파트너스(RSHP)의 설계안이 선정됐다. 이후 3년 6개월간 공사해 2018년 5월에 개장했다.

RSHP의 디자인은 한마디로 참신함 그 자체다. 스페이사이드의 경관에서 영감을 얻었다는 이 증류소의 가장 큰 특징은 마치 언덕처럼 솟아오르고 물결치는 지붕이다. 그 위에는 특별히 품종 개량된 천연 잔디가 심어져 있어 마치 다섯 개의 작은 언덕이 나타난 듯하다. 총 공사비는 1억4000만 파운드라는 엄청난 금액이 투입됐고, 지붕 아래에 36기의 새로운 팟 스틸이 늘어서 있다.

맥캘란은 한 번 생산할 때 맥아 17t이라는 거대한 양을 투입한다. 스테인리스제 발효조는 총 12기가 있다. 스틸은 앞서 언급했듯이 36기인데, 맥캘란의 스틸은 스페이사이드에서 크기가 가장 작다. 초류 스틸 1기에 재류 증류기 2기가 연결되는 1대2 시스템이 맥캘란 전통의 방식이다. 초류 스틸 투입량은 1만 3000ℓ, 재류 증류기 투입량 3900ℓ 역시 기존과 동일하다. 스틸 제작을 맡은 포사이스(Forsyths)는 원래의 형태와 크기를 충실히 재현했다고 한다.

옛 맥캘란 증류소는 21기의 스틸로 연간 생산능력이 1100만ℓ였다. 새 증류소는 더 규모가 커져 연간 약 1500만ℓ 규모로 증산되었다.

찰스 3세와 고(故) 다이애나 비의 결혼 기념 보틀. 두 사람의 출생 연도 원액을 블렌딩했다.

스틸들은 12기씩 원형으로 배치되어, 마치 세 개의 작은 우주 혹은 섬이 나타난 듯한 인상을 준다. 천장은 복잡한 목재 구조로 이루어진 돔 형태이며, 어떠한 기둥도 보이지 않는다. 에드링턴 그룹이 '유일무이하다'고 자부하듯이, 전 세계 어디를 찾아봐도 이와 같은 증류소는 존재하지 않을 것이다.

맥캘란은 셰리 캐스크에 대한 철저한 고집으로도 유명한 증류소다. 현재 북부 스페인의 갈리시아 지방에서 직접 스페인산 오크 원목을 선별하고, 그곳에서 1년간 자연 건조한다. 이후 셰리 와인의 산지인 남부 스페인의 헤레스로 운반하여 다시 1년간 자연 건조한다. 총

거대한 언덕이 출현한 듯한 맥캘란의 새 증류소. 지붕 위에는 천연 잔디가 심어져 있다.

2년간의 자연 건조를 거친 후, 캐스크 제조사(쿠퍼리지)에 의뢰해 맥캘란 고유 사양의 캐스크를 만든다.

숙성에 사용되는 것은 주로 올로로소 셰리 캐스크(Oloroso Sherry Cask)[2]다. 2~3년간의 시즈닝(Seasoning)[3]이 끝나면 셰리 와인을 비우고, 빈 캐스크 상태로 스페이사이드로 가져와 맥캘란의 뉴 스피릿(New Spirit)[4]을 채운다. 셰리 캐스크에 투입되는 비용은 연간 수백억 원에 달한다고 한다. 이 정도로 셰리 캐스크에 철저히 집착하는 증류소는 맥캘란 외에는 존재하지 않는다.

OB 12년
40% / 700㎖

OB 18년
43% / 700㎖

---

2 스페인 셰리 와인 중 올로로소 셰리를 숙성시켰던 캐스크. 올로로소 셰리는 드라이하고 견과류 향이 강하다. 위스키에 풍부하고 복합적인 풍미를 더해준다.
3 캐스크에 위스키를 담아 숙성시키기 전에 셰리 와인 등 다른 술을 채워 넣어 캐스크 내부에 풍미를 입히는 과정.
4 증류를 마친 직후의 위스키 원액. 캐스크에 넣어 숙성되기 전이어서 투명하다.

맥더프 ◉ Macduff

데베론 강을 브랜드명으로 삼은 윌리엄 로슨의 키 몰트

동부 하이랜드의 모레이 만(Moray Firth), 북해에 접한 해안가에 반프(Banff)라는 오래된 마을이 있다. 이 마을 외곽에 데베론 강(River Deveron)이 흐르고, 그 강 오른쪽 기슭에 맥더프 증류소가 세워져 있다. 설립된 해는 1960년으로 비교적 새로운 편이다.

설립 12년 후인 1972년에 이탈리아의 마르티니 앤 로시(Martini & Rossi)가 인수하면서 이탈리아 자본 최초의 증류소가 되었다. 이 시기에 글렌그란트(Glen Grant)가 이탈리아에서 성공(점유율 70%)하면서 싱글 몰트 수요가 급증했기 때문이다.

사실 로시는 그 이전에 블렌디드 스카치 위스키인 윌리엄 로슨(William Lawson's)을 이미 인수했고, 맥더프 인수는 원액을 확보하려는 목적도 있었다고 한다. 당초 의도와 달리 싱글 몰트인 맥더프보다 윌리엄 로슨이 더 많이 팔렸기 때문에, 그 후 맥더프 원액은 거의 윌리엄 로슨의 원액으로 사용되었다.

1993년 바카디가 로시를 인수한 후에도 그 상황은 변하지 않았고, 계속해서 윌리엄 로슨의 원액을 제조하고 있다. 현재 윌리엄 로슨은 블렌디드 스카치 위스키 중 판매량 5위 안에 들 정도로 인기가 높다.

맥더프는 현재 한 번 생산할 때 맥아 6.75t을 투입한다. 사용하는 맥아는 논-피티드 뿐

2기의 초류 스틸 라인 암(lyne arm)이 신기한 모양으로 구부러져 있다.

이다. 매시 턴은 스테인리스 스틸 재질의 세미 라우터 턴이며, 발효조는 스테인리스 스틸 재질이 9기 있다.

여기까지는 매우 정통적인 방식이지만, 독특한 것은 스틸이다. 초기에는 2기뿐이었으나, 소유주가 바뀔 때마다 증설해 현재는 변칙적으로 초류 스틸 2기, 재류 스틸 3기 등 총 5기가 되었다. 하지만 공간이 부족했는지, 라인 암(lyne arm)이 부자연스럽게 구부러져 있으며, 게다가 재류 스틸 3기는 증류기 상단에 수평식 셸 앤 튜브 응축기가 배치된 흔치 않은 구조이다. 윌리엄 로슨을 위해 가볍고 깔

끔한 원액이 필요했기 때문이라고 한다.

　맥더프의 연간 생산능력은 340만ℓ이지만, 싱글 몰트로 유통되는 양은 아주 적다. 독립병입자 제품은 증류소 이름을 그대로 사용하고 있지만, 공식 병입 제품(오피셜 보틀)은 '더 데베론(The Deveron)'을 브랜드명으로 사용하고 있다. 증류소 옆을 흐르는 데베론 강의 이름을 그대로 쓰고 있는 것이다.

■ Tasting Note(더 데베론 12년 40%)

아로마 : 프루티하고 맥아 향이 난다. 희미한 짠내도 있다. 가볍지만 밸런스가 잡혀 있다. 허브, 멘솔, 커스터드 크림.

플레이버 : 스위트하고 라이트. 마일드하며 마시기 쉽다. 개성을 강하게 주장하지는 않지만, 물리지 않고 마실 수 있다. 물을 더하면 바디감을 약간 잃는다.

종합평가 : 하이랜드의 숨겨진 아름다운 술이다. 식전주로도 즐길 수 있다. 스트레이트로 마시는 것을 추천한다.

SCORE : 85.0점

■ 증류소 정보

소재지 : Macduff, Banff, Aberdeenshire AB45 3JT

소유자 : 바카디

설립 연도 : 1960년

발효조 : 스테인리스 9기

증류기 : 초류 2기, 재류 3기

용수 : 데베론 강의 지류인 겔리 강(Gelly Burn)

연간 생산능력 : 340만ℓ

블렌디드 위스키 : 윌리엄 로슨

마녹모어 ◉ Mannochmore

산사나무 언덕에 서식하는
희귀한 딱따구리가 상징

DCL(현 디아지오)은 1971년 글렌로시(Glen-lossie) 증류소 부지 내에 두 번째 증류소인 '마녹모어 증류소'를 세웠다. 이후 두 증류소는 DCL 산하의 존 헤이그(John Haig)가 운영을 맡았다. 글렌로시와 마찬가지로 헤이그(Haig)나 딤플(Dimple) 등 이 회사의 블렌디드 스카치 위스키의 핵심이 되는 몰트 원액이다.

증류소가 있는 쏜스힐(Thornshill) 일대는 많은 숲과 언덕이 산재해 있어 야생 조류의 보고로 불린다. 쏜스힐이라는 지명도 '산사나무(Hawthorn)[1]의 언덕'이라는 뜻으로, 울창한 숲을 연상시킨다.

그래서인지 1992년에 출시된 '꽃과 동물 시리즈' 병입 제품에는 글렌로시와 마녹모어 라벨에 야생 조류의 모습이 그려져 있었다. 특히 마녹모어 라벨에는 희귀한 오색딱따구리(Great spotted woodpecker)가 그려져 있어 애조가(愛鳥家)들에게 특별한 한 병이 되었다.

마녹모어는 게일어로 '큰 언덕'이라는 뜻이다. 증류소는 남쪽에 있는 마녹 힐(Mannoch Hill)에서 이름을 따온 것이다. 용수를 취수하는 바든 강(Bardon Burn)은 이 마녹 힐이 수원지(水源地)라고 한다.

위스키 수요가 줄어 1985년 일시 폐쇄되었다가 1989년에 재가동을 시작했다. 당시에는 글렌로시와 마녹모어가 6개월씩 교대로 생산되었지만, 2007년부터는 모두 풀 생산에 들어갔다.

현재 한 번 생산할 때 맥아 11.1t을 투입한다. 매시 턴은 브릭스(Briggs)의 최신 풀 라우터 턴 제품이다. 맑은 맥즙을 얻는 것이 마녹모어의 특징이다. 발효조는 목재 8기와 스테인리스 스틸제 8기로 총 16기가 있다. 스테인리스 스틸제는 실외에 설치되어 있다. 팟 스틸은 초류와 재류를 합쳐 총 8기이다. 글렌로시는 재류

글렌로시와 부지를 접하고 있는 마녹모어 증류소. 거대한 플랜트 설비의 일부분을 차지하고 있다.

---

1 장미과에 속하는 낙엽성 소교목. 북유럽의 스칸디나비아 반도부터 북아시아에 걸쳐 자란다. 5월에 하얀색의 꽃이 피며, 꽃말은 '유일한 사랑'이다.

스틸에 정류기(Rectifier)가 장착되어 있지만, 마녹모어에는 장착되어 있지 않다.

참고로 1997년에 '블랙 위스키'로 출시됐던 '로흐 두(Loch Dhu)'는 마녹모어의 별명이었다. 내부를 극단적으로 태운 버번 오크 캐스크에서 숙성시킨 제품이었다고 한다. 지금은 보기 힘든 희귀한 몰트이며, 일부 몰트 팬들 사이에서는 컬트적인 인기를 누리고 있다.

■ **Tasting Note(OB 12년 43%)**

아로마 : 소프트하고 프루티. 포도, 서양 배, 멜론. 바닐라, 메이플, 꿀.

플레이버 : 쥬시하고 스위트하며 프루티. 단맛, 매운맛, 신맛의 밸런스가 뛰어나며, 감칠맛이 응축되어 있다. 깊이가 있어 맛있다.

종합평가 : 매우 밸런스가 잡힌 스페이사이드 몰트. 스페이사이드의 귀부인이라 할 만하다. 소량의 물을 더해서 마시는 것도 괜찮지만, 스트레이트를 추천한다.

SCORE : 89.5점

■ **증류소 정보**

소재지 : Thornshil, by Elgin, Moray IV30 8SS

홈페이지 : https://www.malts.com/

소유자 : 디아지오

설립 연도 : 1971년

발효조 : 낙엽송 8기, 스테인리스 8기

증류기 : 초류 4기, 재류 4기

용수 : 바든 강

연간 생산능력 : 600만ℓ

블렌디드 위스키 : 헤이그(Haig), 딤플(Dimple)

밀튼더프 ● Miltonduff

수도승들이 에일 맥주를 만드는 데
사용한 블랙번의 좋은 물로 만드는
위스키

밀튼더프 증류소는 모레이(Moray)의 중심지 엘긴(Elgin)에서 서쪽으로 5km 떨어진 곳에 있다. 주변은 '스코틀랜드에서 가장 양질의 보리를 생산한다'고 일컬어지는 곡창 지대이다. 또 블랙번(Black Burn, '검은 시내'라는 뜻)이라는 수질이 좋은 물줄기가 있어 예로부터 밀주 제조가 활발했다.

증류소 바로 근처에는 1236년에 세워진 플러스카든 수도원(Pluscarden Abbey)이 있다. 베네딕토회 수도승들이 이 물로 옛부터 에일 (Ale) 맥주[1]를 만들어 왔다고 한다. 밀튼더프가 설립된 것은 1824년으로, 당시에는 '밀튼'이라 불렸다. 방앗간이라는 의미로, 과거에는 플러스카든 수도원의 방앗간이었다는 설이 있다. 밀튼이 공인 증류소가 된 후 어미에 더프를 붙여 밀튼더프가 됐다. 더프는 이 일대를 지배했던 더프족에서 유래한 것이다.

근처에 글렌버기(Glenburgie) 증류소가 있으며, 두 증류소는 자매 증류소로 운영되어 왔다. 둘 다 1936년에 캐나다의 주류 업체 하이람 워커(Hiram Walker)의 소유가 되었다. 그 이후 일관되게 발렌타인(Ballantine's)의 원액을 제조하고 있다. 발렌타인의 맛을 결정하는 세

묵직한 스트레이트 헤드형 팟 스틸. 냉각은 옥외에 셸 앤 튜브 응축기를 사용한다.

가지 중요한 키 몰트 중 하나이다. 한때 로몬드 스틸(Lomond Still)을 도입하여 '모스토위(Mosstowie)'라는 몰트 원액을 만든 것으로 알려져 있다.

현재 한 번 생산할 때 맥아 8t을 투입하며, 발효조는 스테인리스 스틸 재질로 16기 있다. 스틸은 글렌버기와 같은 스트레이트 헤드형이며 초류 3기, 재류 3기 등 총 6기이다.

초류 스틸은 글렌버기와 마찬가지로 외부 가열 방식을 채택하고 있다. 두 증류소 모두 발렌타인의 맛을 결정하는 키 몰트이지만, 글렌버기가 스위트하고 깔끔하며 화려한 과일 향이 특징인 반면, 밀튼더프는 다소 바디감이 무겁고 깊이 있는 농후한 풍미가 특징이다.

거의 모든 생산량이 발렌타인의 원액으로 출하되어 싱글 몰트로 유통되는 일은 거의 없었다. 하지만 2017년부터 발렌타인의 원액 시리즈 3종 중 하나로 15년 숙성 제품이 출시되기 시작했다. 연간 생산능력은 580만ℓ로, 세 증류소 중 가장 규모가 크다.

---

1 상면 발효 효모를 사용해 비교적 높은 온도에서 발효시키는 맥주. 색이 진하고 꽃 향기 같은 풍부한 향이 난다.

당당한 모습을 자랑하는 밀튼더프. 현재 이곳은 페르노 리카의 스페이사이드 본부로 사용되고 있다.

■ Tasting Note(OB 발렌타인 몰트 15년 40%)

아로마 : 프루티하고 스위트. 체리, 딸기, 크림, 바닐라, 시나몬. 물을 더하면 더 스위트하고 향이 진해진다.

플레이버 : 라이트하고 스무스하다. 우아한 디저트 같다. 와산본(和三盆)[2] 맛이 난다. 물을 더해도 밸런스가 무너지지 않는다.

종합평가 : 글렌버기와 비교하면 바디감은 다소 약하지만, 그만큼 소프트하고 물리지 않는다. 스트레이트를 추천한다.

SCORE : 87.0점

■ 증류소 정보

소재지 : Miltonduff, Elgin, Moray IV30 8TQ
소유자 : 페르노리카
설립 연도 : 1824년
발효조 : 스테인리스 16기
증류기 : 초류 3기, 재류 3기
용수 : 블랙번
연간 생산능력 : 580만ℓ
블렌디드 위스키 : 발렌타인

---

2 일본 가가와(香川) 현이나 도쿠시마(德島) 현에서 전통적으로 제조되는 설탕. 죽당(竹糖)을 원료로 만들며, 만들 때 결정과 당밀을 분리하지 않고 함께 결정화한 함밀당(含蜜糖)이다.

몰트락 ● Mortlach

장인도 이해하는 데 반년 걸리는 더프타운의 야수 몰트

몰트락 증류소는 1823년 더프타운(Dufftown)에 세워졌다. 지금이야 이곳에 글렌피딕(Glen-fiddich), 발베니(Balvenie) 등 6개의 증류소가 집중돼 있어 '세계 위스키의 수도'라고 불리지만, 19세기까지는 거의 알려지지 않은 곳이었다. 나폴레옹 전쟁 귀환병이나 인근 농가의 취업 지원을 위해 계획적으로 만들어진 마을이었기 때문이다.

스틸은 모두 벌지형이지만, 미묘하게 크기와 형태가 다르다. 가장 안쪽에 있는 것이 마녀라 불리는 위 위치(Wee Witch)이다.

몰트락은 게일어로 '사발 모양의 움푹 들어간 땅'이라는 뜻이다. 원래 많은 밀주업자가 이 지역에서 밀주를 만들었으며, 그들이 이용하던 물은 교회 부지 내에 있는 하이랜드 존의 샘물(Highland John's Well)이었다.

몰트락은 설립 이후 여러 번 주인이 바뀌었다. 최종적으로 1853년 조지 코위(George Cowie)가 인수하여 오늘날 몰트락의 기반이 다져졌다. 코위는 빅토리아 시대를 대표하는 기술자이자 과학자였으며, 수많은 개혁을 몰트락에 가져왔다. 그중 가장 두드러진 것이 '장인도 이해하는 데 반년이 걸린다'고 불릴 만큼 복잡한 증류 시스템이다.

증류소에는 초류 3기, 재류 3기 등 총 6기의 스틸이 있다. 이곳에서는 이 6기를 사용하여 유형이 다른 세 가지 원액을 구분하여 제조한다. 첫 번째는 일반적인 2회 증류이다. 두 번째는 초류 증류액 중 알코올 도수가 높은 부분(스트롱 로우 와인)을 재류한 것이다. 그리고 세 번째는 알코올 도수가 낮은 위크 로우 와인을 3회 증류한 것이다. 이때 가장 작은 재류 스틸을 사용하는데, 이것은 '위 위치(Wee Witch, 꼬마 마녀라는 뜻)'라고 불린다. 이 때문에 몰트락은 2회 증류도 3회 증류도 아닌 '2.81회 증류'를 표방하고 있다.

복잡한 시스템에서 탄생한 몰트락의 원액은 풍미가 두껍고 미티(Meaty)한 향을 가진다고 알려져 있다. 몰트락을 소유한 디아지오의 블렌더들로부터 '더프타운의 야수', '디아지오의 이단아'라고 불릴 정도이다.

몰트락은 현재 한 번 생산할 때 맥아 12t을 사용한다. 연간 생산능력은 약 380만ℓ 정도 이며, 과거에는 거의 병입 제품이 출시되지 않 았다. 하지만 2014년부터 공식 병입 제품이 잇달아 출시되었으며, 현재는 12년, 16년, 20 년의 3가지 제품이 주력 상품이 되었다.

■ Tasting Note(OB 12년 43.4%)
아로마 : 프루티하고 복합적이다. 잘 익은 자두, 초콜 릿, 리코리스(서양 감초), 캐슈넛. 물을 더하면 아미노 산, 감칠맛이 느껴진다.
플레이버 : 스위트하고 깊이가 있다. 꿀, 잘 익은 프루 츠. 물을 더하면 마시기 쉬워진다.
종합평가 : 더프타운의 야수로서는 아직 젊고 온순한 편이다. 물을 소량 더하거나 스트레이트로 천천히 음 미해보고 싶다.
SCORE : 86.5점

■ 증류소 정보
소재지 : Dufftown, Moray AB55 4AQ
홈페이지 : http://www.malts.com/
소유자 : 디아지오
설립 연도 : 1823년
발효조 : 낙엽송 6기
증류기 : 초류 3기, 재류 3기
용수 : 콘발 힐의 샘(Conval Hills Spring)
연간 생산능력 : 380만ℓ
블렌디드 위스키 : 조니워커

눅니언 ● Nc'nean

본토의 최서단에 탄생한 '마녀의 여왕' 증류소

멀 섬(Isle of Mull)의 토버모리(Tobermory) 항구 맞은편에 보이는 곳이 스코틀랜드 본토 서쪽 끝의 모번(Morvern) 반도이다. 그 끝자락 가까이에 2017년 문을 연 눅니언 증류소가 있다. 눅니언은 '마녀의 여왕'이라는 뜻이며, 월터 스콧(Walter Scott)[1]의 소설에도 등장하는 유명한 마녀라고 한다.

눅니언은 드림닌 영지(Drimnin Estate)의 한 귀퉁이에 있다. 오래된 농장 건물을 개조해 증류소로 만들었다. 이 드림닌 영지는 유서 깊은 곳으로, 과거에는 맥클라우드 클랜(MacLeod Clan)의 영지였지만, 2001년 토머스 가문이 사들여 휴가용 별장 등으로 경영해 왔다.

그 영지의 한쪽에 증류소 건립을 생각한 사람이 딸인 애나벨 토머스(Annabel Thomas)이다. 그녀는 2012년 런던에서 돌아와 계획을 시작했다고 한다. 당시 '여성이 크래프트 증류소를 계획 중'이라는 소식이 화제가 됐다.

위스키 제조 컨설팅은 고(故) 짐 스완 박사(Dr. Jim Swan)[2]가 맡았다. 눅니언 증류소에도 스완 박사의 아이디어가 곳곳에 반영되어 있다. 가장 큰 특징은 모든 것을 재생 가능 에너지로 충당하는 것과 원료로 유기농 재료를 사

스틸은 포사이스(Forsyth) 제품으로 2기뿐이다. 이것은 초류 스틸이다.

용하는 것이다.

눅니언은 한 번 생산할 때 맥아 1t을 사용한다. 논-피티드 맥아만 사용한다. 보리는 모두 스코틀랜드산 유기농 보리라고 한다. 영지에서 채취한 우드 칩을 연료로 사용하며, 이를 위해 독일제를 일부러 들여왔다.

매시 턴은 세미 라우터 턴이며, 발효조는 스테인리스 스틸제 4기가 있다. 스틸은 초류와 재류 각각 1기씩 총 2기가 있다. 각각 5000ℓ와 3500ℓ를 담을 수 있다. 숙성고는 던니지(Dunnage) 방식이지만, 증류 시 발생하는 따뜻한 물을 사용해 창고 내부의 온도를 관리할 수 있도록 했다. 이는 스완 박사가 컨설팅했던 파이프(Fife) 지역의 린도어스 애비(Lindores Abbey) 증류소와 유사한 시스템일 것이다. 얻어지는 스피릿의 알코올 도수는 71~72%이며, 눅니언에서는 63.3%로 오크 캐스크에 담는다.

2017년 3월 첫 증류를 했고, 첫 싱글 몰트는 2020년 가을에 출시됐다.

---

1 스코틀랜드 에든버러 태생의 작가. 역사 소설의 창시자.

2 위스키와 증류 공정을 연구해 새로운 생산 방식을 개척했다. 숙성 기간이 짧아도 좋은 위스키를 만들 수 있음을 입증했다.

본토 최서단에 있어 차로 가기 어렵다. 일단 멀 섬(Isle of Mull)으로 건너간 후, 거기서 다시 배를 타는 루트가 일반적이다.

■ Tasting Note(OB 오가닉 46%)

아로마 : 허브 향이 난다. 주니퍼, 고수, 야생초. 약간 설퍼리(Sulphury)[3]하고, 소 축사나 목초에서 나는 향이 있다. 물을 더하면 오크, 스위트해진다.

플레이버 : 소프트하고 스위트하다. 약초 리큐르 같은 맛이 난다. 매우 개성적이며, 마치 허브 정원에 있는 듯한 느낌이다. 물을 더하면 바디감을 잃는다.

종합평가 : 진(Gin)인가 싶을 정도로 특이한 아로마와 플레이버이며, 병 디자인도 진과 비슷하다. 스트레이트를 추천한다.

SCORE : 82.0점

■ 증류소 정보

소재지 : Drimnin, Morvern, Highland PA80 5XZ

소유자 : 눅니언 디스틸러리

홈페이지 : https://ncnean.com/

설립 연도 : 2017년

발효조 : 스테인리스 4기

증류기 : 초류 1기, 재류 1기

용수 : 영지 내의 호수

연간 생산능력 : 10만ℓ

블렌디드 위스키 :

---

3 황(Sulfur) 성분에서 느껴지는 유황 냄새, 때로는 성냥이나 고무 타는 듯한 향을 뜻한다.

오반 ◉ Oban

마을 중심부에 있는 오반 증류소. 멘델스존도 이 모습을 보았을 것이다.

마을과 함께 발전한 증류소,
생산한 위스키는 전부 싱글 몰트용

1988년 UD(현 디아지오)가 클래식 몰트 시리즈를 출시했을 때, 서부 하이랜드의 대표로 선정된 것이 '오반'이었다. 오반은 게일어로 '작은 만'이라는 의미이다. 창업 연도는 1794년으로, 당시 작은 어촌에 불과했던 마을은 증류소와 함께 발전해, 지금은 헤브리디스 제도에서 가장 사람이 붐비는 관광의 중심지가 되었다. 증류소는 마을의 중심부에 있고, 게다가 뒤편에 절벽이 있어 확장하려 해도 전혀 공간이 없다. 그래서 클래식 몰트 6종 중 하나로 선정되었음에도 불구하고, 생산 능력은 87만 ℓ로, 디아지오 산하 28개 증류소 중 로얄 로크나가(Royal Lochnagar) 다음으로 규모가 작다.

오반의 또 다른 특징은 디아지오 증류소 중에서 유일하게 모든 원액을 싱글 몰트로 출하하고 있다는 점이다. 과거에는 듀어스(Dewar's)나 뷰캐넌스(Buchanan's) 등의 원액으로도 사용되었으나, 인기가 급증해 모든 생산량을 싱글 몰트로 돌릴 수밖에 없었다. 현재 출하량은 연간 150만 병이다. 이는 디아지오 산하 싱글 몰트 중에서 5위이며, 특히 영국 국내 시장과 미국 시장에서 인기가 많다고 한다.

오반은 한 번 생산할 때 맥아 7t을 사용한다. 매시턴은 스테인리스 재질이지만, 옛날 방식인 갈퀴와 쟁기(Rake & Plough) 방식이다. 발효조는 낙엽송 재질 4기뿐이다. 발효 시간은 평균 약 110시간으로 길다. 팟 스틸은 랜턴 헤드형으로, 초류와 재류 각각 1기씩밖에 없다.

발효조와 스틸의 수가 적은 것은 더 이상 공간이 없기 때문이다. 냉각 장치는 옥외 웜 텁 방식이지만, 이것도 공간이 없어서인지 웜

(Worm, 뱀처럼 꼬인 관)이 이중으로 되어 있다.

긴 발효 시간과 이중 웜 텁(worm tub)으로 구리와의 접촉 시간을 길게 해, 프루티하고 클린한 스타일을 만들어낼 수 있다고 한다.

오반은 작곡가 멘델스존이 스타파(Staffa) 섬으로 가는 도중에 들른 마을로도 알려져 있다. 그것이 '핑갈의 동굴(Fingal's Cave)'과 '교향곡 3번 스코틀랜드'를 탄생시키는 계기가 되었다. 마을에는 멘델스존이 묵었던 펍 겸 여관도 남아 있다. 관광객들이 찾는 명소 중 하나다.

■ Tasting Note(OB 14년, 43%)

아로마 : 스위트하고 드라이. 바닷물의 악센트. 오크. 크림. 물을 더하면 마지팬(Marzipan)[1], 너트. 프루티하게 바뀐다.

플레이버 : 스튀트하고 프루티. 밸런스도 좋고 편안하다. 피니시와 점차 드라이해진다.

종합평가 : 밸런스가 뛰어나며, 살짝 바다 향이 난다. 헤브리디스 제도의 바다 여행으로 이끄는 듯한 느낌. 약간 물을 더하는 것이 좋다.

SCORE : 86.5점

■ 증류소 정보

소재지 : Oban, Argyll & Bute PA34 5NH
홈페이지 : https://www.malts.com/
소유자 : 디아지오
설립 연도 : 1794년
발효조 : 낙엽송 4기
증류기 : 초류 1기, 재류 1기
용수 : 글렌 어 베라 호수(Loch Glenn a'Bhearraidh)
연간 생산능력 : 87만ℓ
블렌디드 위스키 :

---

1 으깬 아몬드나 아몬드 반죽, 설탕, 달걀 흰자로 만든 말랑말랑한 과자.

포트 엘런 ● Port Ellen

컬트적인 인기를 자랑하는
아일라의 환상적인 위스키

디아지오는 2017년 브로라(Brora)와 포트 엘런 두 증류소를 재개장한다고 발표했다. 전 세계의 브로라 팬과 포트 엘런 팬들은 기대했지만, 건축 허가를 받는 데 시간이 오래 걸렸다. 브로라는 2019년 여름, 포트 엘런은 2019년 12월에야 겨우 허가를 받아냈다. 따라서 브로라가 먼저 재건을 시작했다.

두 증류소에는 차이점이 있다. 브로라는 오래된 건물과 일부 설비가 여전히 사용할 수 있는 상태였다. 하지만 포트 엘런은 모든 설비가 철거되었고, 기존 건물도 남아있지 않았다. 모든 것을 처음부터 다시 지어야 했다.

새로운 포트 엘런의 설비는 팟 스틸 2기 체제이지만, 별도로 소형 스틸 2기를 추가로 도입해 실험적인 증류도 진행할 계획이다. 물론 비지터 센터도 계획되어 있다. 인접한 포트 엘런 제맥소(製麥所)[1]와 함께 이곳을 디아지오의 아일라 섬 거점으로 만들려는 의도로 보인다.

옛 포트 엘런 증류소는 1825년에 설립되었다. 설립자는 알렉산더 커 맥케이(Alexander Kerr Mackay)이지만, 몇 달 뒤 파산했다. 그의 처남인 존 램지(John Ramsay)가 이어받았다. 램지는 글래스고 출신으로, 자유당 국회의원과 글래스고 상공회의소 회장까지 지낸 인물이다. 1892년 사망할 때까지 60년 가까이 포

---

[1] 보리를 발아시켜 맥아를 만드는 공장.

포트 엘런 증류소 부지 내 과거에 있던 킬른 건물은 철거됐다.

트 엘런을 이끌었다.

이후 1925년 DCL(현 디아지오)가 인수했고, 1930년에 폐쇄되어 1967년 재개장하기까지 거의 40년간 생산이 중단되었다. 이때 스틸은 2기에서 4기로 증설되었지만, 포트 엘런이 가동된 기간은 16년뿐이다. 1983년에 폐쇄되었고, 그 이후 한 방울의 위스키도 생산되지 않았다. 1973년 포트 엘런 옆에 거대한 드럼 방식의 제맥소가 완공되었고, 그 확장 공사로 옛 증류소는 거의 철거되었기 때문이다.

포트 엘런도 브로라와 마찬가지로 2000년 이후 디아지오의 '스페셜 릴리스'로 매년 병입되었다. 그러나 브로라 이상으로 컬트적인 인기를 자랑하는 브랜드였기에 재고가 얼마 남지 않게 되자, 2017년 37년 숙성 제품을 마지막으로 시리즈 병입이 중단되었다. 2020년에는 1979년 증류된 40년 숙성 제품 두 종류가 출시되었는데, 가격이 이미 한 병에 1만 파운

드를 넘겼다.

그런 의미에서도 포트 엘런의 부활은 전 세계 몰트 팬, 아일라 팬들이 오랫동안 간절히 기다려온 일일 것이다.[2]

2 2024년 3월 19일 재개장했다.

■ **Tasting Note(OB 37년 55.2%)**

아로마 : 깊이 있는 아로마. 피티하고 스모키. 복합적. 건조한 웨어하우스. 선반 기둥에 감싼 린넨 냄새.

플레이버 : 스위트하고 스파이시. 스모키. 파워풀하고 복합적. 희미한 랑시오(Rancio)[3]와 올리브유 맛이 나며, 여운도 길다.

종합평가 : 희소해진 포트 엘런은 이제 환상 속의 위스키가 되었지만, 한번쯤은 꼭 마셔보고 싶다.

SCORE : 93.0점

■ **증류소 정보**

소재지 : Port Ellen, Isle of Islay, Argyll & Bute PA42 7AJ

홈페이지 : https://www.malts.com/

소유자 : 디아지오

설립 연도 : 1825년(2024년 재건)

발효조 :

증류기 : 초류 1기, 재류 1기

용수 : 레오린 호수(Leorin Lochs)

연간 생산능력 :

블렌디드 위스키 :

3 세리 캐스크에 장기간 숙성된 위스키에서 나는 독특한 풍미. 견과류, 말린 과일, 가죽, 흙 등의 복합적인 향을 낸다.

풀트니 | ◉ Pulteney

청어잡이로 번성했던 위크에 있는
기묘한 스틸이 자랑인 증류소

울프번(Wolfburn) 증류소가 생기기 전까지
본토 최북단 증류소였던 곳은 위크(Wick)에
있는 풀트니 증류소이다. 1826년에 창업했고,
항구가 내려다보이는 높은 지대에 세워졌다.
위크는 19세기부터 20세기 초까지 청어 어획
으로 번성했던 마을이며, 20세기 초에는 유럽
최대의 청어 항구로 불렸다.

당시 "위크는 금과 은으로 이루어져 있다"고
알려졌는데, 금은 풀트니의 위스키를, 은은 청
어를 뜻한다. 항구에는 1000척이 넘는 청어

마치 우주선이나 잠수함 같은 기묘한 스틸이다. 천장이
낮아 머리 부분을 잘라냈기 때문이라고 한다.

잡이 배가 모여들어 만을 가득 메웠고, 그 돛
대들이 마치 숲처럼 보였다고 한다.

청어잡이에 종사하는 인원은 1만 명이 넘었
고, 당연히 범죄와 알코올 중독자가 급증했다.
이에 위크 마을은 1922년 자체적인 금주법을
시행했다. 이 법은 25년간 지속되다 1947년
에 해제되었지만, 풀트니는 결국 문을 닫아야
했다. 그리고 1950년대에는 경영난으로 발렌
타인(Ballantine's)에 매각되었다. 그 후 1995년
인버하우스(Inver House)가 인수했으며, 현재
는 이 회사 산하에 있다.

과거 풀트니는 '북쪽의 만사니야(셰리의 일
종)'라고 불렸지만, 인버하우스 소유가 된 후
에는 '마리타임 몰트(바다의 몰트)'로 마케팅을
펼쳤다. 기름지고 약간 짭짤한 풍미가 있어 그
렇게 불렸는데, 이것이 아일라 몰트를 연상시
키기도 하여 대성공을 거두었다. 현재는 연간
80만 병 이상의 판매량을 기록하고 있다.

풀트니는 한 번 생산할 때 맥아 5t을 사용한
다. 매시 턴은 스테인리스 재질의 세미 라우터
턴이다. 발효조는 스테인리스 재질로 총 7기
가 있다. 발효 시간은 짧은 것과 긴 것이 있으
며, 긴 발효는 110시간으로 상당히 길게 설정
되어 있다. 팟 스틸은 2개뿐이지만, 기묘하고
괴상한 모양을 하고 있어 풀트니의 가장 큰 특
징 중 하나이다.

특히 초류 스틸은 목 부분이 유난히 짧으며
평평한 T자형이다. 주문했던 스틸의 높이가
건물의 천장에 맞지 않아 급히 중간을 잘라냈

기 때문이라고 한다. 게다가 냉각 방식은 야외 웜 텁(worm tub) 방식을 채택하고 있는데, 구불구불한 구리관의 길이가 150m로 유난히 길고, 심지어 구리가 아닌 스테인리스로 만들어져 있다고 한다. 그야말로 독특함으로 가득 찬 증류소이다.

■ Tasting Note(OB 12년 40%)

아로마 : 프레시한 바다내음, 어항(漁港)의 아침. 간장, 마지팬, 견과류. 물을 더하면 스위트해지며 바닐라, 메이플 시럽.

플레이버 : 스위트하고 스무스하면서도 오일리. 허브, 서양 감초(리코리스). 개성적. 물을 더하면 향과 맛의 밸런스가 잡힌다.

종합평가 : 이것이야말로 마리타임 몰트. 바닷가 선술집에서 하이볼로 마시고 싶다.

SCORE : 85.0점

■ 증류소 정보

소재지 : Wick, Caithness, Highland KW1 5BA

홈페이지 : https://www.oldpulteney.com

소유자 : 타이 비버리지(Thai Beverage)

설립 연도 : 1826년

발효조 : 스테인리스 7기

증류기 : 초류 1기, 재류 1기

용수 : 야로우스 호(Loch Yarrows)

연간 생산능력 : 180만ℓ

블렌디드 위스키 : 인버하우스(Inver House)

로즈뱅크 ◉ Rosebank

벽돌을 쌓아 올린 건물과 높은 굴뚝. 둘 다 보존이 의무화되어 있어 공사가 쉽지 않았다.

인기 많았던 로우랜드 몰트가 30년 만에 부활

로우랜드 지방 폴커크(Falkirk)의 포스 앤 클라이드 운하(Forth and Clyde Canal)를 따라 로즈뱅크가 설립된 것은 1840년이다. 창업자는 지역의 와인 상인이었던 제임스 랭킨(James Rankin)이었다. 1919년부터는 DCL이 운영해 왔다. 로즈뱅크는 로우랜드 전통의 3회 증류로 많은 팬으로부터 사랑받았지만 1993년 6월 폐쇄되었다. 당시 UD가 소유하고 있었고, 그 후 2002년 디아지오가 운하 회사인 브리티시 워터웨이(British Waterways)에 매각했다. 현재의 스코티시 커널(Scottish Canals)이다.

증류소 건물이 산업 유산으로 지정되어 철거할 수 없었기 때문에, 로즈뱅크 부활 논의가 여러 번 나왔지만 그때마다 무산되었다. 디아지오가 로즈뱅크의 브랜드 권리를 포기하지 않은 것도 그런 이유 중 하나다. 하지만 이러한 인식이 오해에 불과했음을 증명해 보인 것이 중견 블렌더 겸 보틀러(독립병입자)인 이안 맥클라우드 디스틸러스(Ian Macleod Distillers)였다. 이 회사는 2017년에 스코티시 커널로부터 건물과 부지를 매입했고, 2년 후에는 디아지오로부터 로즈뱅크의 상표권과 위스키 재고를 매입하는 데 성공했다. 그 직후 로즈뱅크의 재건 계획을 발표하고 폴커크 시로부터 건축 허가도 취득했다.

건물 자체가 오래되었고 보존이 의무화되어 있어, 생산동은 안뜰에 새로 건설되었다. 공사는 2019년 12월에 시작되었으나, 이듬해 2월부터 코로나 사태 영향으로 중단됐다. 그 뒤 공사가 재개됐고, 2023년 6월 5일 위스키 생산을 재개했다. 새롭게 탄생한 로즈뱅크가 목표로 삼은 것은 로우랜드 전통의 3회 증류이다. 이를 위해 3기의 스틸을 도입해 연간 100만ℓ 규모의 생산 계획을 세웠다. 비지터센터도 오픈했으며, 증류소 옆을 흐르는 운하에 힘입어 많은 관광객을 유치할 계획이다.

로즈뱅크 보틀은 디아지오가 '스페셜 릴리스' 제품으로 몇 차례 출시한 바 있다. 2020년에는 새로운 로즈뱅크 건립을 기념하여 이안 맥클라우드가 30년 숙성 제품을 발매했다.

로즈뱅크는 숙성 연수가 짧은 제품도 맛있다는 평판이 있었지만, 30년 숙성 제품은 스페이사이드나 하이랜드에 비해 숙성 속도가 빨라 40년 숙성 제품에 필적하는 매혹적인 아로마와 플레이버를 갖추고 있다.

■ **Tasting Note(OB 30년 48.6%)**

아로마 : 깊이가 있다. 서양 배, 바나나, 파인애플. 신선한 프루츠. 황홀해진다. 우아하고 밸런스가 뛰어나다.

플레이버 : 스위트하고 쥬시. 벨벳 같은 목 넘김이다. 여운도 길어 언제까지라도 마시고 싶어진다.

종합평가 : 로즈뱅크의 기적의 30년이다. 이런 몰트를 만날 수 있음에 기뻐해야 한다.

SCORE : 93.5점

■ **증류소 정보**

소재지 : Camelon Road, Falkirk FK1 4DS

홈페이지 : https://rosebank.com/

소유자 : 이안 맥클라우드

설립 연도 : 1840년

발효조 :

증류기 : 초류 1기, 후류 1기, 재류 1기

용수 : 현지 상수도

연간 생산능력 : 100만ℓ

블렌디드 위스키 :

로즈아일 ● Roseisle

거대한 제맥 공장에 병설된 디아지오의 근미래 증류소

주류 업계 최대 기업인 디아지오는 신설 계획 중인 곳을 포함해 스코틀랜드에 31개의 몰트 증류소, 2개의 그레인 위스키 증류소, 그리고 4개의 제맥소(製麥所)[1]를 가지고 있다.

4개의 제맥소는 글렌 오드(Glen Ord), 버그헤드(Burghead), 로즈아일(Roseisle), 포트 엘런(Port Ellen)이다. 이 중 로즈아일 제맥소 부지 내에 2009년 문을 연 곳이 디아지오 최대 규모의 로즈아일 증류소다. 위치는 스페이사이드의 중심지 엘긴(Elgin)에서 서북서쪽으로 약 12㎞, 모레이 만(Moray Firth) 해안에서 약 3㎞ 내륙으로 들어간 곳이다. 주변에는 멋진 보리밭이 넓게 펼쳐져 있다. 이 일대는 옛부터 양질의 보리가 잘 자라기로 유명하며, 많은 농가가 모여 있는 곳이기도 하다.

로즈아일은 현재 한 번 생산할 때 맥아 12.5t을 사용한다. 보통은 1기의 매시 턴으로 당화를 진행하는 경우가 대부분이지만, 로즈아일은 매시 턴이 2기가 있어 피트(Peat) 수준이나 다양한 품종의 보리로 원액을 분리해 제조할 수 있다.

발효조는 스테인리스 스틸 재질로 총 14기가 있다. 스틸은 초류 7기, 재류 7기, 총 14기가 가동된다. 특기할 만한 점은 초류 3기, 재류 3기, 총 6기에는 구리와 스테인리스 스틸

14기의 스틸이 늘어서 있는 스틸 하우스. 거대한 화학 공장처럼 보인다. 사람의 모습은 전혀 보이지 않는다.

재질의 셀 앤 튜브(Shell & Tube) 응축기가 각각 2개씩 달려 있다는 것이다. 스위치 하나로 가벼운 원액과 무거운 원액을 구분해 제조할 수 있다. 모든 것이 컴퓨터로 관리되어 단 한 명의 직원에 의한 '원맨 오퍼레이션(One-man Operation)'이 가능하다.

연간 생산능력은 1250만ℓ로 거대하지만, 바이오매스(Biomass)와 바이오가스(Biogas), 열교환 시스템을 사용하여 증류소에 필요한 에너지의 약 85%를 재생 에너지로 충당하고 있다.

에너지 효율이 뛰어난 친환경적인 증류소로 수많은 상을 받았으며, 많은 업계 관계자들이 견학을 온다. 로즈아일에서 생산되는 위스키

---

1 보리를 싹 틔워(몰팅) 위스키 원료인 맥아를 만드는 공장.

외관 역시 바이오 플랜트 공장처럼 보인다. 뒤쪽에 보이는 건물이 디아지오의 중추인 제맥 공장이다.

는 모두 디아지오의 블렌디드 위스키용으로 사용된다. 싱글 몰트로는 출시된 적이 없다.

■ 증류소 정보
소재지 : Roseisle, Moray IV30 5YP
홈페이지 : https://www.malts.com/
소유자 : 디아지오
설립 연도 : 2009년
발효조 : 스테인리스 스틸 14기
증류기 : 초류 7기, 재류 7기
용수 : 우물물
연간 생산능력 : 1250만ℓ
블렌디드 위스키 :

스카치 위스키 판매량 20위, 2종은 싱글 몰트 위스키

영국의 <드링크 인터내셔널>이 매년 발표하는 스카치 위스키 판매량 리스트. 조니워커가 2위와 큰 차이로 1위이다. 17위와 20위에 싱글 몰트인 글렌피딕과 더 글렌리벳이 들어가 있다.

1	조니워커	1840
2	발렌타인	770
3	시바스 리갈	440
4	그랜츠	420
5	윌리엄 로슨	330
5	페이머스 그라우스	330
7	듀어스	300
7	J&B	300
9	블랙 & 화이트	280
10	라벨 5	270
11	벨즈	190
12	화이트 호스	180
12	뷰캐넌스	180
12	써 에드워드	180
15	패스포트	170
16	100 파이퍼스	160
17	티처스	150
17	글렌피딕	150
19	클랜 캠벨	140
20	더 글렌리벳	130
20	밧 69	130

(출처 : DRINKSINT.COM 2020)

로얄 브라클라 ⦿ Royal Brackla

윌리엄 4세에게 바쳐진
왕의 위스키

로얄 브라클라(Royal Brackla)는 애버펠디(Aberfeldy)와 함께 듀어스(Dewar's)의 핵심을 이루는 증류소다. 연간 생산능력은 약 410만ℓ로, 듀어스의 4개 증류소 중 크레이겔라키(Craigellachie)와 함께 최대 규모를 자랑한다.

증류소가 있는 네언(Nairn) 마을은 북해에 면한 휴양지다. 증류소 바로 근처에는 셰익스피어의 희곡《맥베스》로 유명한 코더 성(Cawdor Castle)이 있다. 맥베스가 주군 던컨 왕을 살해했다고 알려진 성이며, 지금도 코더 백작 가문의 후손이 살고 있다.

그 코더 가문의 영지 일부를 빌려 로얄 브라클라 증류소가 1812년에 세워졌다. 설립자는 네언 출신의 캡틴 윌리엄 프레이저(Captain William Fraser)였는데, 원래 인도 주재의 무관이었다고 한다. 전역 후 고향으로 돌아와 증류소를 건설했다.

반쯤 야외에 설치된 거대한 발효조다. 지붕이 완전히 덮여 있지 않아 비바람이 들이치는 상태다.

로얄(Roya)이라는 이름이 붙은 것은 1835년 윌리엄 4세 국왕(재위 1830-1837)으로부터 왕실 조달 허가(Royal Warrant)를 받았기 때문이다. 현재 로얄 칭호가 붙은 증류소는 로얄 로크나가(Royal Lochnagar)와 로얄 브라클라 단 두 곳뿐이다.

윌리엄 4세는 식민지 전쟁에 몰두했던 왕으로, 항해왕(航海王)이라고 불릴 정도로 제국 내 식민지를 전전했다. 우연히 네언 근처의 국경 수비대를 방문했을 때, 국왕에게 바쳐진 것이 프레이저가 만든 위스키였다. 로얄 브라클라는 왕실 조달 허가를 받으면서 '킹스 오운 위스키(King's Own Whisky)', 즉 '왕의 위스키'라 불리며 명성을 확립했다.

로얄 브라클라는 한 번 생산할 때 맥아 12.6t을 사용할 정도로 규모가 크다. 매시 턴은 스테인리스 스틸 재질의 풀 라우터 턴이며, 발효조는 6만ℓ의 맥즙을 담을 수 있는 거대한 크기다. 발효조는 낙엽송으로 총 6기가 있다. 하지만 이것만으로 부족했는지, 건물 외부의 반 야외에 스테인리스 스틸 재질의 거대한 발효조 2기를 증설했다.

사용하는 효모는 케리(Kerry)의 액상 이스트이며, 발효 시간은 72시간에서 최장 120시간으로 설정되어 있다. 팟 스틸은 초류 2기, 재류 2기 등 총 4기 있다. 묵직한 스트레이트 헤드형으로, 라인 암(lyne arm)은 약간 위를 향하게 설치되어 있다.

증류한 원액을 오크 캐스크에 담는 작업은

증류소에서 하지 않는다. 원액을 탱크로리에 실어 글래스고의 집중 숙성고로 보내고, 거기서 오크 캐스크에 담아 저장한다. 증류소에는 오래된 석조 던니지(Dunnage) 방식의 숙성고가 있지만, 그 안에는 디아지오의 오크 캐스크가 들어 있다고 한다. 즉, 숙성고를 타사에 빌려주고 있는 것이다.

■ **Tasting Note(OB 12년 46%)**
아로마 : 리치하고 깊이가 있다. 올로로소 셰리, 살구, 프룬, 당밀. 물을 더하면 더 프루티해진다. 황도, 크림.
플레이버 : 스무스하고 콘텐츠가 응축되어 있다. 스위트하고 프루티. 셰리. 물을 더해도 밸런스가 무너지지 않는다.
종합평가 : 피니시 캐스크이지만 올로로소 셰리의 특성이 잘 살아 있다. '로얄' 칭호에 걸맞은 훌륭한 술이다.
SCORE : 89.5점

■ **증류소 정보**
소재지 : Cawdor, Nairn, Highland I12 5QY
홈페이지 : https://www.dewars.com/
소유자 : 바카디
설립 연도 : 1812년
발효조 : 낙엽송 6기, 스테인리스 스틸 2기
증류기 : 초류 2기, 재류 2기
용수 : 커삭 샘(Cursack Springs), 코더 강(Cawdor Burn)
연간 생산능력 : 410만ℓ
블렌디드 위스키 : 듀어스

로얄 로크나가 ● Royal Lochnagar

한국 판매 No.1 위스키의 원액, 왕실 조달 허가 증류소

로얄 로크나가 증류소가 있는 디 강(River Dee) 상류 지역은 영국 왕실의 여름 별궁인 밸모럴 성(Balmoral Castle)이 있어 '로얄 디사이드(Royal Deeside)'라고도 불린다. 이 지역 주민인 존 베그(John Begg)가 디 강변에 증류소를 세운 것은 1845년이다. 로크나가는 디 강 주변에서 가장 높은 산(해발 1156m)의 이름이며, 게일어로 '바위가 노출된 호수'라는 뜻이다.

베그가 로크나가 증류소를 세운 지 3년 후인 1848년, 빅토리아 여왕이 이웃한 밸모럴 성을 매입해 여름 별궁으로 삼았다. 베그는 곧바로 이웃에게 "증류소 견학을 오시지 않겠습니까?"라는 편지를 보냈다고 한다. 여왕의 남편인 앨버트 공이 기계에 관심이 많다는 소식을 들었기 때문이다.

그러자 다음 날 저녁, 아무 예고 없이 여왕 가족이 증류소를 방문했고, 베그의 안내로 증류소를 둘러보았다. 이 갑작스러운 방문 며칠 후, 베그에게 왕실 조달 허가(Royal Warrant)를 내주는 칙허장이 전달되었다. 이후 로크나가는 이름 앞에 로얄(Royal)을 붙여 '로얄 로크나가'로 불리게 되었다.

실제로 여왕은 로크나가 몰트를 매우 좋아하여, 최고급 보르도 와인에 로크나가를 몇 방울 떨어뜨려 마셨다고 한다. 프랑스 사람이 들으면 기절할 만한 이 음용법이 빅토리아 여왕만의 습관으로 끝난 것은 양국에 다행이었다고 해야 할 것이다.

현재 한 번 생산할 때 맥아 5.4t을 사용한다. 매시 턴은 구식의 오픈 스타일인 플라우 앤 레이크(Plough & Rake) 방식이다. 발효조는 낙엽송 재질로 2기만 있으며, 스틸도 초류와 재류가 각각 1기씩밖에 없다. 1주일에 생산할 수 있는 양은 겨우 35개 캐스크 정도의 양이며, 증류소에는 이 중 1000개의 캐스크만 남겨두고 나머지는 모두 스페이사이드의 글렌로시(Glenlossie)로 가져간다고 한다.

오피셜 싱글 몰트는 12년과 셀렉트 리저브(Select Reserve) 두 종류뿐이며, 90% 이상이 블렌디드 위스키용으로 사용된다. 한국 시장에서 판매량 1위의 블렌디드 스카치 위스키인 윈저(Windsor)[1]의 키 몰트(Key Malt)라고 한다. 윈저는 2014년에 한국 시장에서 840만 병을 판매했지만, 이후 침체되어 현재는 판매량이 30%가량 감소했다. 한국은 현재 알코올 도수에 따라 세금을 부과하는 종량세로 바뀌었는데, 이때 도입된 것이 알코올 도수 35%의 '윈저 로크나가'이다. 로크나가라는 이름이 붙어 있지만, 블렌디드 위스키이다.

---

1 두산씨그램이 1996년 12년 이상 숙성된 100% 스카치 위스키 원액을 사용해 출시했다. 두산이 지분을 매각해 100% 씨그램의 자회사가 됐다. 이후 씨그램코리아는 2003년 디아지오코리아에 합병됐다. 디아지오는 2022년 사모펀드에 윈저 브랜드를 매각했고, 현재는 '윈저글로벌'이 윈저 위스키를 출시하고 있다. 한국인이 선호하는 부드럽고 목넘김이 좋은 위스키이지만, 100% 스코틀랜드에서 제조되어 한국에 완제품 형태로 수입된다.

스틸은 2기뿐이며, 생산량도 디아지오 31개 증류소 중 가장 적다. 앞쪽이 초류, 뒤쪽이 재류 스틸이다.

■ Tasting Note(OB 12년 40%)

아로마 : 프루티하고 아로마틱. 풍부하다. 오크 가구, 담배. 물을 더하면 스위트해진다. 서양 배. 캔디 향.

플레이버 : 스위트하고 견고하다. 은은한 피트 향. 복합적이다. 물을 더하면 바디가 약해지지만, 밸런스는 잡혀 있다.

종합평가 : 역시 여왕이 사랑했던 위스키답다. 풍부하고 기품이 있다. 스트레이트로 마시는 것을 추천한다.

SCORE : 88.5점

■ 증류소 정보

소재지 : Crathie, Ballater, Aberdeenshire AB35 5TB

홈페이지 : https://www.malts.com/

소유자 : 디아지오

설립 연도 : 1845년

발효조 : 낙엽송 2기

증류기 : 초류 1기, 재류 1기

용수 : 로크나가 산의 샘물(Springs in the hills of Lochnagar)

연간 생산능력 : 50만ℓ

블렌디드 위스키 : 조니워커, 윈저

스카파 ◉ Scapa

유일무이한 스틸이 가동되는
오크니의 두 번째 증류소

스카파 증류소는 오크니 제도(Orkney Is-lands) 메인랜드 섬의 스카파 만(Scapa Flow)을 내려다보는 언덕에 세워져 있다. 이곳은 제1차, 제2차 세계대전 동안 영국과 독일이 각축을 벌인 전략적 요충지다. 특히 제1차 대전이 끝난 후 1919년 6월, 만에 억류되어 있던 독일 함대 74척이 스스로 침몰한 장소로 유명하다. 제2차 세계대전 중에는 독일의 U-보트가 스카파 만에 침투해 영국이 자랑하는 전함 '로얄 오크(Royal Oak)'를 어뢰로 격침시켰다. 이후 U-보트가 다시는 침투하지 못하도록 만 입구에는 처칠 방벽(Churchill Barriers)[1]이 건설되었다.

스카파는 1885년에 설립되었지만, 그 이전부터 밀주 제조가 성행했다. 17세기 당시 마을 사람들의 기묘한 풍습에 대한 기록이 다음과 같이 남아 있다. 마을의 작은 교회에는 성 마그누스(St. Magnus)[2]의 큰 잔이 있었는데, 마을에 새로 부임하는 교구 목사는 이 잔에 가득 채워진 위스키를 마셔야 했다. 만약 목사가 그것을 단숨에 들이킬 수 있다면, 재임 기간 동안 마을이 크게 번성한다고 하여 마을 사람들이 기뻐했다고 한다. 술을 잘 마시는 것이 마을 사람들에게 받아들여지는 조건이었으니

흰 벽에 크게 'SCAPA'라고 쓰여 있다. 도로가 아닌 바다를 면하고 있어 만으로 들어오는 배에서는 잘 보인다.

말이다.

스카파는 특이한 로몬드 스틸(Lomond Still)이 가동되는 것으로 유명하지만, 이것이 스카파에 도입된 것은 1970년대의 일이다. 하지만 1979년에는 본래 스틸 헤드 내부에 있던 가동식 선반이 제거되어, 외형만 로몬드 스틸인 형태가 되었다. 로몬드 스틸이 현존하는 곳은 스카파와 브룩라디(Bruichladdich) 두 곳뿐이다. 브룩라디의 것은 개량이 더해져 현재는 보타니스트(The Botanist) 진(Gin)을 만드는 데 사용된다. 그런 의미에서 위스키 제조용으로는 스카파의 스틸이 유일무이한 존재라고 할 수 있다.

스카파는 현재 한 번 생산할 때 맥아 2.9t을 사용한다. 매시 턴은 스테인리스 스틸 재질의 세미 라우터 턴이며, 발효조는 스테인리스 스틸 재질로 12기가 있다. 발효 시간 또한 업계 최장인 160시간으로 설정되어 있었지만, 현재는 52시간으로 단축되었다. 일반적으로 판매되는 오피셜 보틀 제품은 숙성 연수가 없는 '스카파 스키렌(Scapa Skiren)'과 스모키한

---

1 오크니 섬에 있는 4개의 방조제. 총 길이는 2.3km이다. 전쟁이 끝난 뒤에는 섬들을 잇는 도로로 사용된다.
2 오크니의 백작이었고, 바이킹의 위협 속에서 평화를 위해 노력하다 1117년 순교했다. 이후 오크니의 영적 상징이 됐다.

스카파의 로몬드 스틸이다. 초류 스틸만 이렇고, 재류 스틸은 스트레이트 헤드형이다.

위스키 숙성에 사용되었던 피트 캐스크(Peat Cask)로 인해 피니시한 '스카파 글란사(Scapa Glansa)' 두 종류뿐이다.

■ Tasting Note(OB 스키렌 40%)

아로마 : 허브, 메이플, 바닐라. 소프트하고 온화하다. 점차 시트러스 향이 난다. 물을 더하면 프레시한 오크 향이 난다.

플레이버 : 소프트하고 스무스하다. 바디는 가볍지만 밸런스는 잡혀 있다. 안쪽에서 은은하게 프루츠 향이 난다. 물을 더하면 바디감을 잃을 수 있다.

종합평가 : 이전보다 부드러워졌지만, 콘텐츠가 다소 부족하다.

SCORE : 84.0점

■ 증류소 정보

소재지 : Kirkwall, Mainland, Orkney KW15 1SE

홈페이지 : https://www.scapawhisky.com

소유자 : 페르노리카

설립 연도 : 1885년

발효조 : 스테인리스 스틸 12기

증류기 : 초류 1기, 재류 1기

용수 : 증류소 뒤편 언덕의 샘물

연간 생산능력 : 130만ℓ

블렌디드 위스키 : 발렌타인(Ballantine's)

스페이번 ◉ Speyburn

1900년의 드럼이 현존하며, 찰스 도이그가 설계한 아름다운 증류소

스페이번 증류소는 로시스(Rothes) 교외, 글렌 오브 로시스(Glen of Rothes)의 푸르른 숲 속 계곡에 자리하고 있다. 특히 엘긴(Elgin)에서 로시스로 향하는 A941번 도로에서 바라보는 풍경이 대단하다. 계곡에서 건물이 위로 솟아오르는 모습은 보는 이들로 하여금 이처럼 풍경과 조화로운 증류소는 드물다고 느끼게 할 정도다. 설계는 증류소 건축에 탁월한 재능을 발휘한 빅토리아 시대의 저명한 건축가 찰스 도이그(Charles Doig)[1]가 맡았다. 스페이번은 도이그의 걸작으로 명성이 높다. 다만, 증류소가 세워진 장소는 과거 처형장이었던 곳이라, 미신을 믿던 옛 직원들은 교대 근무로 인한 야간 작업을 꺼렸다고 한다.

증류소는 1897년에 설립되었다. 빅토리아 여왕 즉위 60주년인 다이아몬드 주빌리(Diamond Jubilee)의 해였다. 당시 소유주는 이 해에 첫 위스키를 만들고 싶어했다고 한다. 첫 증류는 12월 마지막 주에 이루어졌다. 당시 로시스 계곡에 눈보라가 몰아쳤고, 창문과 문도 완성되지 않은 스틸 하우스에서 직원들은 두꺼운 외투를 걸친 채 팟 스틸에 불을 지폈다. 그럼에도 불구하고 '1897'이라는 기념비적인 연도를 새길 수 있었던 것은 단 한 개의 캐스크뿐이었다고 한다.

이후 스페이번은 1916년에 DCL 산하로 편입됐고, 1962년부터는 SMD가 운영해왔다. 1991년에 당시 소유주였던 UD가 인버하우스(Inver House)에 매각했으며, 현재도 이 회사의 소유다. 모회사는 타이 베버리지(Thai Beverage)이다. UD 시절에 '꽃과 동물 시리즈' 보틀이 한 번 판매된 적이 있지만, 인버하우스에 인수된 후 디자인을 바꿨다. 현재는 미국을 중심으로 판매량을 늘리고 있다.

현재 한번 생산할 때 맥아 6.25t을 사용한다. 발효조는 낙엽송 4기에 스테인리스 스틸 재질이 15기다. 스틸은 초류 1기, 재류 2기, 총 3기가 가동된다. 재류 스틸이 옛 방식의 야외 웜 텁을 사용하는 반면, 초류 스틸은 셸 앤 튜

계곡에 지어졌기에 다른 건물들에 비해 키가 큰 편이다.

---

1 파고다 루프(Pagoda Roof)라는 위스키 증류소 특유의 지붕 디자인을 처음 고안했다. 도이그 환풍구(Doig Ventilator).

브 방식의 응축기를 채택했다.

　스페이번은 드럼식 제맥(Drum Maltings)[2]을 최초로 도입한 증류소(1900년)이다. 제맥 작업은 1968년에 중단, 현재는 업자로부터 맥아를 구매하고 있다. 다만 10개의 드럼은 산업사적 가치로 인정되어 보존 지정된 상태로 있다.

2 보리를 회전하는 큰 드럼통 안에서 발아 및 건조하여 맥아를 만드는 현대적인 제맥 방식.

■ Tasting Note(OB 10년 40%)

아로마 : 맥아, 밀기울, 아마인유. 어딘지 모르게 고구마 소주와 비슷한 느낌이다. 탄내도 느껴진다. 물을 더하면 바닐라, 메이플처럼 스위트해진다.

플레이버 : 라이트하고 소프트하다. 스위트하지만 오일리하고, 약간 페인티(Feinty)[3]하다. 물을 더하면 바디가 약해진다.

종합평가 : 라이트 테이스트로 식전주에 적합하다. 물을 더하면 바디감을 잃으므로 스트레이트로 마시는 것을 추천한다.

SCORE : 83.0점

■ 증류소 정보

소재지 : Rothes, Moray AB38 7AG
홈페이지 : https://www.speyburn.com/
소유자 : 타이 베버리지
설립 연도 : 1897년
발효조 : 낙엽송 4기, 스테인리스 스틸 15기
증류기 : 초류 1기, 재류 2기
용수 : 그랜티 강(Granty Burn), 버치필드 강(Birchfield River)
연간 생산능력 : 450만ℓ
블렌디드 위스키 : 인버하우스, 킹 조지 4세(King George IV)

3 증류 과정에서 생기는 바람직하지 않은 화합물의 맛이나 향이 남아있는 것. 거칠거나 시큼한 느낌을 준다.

스페이사이드 ◉ Speyside

스페이 강(River Spey) 최상류, 킹어시(Kingussie) 마을에서 약 2km 떨어진 오른쪽 강변의 숲속에 스페이사이드 증류소가 있다. 이름은 스페이사이드이지만 지역 구분으로는 하이랜드 몰트에 속한다.

'스페이사이드'라는 이름을 들으면 1895년에 설립된 옛 스페이사이드 증류소를 떠올릴 수 있다. 하지만 그것은 킹어시 마을 안에 있었고 발린달로크 성(Ballindalloch Castle)의 성주인 조지 맥퍼슨-그랜트 경(Sir George Macpherson-Grant)이 설립했다. 이 증류소는 그의 사망 후 1911년에 폐쇄됐다. 현재의 스페이사이드 증류소와는 전혀 관계가 없다.

새로운 증류소의 설립자는 조지 크리스티(George Christie)이다. 그는 1956년 갖고 있던 스트라스모어(Strathmore) 주식을 매각하고 현재의 부지를 매입했다. 1962년부터 증류소

현재의 크래프트 증류소에 비하면 큰 편이지만, 처음 증류를 시작했을 당시에는 매우 콤팩트한 규모였다.

건설에 착수했지만, 건물이 완공된 것은 25년 후인 1987년이었다. 첫 증류액을 생산한 것은 1990년 12월 12일이었다. 건설을 시작한 지 무려 30년 가까운 세월이 흐른 것이다.

이렇게 시간이 오래 걸린 것은 크리스티 가문이 가족경영을 내세워 독립기업이었다는 점과 1980년대에 닥친 위스키 불황 때문이었다. 그 기간 동안 증류소 건설은 알렉스 페어리(Alex Fairlie)라는 지역 석공 한 명에 의해 진행되었다. 지역에서 채취한 화강암과 사암으로 지어진 건물은 소박하지만 주변 경치와 잘 어울린다.

매시 턴과 발효조는 모두 스테인리스 스틸 재질이며, 현재 한 번 생산할 때 4.2t의 맥아를 투입한다. 논-피티드 맥아를 사용하며, 생산된 몰트는 부드럽고 깨끗하다. 팟 스틸은 2기뿐이며, 숙성은 증류소에서 하지 않고 모두 글래스고로 옮겨서 진행한다.

과거에 유통되었던 글렌트로미(Glentromie)는 배티드 몰트(Vatted Malt)[1]였고, 드럼귀시(Drumguish)가 싱글 몰트였지만, 현재는 증류소 이름을 쓴 12년 숙성 제품이 주를 이룬다.

스페이사이드를 크리스티 가문이 소유했던 것은 2012년까지였고, 그해에 에든버러의 하비즈(Harvey's)가 인수했다. 현재는 하비즈의 주도하에 브랜드와 패키지가 개편되면서 싱글 몰트에 더 많은 노력을 기울이고 있다. 특

---

1 두 가지 이상의 싱글 몰트 위스키를 섞어 만든 위스키. 현재는 블렌디드 몰트라고 불린다.

히 대만에서 인기 있는 싱글 몰트로, 대만 시장을 겨냥한 제품이 많이 출시되고 있다.

증류소 내에 공간이 부족하여 킹어시 마을 안에 비지터센터를 마련했다. 제2 증류소 건설을 준비 중이라고 한다.

■ Tasting Note(OB 스페이테네, 46%)

아로마 : 딸기잼, 오렌지 머멀레이드, 처트니, 자두. 물을 더해도 밸런스가 무너지지 않고 더 스위트해진다.

플레이버 : 스위트하고 깊으며 매끄럽다. 단맛, 매운맛, 신맛의 밸런스가 뛰어나다.

종합평가 : 아직 숙성 연수가 짧지만 밸런스가 우수하며, 토니 포트 캐스크(Tawny Port Cask)의 좋은 특성이 잘 나타난다. 스트레이트로 마실 것.

SCORE : 87.0점

■ 증류소 정보

소재지 : Kingussie, Badenoch & Strathspey, Highland PH21 1NS

홈페이지 : http://www.speysidedistillery.co.uk/

소유자 : 하비스 오브 에든버러(Harveys of Edinburgh)

설립 연도 : 1956년(1990년)

발효조 : 스테인리스 스틸 4기

증류기 : 초류 1기, 재류 1기

용수 : 트로미 강(River Tromie)

연간 생산능력 : 60만ℓ

블렌디드 위스키 : 스페이사이드(Speyside), 글렌트로미(Glentromie), 요코즈나(Yokozuna), 스카치 가드(Scotch Guard)

스프링뱅크 ● Springbank

유니크한 2.5회 증류와 3회 증류, 고군분투하는 전통의 명주

스프링뱅크는 캠벨타운 몰트의 전통을 현대에 계승하는 귀중한 술이다. 모든 몰트 위스키 중 가장 브라이니(Briny)[1]하다고 평가받는다.

증류소는 킨타이어(Kintyre) 반도 끝자락에 위치한 캠벨타운에 있다. 1828년 레이드(Reid) 가문에 의해 설립됐으나, 곧바로 미첼(Mitchell) 가문이 인수해 이후 경영을 이어오고 있다. 스코틀랜드 내에서도 몇 안 되는 독립 자본 증류소 중 하나다.

스프링뱅크는 모든 맥아를 자체 생산해 충당하는 유일한 증류소로 유명하다. 사용하는 물은 마을 뒤편 언덕의 크로스힐 호수의 물이다. 이 호수는 제7대 아가일 공작 캠벨(Campell)이 19세기에 캠벨타운 증류소들을 위해 건설한 저수지이다. 지금도 스프링뱅크, 글렌스코시아, 글렌가일 증류소에 용수를 공급하고 있다.

스프링뱅크는 맥아의 피트 레벨과 증류 방법을 달리하여 롱로우(Longrow), 헤이즐번(Hazelburn), 스프링뱅크라는 세 가지 위스키를 생산하는 것으로 잘 알려져 있다. 롱로우는 맥아 건조에 피트만을 48시간 태워 사용하며, 스프링뱅크는 처음 6시간은 피트, 나머지 30시간은 열풍으로 건조한다. 헤이즐번은 열풍

왼쪽부터 초류, No.1 재류, No.2 재류 증류기다. 가운데 재류 증류기만 웜 텁 방식을 채택하고 있다. 초류 증류기는 직화와 간접 가열을 모두 사용할 수 있다.

만을 사용(30~36시간)하여 건조한다. 즉, 논-피티드 방식이며, 앞의 두 위스키의 페놀 수치는 각각 50~55ppm, 12~15ppm이다. 한 번 생산할 때 맥아 3.5t을 사용하며, 낙엽송 재질의 발효조 6기가 가동된다.

스프링뱅크가 독특한 점은 밑술의 알코올 도수가 4~4.5%로 극히 낮다는 것이다. '이것은 옛날부터 해오던 방식이기 때문'이라는 것이 그 이유인데, 다른 증류소에서는 찾아볼 수 없는 독특한 고집이다.

팟 스틸은 3기이며 모두 스트레이트 헤드형이다. 독특한 점은 초류 증류기가 직화와 간접 가열을 모두 사용할 수 있도록 설계됐다는 것이다. 또 초류 증류기와 No.2 재류 증류기는 셀 앤 튜브 냉각 장치를 사용하는 반면, 가운데에 있는 No.1 재류 증류기만 전통적인 웜 텁 방식을 채택하고 있다.

롱로우는 초류 증류기와 No.2 재류 증류기를 사용한 2회 증류 방식을 택한다. 헤이즐번

---

1 바다 소금물처럼 짠맛이 있어 해양적인 풍미가 나는 것을 표현할 때 사용되는 위스키 테이스팅 용어.

은 초류, No.2, No.1 순서로 3기를 모두 사용하는 3회 증류 방식이다. 그리고 스프링뱅크는 로우 와인(Low Wine)의 일부를 3회 증류하는, 독특한 2.5회 증류 시스템을 채택하고 있다.

뉴 팟(New Pot)의 알코올 도수는 롱로우가 68%, 스프링뱅크가 71%, 헤이즐번이 74%다. 현재 스프링뱅크가 전체 생산량의 80% 정도이며, 헤이즐번과 롱로우가 각각 10%씩인 것으로 알려져 있다.

■ **Tasing Note(OB 10년, 46%)**

아로마 : 프루티하면서도 깊이가 있다. 풍부한 콘텐츠와 깊은 풍미를 지니며, 찻잎, 고급 녹차의 감칠맛이 느껴진다. 물을 더하면 다시마 육수와 같은 복합적인 향이 난다.

플레이버 : 프루티하고 깊은 풍미. 약간 스모키하며, 마치 흰 연기가 피어오르는 듯한 인상. 물을 더해도 밸런스가 흐트러지지 않는다.

종합평가 : 이 위스키를 마시면 고전적이고 아름다운 캠벨타운의 정취가 되살아난다. 반드시 스트레이트로 마실 것.

SCORE : 90.0점

■ **증류소 정보**

소재지 : Longrow, Campbeltown, Argyll & Bute PA28 6ET

홈페이지 : http://springbank.scot/

소유자 : J.&A. 미첼(J.&A. Mitchell & Co. Ltd.)

설립 연도 : 1828년

발효조 : 낙엽송 6기

증류기 : 초류 1기, 재류 2기

용수 : 크로스힐 호(Crosshill Loch)

연간 생산능력 : 75만ℓ

블렌디드 위스키 : 캠벨타운 로흐(Campbeltown Loch)

스트라선 ● Strathearn

작은 스틸을 인정받게 한
크래프트 증류소의 파이오니어

'2000ℓ 이하의 스틸은 인정하지 않는다', 이것은 오랫동안 영국 세무 당국이 비공식적인 규칙으로 지켜왔다. 이를 깬 것이 스트라선 증류소를 설립한 토니 리먼 클라크(Tony Reeman-Clark)와 그의 동료들이다. 그들은 영국 국세청(HM Revenue & Customs, HMRC)과 끈질긴 협상을 벌여 마침내 2013년에 특정 조건을 충족하면 2000ℓ 이하여도 인정하겠다는 승인을 얻어냈다. 그 특정 조건은 지역 경제에 기여하는 것이었다. 원래 크래프트 증류소가 추구하는 목표는 가능한 한 지역에서 생산된 재료를 사용하고, 관광 활성화를 통해 고

포르투갈 업체 호야의 조롱박 모양 스틸. 앞쪽이 초류 스틸이고, 뒤쪽이 재류 스틸이다. 재류 스틸은 진 제조에도 사용된다.

용을 창출하는 것이다.

"대기업이 1000만ℓ 규모의 대형 증류소를 지어도 모두 컴퓨터로 관리되어 새로운 고용은 몇 명에 불과합니다. 그에 반해 우리 증류소는 연간 생산량이 3만ℓ이지만 현재 직원은 4명이고 장기적으로 10여 명을 고용할 계획입니다. 또 보리도 농가 밭을 빌려 직접 재배하고, 그 외 재료도 최대한 지역 생산품을 사용하려고 노력합니다. 관광객 유치에도 적극적으로 나서고 있어, 지역 경제에 훨씬 더 많은 도움이 됩니다." 설립자 토니가 한 말이다.

농가의 마구간을 개조한 이 증류소에서는 위스키뿐만 아니라 진(Gin)과 스피릿도 생산한다. 스카치 위스키 법규상 숙성에는 오크 캐스크 외의 다른 통을 사용할 수 없지만, 스트라선은 설립 2년 차인 2014년부터 밤나무, 뽕나무, 벚나무로 만든 특수한 캐스크를 주문 제작해 원액 숙성에 사용하고 있다.

이때 생각해낸 것이 라벨에 '이시커 바허 (Uisge Beatha)'[1]라고 표기하는 것이다. "원래 위스키를 스코틀랜드에서는 게일어로 '이시커 바허'라고 말했습니다. 이것은 숙성시키지 않은 위스키로, 허브 등 향료를 첨가해 마셨습니다. 우리는 이것을 현대적으로 부활시키고 싶습니다. 허브 대신, 오크 캐스크가 아닌 다른 캐스크에서 몇 달간 숙성시키는 방식으로 말입니다."

스트라선은 한 번 생산할 때 0.4t의 맥아를

---

1 게일어로 '생명의 물'이라는 뜻.

사용하며, 약 1600ℓ의 맥즙을 추출한다. 발
효조는 스테인리스 스틸로 2기만 있다. 스틸
은 포르투갈 업체 호야(Hoga) 제품으로 초류
1000ℓ, 재류 500ℓ 등 총 2기만 있다. 이 스틸
은 라인 암(lyne arm)을 분리할 수 있어, 보타니
컬 바스켓(Botanical Basket)[2]이 달린 것으로 교
체하면 진도 증류할 수 있다는 것이 장점이다.

설립 6년 후인 2019년 여름, 독립병입업체
더글러스 랭(Douglas Laing)이 스트라선을 인
수해 업계를 놀라게 했다.

---

2 진을 증류할 때 사용하는 장치. 바구니에 주니퍼 베리 등 향
료 재료를 담아 증기가 통과하면서 향을 흡수하도록 한다.

■ **Tasting Note(스트라선 배치 001, 46.6%)**
아로마 : 스위트하고 리치. 바나나, 당밀, 꿀. 니스 칠한
오크 가구 향도 있다. 물을 더하면 아마씨유, 비스킷.
플레이버 : 달콤하고 아로마틱. 허브, 향신료, 올리브
유. 물을 더하면 더욱 스무스해진다.
종합평가 : 숙성 연수가 짧지만 놀라울 정도로 잘 만
들어져 있다. 레트로한 라벨도 좋은 인상을 준다. 소
량의 물을 더해 마시는 것을 추천한다.
SCORE : 86.0점

■ **증류소 정보**
소재지 : Bachilton Farm, Methven, Perth & Kinross
PH1 3QX
홈페이지 : https://www.strathearndistillery.com/
소유자 : 더글러스 랭
설립 연도 : 2013년
발효조 : 스테인리스 스틸 2기
증류기 : 초류 1기, 재류 1기
용수 : 현지의 물
연간 생산능력 : 3만ℓ
블렌디드 위스키 :

스트라스아일라 ◉ Strathisla

시바스 리갈의 원액을 만드는 스페이사이드에서 가장 오래된 증류소

스코틀랜드에서 가장 그림 같은 증류소로 불리는 곳이 스트라스아일라 증류소이다. 지금은 더 이상 사용되지 않지만, 아름다운 쌍둥이 탑의 파고다 지붕이 있고, 석조 건물 정면에는 한때 사용되던 물레방아도 남아 있다.

증류소 근처에는 '폰 부이엔(Fons Bulliens, 게일어로 '거품 나는 샘'이라는 뜻)'이라고 불리는 오래된 샘이 있다. 이곳의 물을 이용해 13세기에는 도미니크 수도회의 수도사들이 맥주를 만들었다. 스트라스아일라는 현재도 이 샘물을 용수 일부로 이용하고 있다. 이 물은 칼슘을 포함한 중경수(moderately hard water)라고 한다. 현지 사람들은 폰 부이엔은 켈트 요정 켈피(Kelpie)에 의해 보호받고 있다고 믿어왔다. 켈피는 물의 요정으로 말의 모습을 하고 있으며, 무심코 다가가면 등에 태워 강이나 호수로 던져버린다고 한다. 장인들은 이것이 스트라스아일라의 숨겨진 맛(!)이라고 자랑한다.

증류소 창업은 1786년으로, 스페이사이드에서는 가장 오래되었다. 원래 밀타운(Milltown), 밀턴(Milton)이라 불렸으나, 1951년 시바스 브라더스(Chivas Brothers)가 인수하면서 스트라스아일라로 개칭되었다. 의미는 게일어로 '아일라 강(River Isla)의 넓은 계곡'을 뜻한다. 키스(Keith) 마을을 흐르는 아일라 강을

스코틀랜드에서 가장 그림 같은 증류소로 불리며 많은 관광객이 방문한다.

따라 위치해 있어 이 이름이 붙었지만, 실제로는 계곡에 위치해 있다.

스트라스아일라는 블렌디드 위스키인 시바스 리갈(Chivas Regal)에 중요한 원액을 공급하는 증류소다. 이곳 없이는 시바스 리갈을 만들 수 없다. 따라서 생산량의 99%는 시바스 리갈용이고, 싱글 몰트로 출하되는 것은 전체의 1%도 되지 않는다고 한다.

증류소는 한 번 생산할 때 맥아 5.12t을 사용하며, 사용하는 맥아는 모두 논-피티드이다. 매시 턴은 옛날 방식의 세미 라우터 턴이며, 얻어지는 맥즙은 약 2만3800ℓ이다. 발효조는 오리건 파인, 낙엽송 재질로 총 10기이다. 팟 스틸은 초류 2기, 재류 2기 등 총 4기이지만, 1990년대 후반까지 석탄 직화 방식을 고수했다. 지금은 물론 증기를 이용한 간접 가열

방식이다.

　증류된 원액은 물을 더해 알코올 도수 63.5%로 만들어 캐스크에 담지만, 부지가 좁기 때문에 파이프를 통해 아일라 강 건너편의 글렌 키스(Glen Keith) 증류소로 보내 그곳에서 캐스크에 담는다. 게다가 극히 일부의 싱글 몰트용 원액을 제외하고는, 대부분의 원액이 탱크로리를 이용해 키스 마을 교외에 있는 시바스 리갈의 집중 숙성고로 운반된다.

■ **Tasting Note**(시그나토리 빈티지 2008, 46%)

아로마 : 구운 사과, 애플파이, 바나나, 파인애플. 우아한 스위트 향. 물을 더하면 크림, 밀크 초콜릿.

플레이버 : 가볍지만 제대로 되어 있고 달콤하다. 밸런스는 잡혀 있지만 약간 바디가 부족하다.

종합평가 : 독립병입자 제품에서도 스트라스아일라의 특징이 잘 나타난다. 물을 소량 더하는 것을 추천한다.

SCORE : 85.0점

■ **증류소 정보**

소재지 : Seafield Avenue, Keith, Moray AB55 5BS

홈페이지 : https://www.maltwhiskydistilleries.com/strathisla/

소유자 : 페르노리카

설립 연도 : 1786년

발효조 : 오리건 파인 7기, 낙엽송 3기

증류기 : 초류 2기, 재류 2기

용수 : 폰 부이엔 샘, 블룸힐(Bloomhill) 샘

연간 생산능력 : 245만ℓ

블렌디드 위스키 : 시바스 리갈(Chivas Regal), 로얄 살루트(Royal Salute)

스트라스밀 ◉ Strathmill

라벨에 할미새가 그려진
스트라스아일라의 대항마

스트라스밀이 생산한 위스키 전량은 블렌디드 스카치 위스키인 J&B 등에 원액으로 사용된다. 오피셜 보틀은 물론, 독립병입자 제품도 거의 찾아보기 어렵다.

유일한 공식 보틀은 2001년에 출시된 '꽃과 동물 시리즈' 12년 숙성 제품이다. 라벨에는 스페이사이드의 물가에서 흔히 볼 수 있는 할미새 모습이 그려져 있다. 이 시리즈는 원래 1991년에 UD에서 출시되었지만, 2001년에 새로운 증류소가 추가되었는데, 스트라스밀도 그중 하나다.

스트라스밀의 전신은 1823년에 지어진 제분소이다. 1880년대부터 1890년대에 걸쳐 위스키 붐이 거세게 일면서, 개조가 가능한 제분소, 식품 공장, 맥주 공장 등이 모두 위스키 증류소로 바뀌었다고 할 정도이다.

스트라스밀은 1891년에 글렌아일라(Glen-isla)라는 이름으로 설립되었다. 같은 키스(Keith) 지역에 있는 스트라스아일라(Strathis-la)를 의식한 이름이었다. 두 증류소 모두 키스 마을을 흐르는 아일라 강변에 지어졌기 때문이다. 그러나 설립 4년 만인 1895년에 매물로 나왔고, 런던의 유명한 진 회사인 길비(Gilbey)가 인수하면서 스트라스밀로 이름이 바뀌었다.

길비는 1857년 런던에서 창업한 와인상이

키스와 더프타운을 잇는 관광 열차를 타면 스트라스밀이 잘 보인다. J&B의 핵심 원액을 만드는 곳.

었다. 이후 진 제조에 뛰어들었고, 위스키 수요가 늘자 스코틀랜드로 진출했다. 이 시기에 스트라스밀, 글렌 스페이(Glen Spey), 녹칸두(Knockando) 증류소 등 세 곳을 인수하며 급성장했다. 이후 길비는 1962년에 IDV[1]의 일원이 되었고, 그랜드 메트로폴리탄 그룹 산하에 있다가 현재는 디아지오 계열이 되었다.

스트라스밀은 한 번 생산할 때 9.1t의 맥아를 사용한다. 매시 턴은 스테인리스 스틸로 만든 세미 라우터 턴이고, 발효조도 스테인리스 스틸 재질로, 6기가 있다. 스틸은 볼형으로 초류 2기, 재류 2기가 가동 중이다.

특징적인 것은 재류 스틸에 정류기가 부착

---

1 W&A 길비(W&A Gilbey)와 저스테리니 앤 브룩스(Justerini and Brooks)가 합병해 만들어진 인터내셔널 디스틸러스 앤 빈트너스(International Distillers & Vintners). 이 회사는 1972년 그랜드 메트로폴리탄(Metropolitan)에 인수되었다. 1997년 기네스는 그랜드 메트로폴리탄과 합병해 디아지오(Didageo)가 되었다. IDV는 1998년 UD(United Distillers)와 합병해 디아지오의 주류 사업부가 되었다.

되어 있다는 점이다. 냉각은 셸 앤 튜브 콘덴서를 사용하는데, 정류기와 콘덴서 모두 외부에 설치되어 있는 것이 스트라스밀의 독특한 점이다. 용수는 부지 내에 있는 샘물이다.

■ **Tasting Note(OB 12년, 43%)**

아로마 : 바닐라, 오크, 크림, 황도. 약간 오일리하면서 몰티. 물을 더하면 더욱 스위트.

플레이버 : 스위트하고 라운드. 깊이가 있고, 독특한 감칠맛이 안쪽에서 잡아 끈다. 꿀과 메이플. 물을 더해도 밸런스가 깨지지 않는다.

종합평가 : 키스 지역의 숨은 명주이다. J&B 원액으로만 쓰기에는 아깝다. 소량의 물을 더해 마시는 것을 추천한다.

SCORE : 86.5점

■ **증류소 정보**

소재지 : Keith, Moray AB55 5DQ

홈페이지 : https://www.malts.com/

소유자 : 디아지오

설립 연도 : 1891년

발효조 : 스테인리스 스틸 6기

증류기 : 초류 2기, 재류 2기

용수 : 증류소 내 샘물

연간 생산능력 : 260만ℓ

블렌디드 위스키 : J&B, 올드마스터

탈리스커 ● Talisker

탈리스커의 스틸은 벌지형이며, 라인 암이 U자형으로 휘어 있는 것이 특징이다.

전 세계에 열광적인 팬이 있는 스카이 섬의 오래된 증류소

탈리스커는 스카이 섬(Isle of Skye) 서쪽 해안의 카보스트(Carbost)에 있는 증류소이다. 2017년에 토라베이그(Torabhaig)가 생기기 전까지는 섬 내에서 유일한 증류소였다.

스카이 섬은 이너 헤브리디스(Inner Hebrides) 제도에서 가장 큰 섬으로, 면적은 약 1660㎢이다. '하늘의 섬'으로 오해받기 쉽지만, 철자는 Sky가 아닌 Skye이다. 날개를 펼친 듯한 섬의 형태에서 유래했다. 게일어로 '날개 모양의 섬' 또는 바이킹 언어로 '구름'이라는 설도 있다. 별명은 '미스트 아일랜드(해무의 섬)'이다. 해안선이 복잡하며 섬 치고는 가파르고 높은 산이 많아 해무나 구름이 생기기 쉬워 그런 별명이 붙었다.

탈리스커는 1830년 창업됐다. 에이그(Eigg) 섬 출신의 맥카스킬(MacAskill) 형제가 세웠으며, 탈리스커는 당시 형제가 살던 집의 이름이었다. 이름은 게일어와 노르드어 양쪽에 기원이 있으며, '기울어진 거암(巨岩)', 혹은 '경사지 위의 거암'이라는 뜻도 있다. 스카이 섬의 영주 맥클라우드 가문(MacLeod)이 소유하고 있으며, 이 집은 18세기를 대표하는 문호 사무엘 존슨 박사가 제자 보즈웰과 함께 숙박한 집으로도 유명하다.

존슨 박사는 런던 출신으로, 최초의 《영어

사전》을 편찬했다. 위스키(Whisky)라는 단어를 사전에 처음 올린 것도 존슨이다. 존슨 박사가 스카이 섬을 처음 방문한 것은 1773년이며, 증류소가 생긴 것은 그로부터 약 60년 후의 일이다.

탈리스커는 클래식 몰트 중 하나지만, 현재는 디아지오가 소유한 31개의 몰트 증류소 중 싱글 몰트에 가장 주력하고 있는 증류소이다. 2005년 이후 막대한 투자가 진행되어 왔다. 2018년에는 전 세계에서 약 400만 병을 판매해 싱글 몰트 순위에서 상위 10위 안에 진입했다. 글렌피딕이나 더 글렌리벳에는 아직

■ **Tasting Note(OB 10년 45.8%)**

아로마 : 스모키하고 피티. 풍부함이 있고 스파이시. 바비큐, 무두질한 가죽. 훈제 홍합, 감칠맛이 있다.

플레이버 : 달콤하고 리치하며 파워풀. 감칠맛이 응축되어 있음. 희미한 호수 느낌의 악센트. 물을 더해도 밸런스가 무너지지 않는다.

종합평가 : 거칠면서도 신성한 스카이 섬의 자연에 단련된 듯한 인상. 활기가 있다.

SCORE : 90.5점

■ **증류소 정보**

소재지 : Carbost, Isle of Skye, Highland IV47 8SR
홈페이지 : https://www.malts.com
소유자 : 디아지오
설립 연도 : 1830년
발효조 : 오리건 파인 8기
증류기 : 초류 2기, 재류 3기
용수 : 호크힐(Hawk Hill) 경사면의 개울
연간 생산능력 : 330만ℓ
블렌디드 위스키 : 아일 오브 스카이(Isle of Skye), 조니워커(Johnnie Walker)

탈리스커 ● Talisker

미치지 못하지만, 지난 10년간 성장률로 보면 탈리스커가 가장 높았다.

탈리스커는 한 번 생산할 때 맥아 8t을 투입하고, 여기에서 약 3만8000ℓ의 맥즙을 추출한다. 사용하는 맥아는 모두 디아지오의 글렌 오드(Glen Ord)제로, 헤빌리 피티드 맥아 75%에 논-피티드 맥아 25% 비율로 사용한다. 평균 페놀 수치는 20~25ppm이라고 한다. 아일라 섬의 라가불린이나 쿨일라(34~38ppm)보다는 낮지만, 충분히 스모키하고 피티하다.

발효조는 오리건 파인 재질로 만든 8기가 있다. 탈리스커 최대 특징은 초류 스틸의 독특한 구조다. 라인 암(lyne arm)이 U자 형태로 두 번 굽어 있다. 냉각 장치는 스틸 5기로 전통적인 야외 웜 텁 방식을 고수하고 있다. 알코올 증기는 U자형 라인 암을 지나며 외기의 냉기로 식어 웜 텁에 도달하기 전에 액화되며, 무거운 성분은 다시 스틸로 돌아가는 구조다. 이것이 이른바 환류인데, 스모키하고 스파이시하면서도 클린하여 과일향이 나는 이유는 이

스카이 섬 서해안, 카보스트 만의 안쪽에 위치한 탈리스커. 이 만에서는 굴 양식도 이뤄지고 있다.

독특한 라인 암(lyne arm) 덕분이라고 한다.

몇 년 전에 이 웜 텁의 냉각수에 해수를 사용하는 시스템도 도입되었다. 열교환 방식이며, 해수로 냉각용 담수를 식히는 구조이다. 냉각수 부족은 탈리스커의 오랜 과제였다. 이를 해결한 지금은 연간 약 330만ℓ의 생산 능력을 갖추게 되었다. 이 역시 싱글 몰트로서 탈리스커가 급성장한 이유 중 하나일 것이다.

스코틀랜드가 낳은 문호 로버트 루이스 스티븐슨('보물섬' '지킬 박사와 하이드' 등으로 유명)은 과거 탈리스커를 일컬어 "술 중의 왕"이라 칭찬한 바 있다. 굳이 스티븐슨의 말을 인용하지 않더라도, 전 세계에 탈리스커의 열광적인 팬들이 있다. 최근에는 증류소 방문객도 급증

탈리스커가 사용하는 오크통은 대부분 리필 셰리이다. 대부분은 본토의 집중 숙성 창고로 옮겨진다.

스카이 섬의 중심지 포트리. 인기 있는 관광 명소이며,
'포트리'는 왕의 항구라는 뜻이다.

하고 있고, 연간 5만~6만 명이 탈리스커를 찾
는다고 한다.

스톰
46% / 700㎖

포트 리
45.8% / 700㎖

탐두 ● Tamdhu

한때 거대한 맥아 제조 시설이 있었던 '밀주업자 계곡'의 위스키

보트 오브 가튼(Boat of Garten)과 크라이겔라키(Craigellachie)를 잇는 스트라스스페이 철도(Strathspey Railway)의 개통은 스페이 강 유역의 증류소에 큰 혜택을 가져다줬다. 1890년대에는 위스키 붐이 일어 1890년대 말에는 세 곳의 증류소가 스페이 강 중류 왼편에 잇달아 오픈했다. 녹칸두(Knockando), 임페리얼(Imperial), 그리고 탐두(Tamdhu)이다.

게일어로 '검은 언덕', '검은 무덤'을 뜻하는 탐두의 주변은 예로부터 수질이 좋아 '밀주업자의 계곡'이라 불려온 곳이다. 증류소는 그 중심부에 있다. 용수는 녹칸두 강(Knockando Burn)의 지하수가 샘물로 솟아나는 것을 사용한다.

탐두가 설립된 해는 임페리얼과 같은 1897년이다. 창업자 윌리엄 그랜트(William Grant)는 글렌피딕의 그랜트와는 다른 인물로, 엘긴(Elgin) 출신의 은행가였다. 하이랜드 디스틸러스(현 에드링턴 그룹)의 임원이기도 했다. 그러나 경영은 순조롭지 않아, 곧 경영난에 빠져 1911년에 폐쇄됐다. 그 후 1948년까지 생산 중단이 계속되었다.

1950년 당시 소유자였던 하이랜드 디스틸러스가 증류소를 새롭게 지었고, 이때 플로어 몰팅 대신 살라딘 박스(Saladin Box) 방식의 맥아 제조 방식이 도입되었다. 전통적인 플로어

살라딘 박스 방식의 맥아 제조 설비이다. 용량은 22t이지만, 현재는 사용되지 않는다.

몰팅과 드럼식 몰팅의 중간 형태로, 19세기 후반 프랑스인 살라딘(Saladin)에 의해 고안된 방법이다. 넓은 방의 바닥을 네모 형태로 구획하고, 거기에 보리를 넣어 아래에서 공기를 불어넣고 저어주는 방식이다. 기존 방식보다 효율이 대폭 향상되고, 경제성도 있었다.

탐두에는 10기의 살라딘 박스가 있었고, 각각 22t의 보리를 담을 수 있었다. 하루에 박스 2기 분량, 즉 44t을 처리, 연간 약 1만6000t의 맥아를 제조할 수 있었다. 지금은 사용되고 있지 않다.

현재 탐두는 이안 맥클라우드(Ian Macleod)가 소유하고 있다. 한 번 생산할 때 맥아 11.8t

을 투입한다. 발효조는 오리건 파인제 9기이
며, 스틸은 초류 3기, 재류 3기, 총 6기가 가동
중이다. 연간 생산 능력은 400만ℓ이지만, 대
부분이 블렌디드 위스키용이며, 싱글 몰트로
출하되는 양은 매우 적다.

■ Tasting Note(OB 12년, 43%)

아로마 : 리치하지만 약간 유황 느낌. 아마씨유, 밀기
울, 잉크. 물을 더하면 스위트해진다.

플레이버 : 스파이시하면서도 스위트하다. 내용은 풍
부하지만, 다소 정돈되지 않은 느낌. 물을 더하면 밸
런스가 무너진다.

종합평가 : 스페이사이드 위스키로는 두텁고 개성이
있다. 스트레이트로 시간을 들여 마실 것.

SCORE : 82.0점

■ 증류소 정보

소재지 : Knockando, Aberlour, Moray AB38 7RP

홈페이지 : https://www.tamdhu.com

소유자 : 이안 맥클라우드

설립 연도 : 1897년

발효조 : 오리건 파인 9기

증류기 : 초류 3기, 재류 3기

용수 : 녹칸두 강, 증류소 아래의 샘물

연간 생산능력 : 400만ℓ

블렌디드 위스키 : 커티 삭(Cutty Sark), 페이머스 그
라우스(The Famous Grouse)

탐나불린 ⦿ Tamnavulin

리벳 강 최상류에 있는 스페이사이드의 숨겨진 명주

증류소의 정식 명칭은 탐나불린 글렌리벳 (Tamnavulin-Glenlivet)이다. 글렌리벳이라는 이름이 붙은 것은 한때 스페이사이드에서 유행이었기 때문이다. 조지 스미스(George Smith)가 1824년에 창업한 글렌리벳의 명성을 차용하려는 목적이 있었다. 19세기 후반에는 이런 이름을 붙인 증류소가 20곳 가까이 있었다고 한다.

그중에는 리벳 계곡에서 30㎞ 떨어진 증류소도 있었고, 그래서 '스코틀랜드에서 가장 긴 계곡은 리벳 계곡'이라는 농담까지 생겨났을 정도다. 이 때문에 원조 글렌리벳만이 정관사(The)를 붙여 '더 글렌리벳'이라 불리게 된 것은 잘 알려진 이야기다. 그러나 현재 '글렌리벳'이라는 이름을 굳이 붙이는 증류소는 손에 꼽을 정도로 줄었다.

탐나불린이 설립된 것은 1966년으로, 비교

스테인리스제 발효조가 개방감 있는 턴 룸 안에 일렬로 늘어서 있다. 약간의 산미를 동반한 아로마가 감돌고 있다.

팟 스틸은 스트레이트 헤드형이며 총 6기이다. 과일향과 달콤한 풍미를 만들어낸다.

적 신생 증류소이다. 당시에 굳이 '글렌리벳'을 이름에 붙인 이유는 진짜로 리벳 강가에 세워졌기 때문이다.

창업자는 인버고든(Invergordon Distillers)이며, 증류소는 '더 글렌리벳' 증류소에서 남쪽으로 4㎞ 떨어진 탐나불린 마을에 있다. 탐나불린은 게일어로 '언덕 위의 물레방아'를 뜻한다. 실제로 언덕 위에는 이름의 유래가 된 곡물 분쇄용 물레방앗간이 있었다고 한다. 증류소의 전신은 작은 양모 방적 공장이다. 당시의 건물은 한때 비지터센터로 사용되었으나, 현재는 철거되어 없다.

탐나불린은 한 번 생산할 때 맥아 11t을 투입한다. 매시 턴은 풀 라우터 턴이고, 발효조는 스테인리스제 9기. 스틸은 초류 3기, 재류 3기 등 총 6기를 가동한다. 초류 스틸에는 냉각 효율을 높이기 위한 서브쿨러(sub-cooler)가 부착되어 있으며, 재류 스틸에는 더 라이트하고 순수한 느낌을 내기 위해 정류기가 부착돼 있다.

사용하는 맥아는 논-피티드이지만, 2010년부터 2013년까지는 페놀 수치 55ppm의 헤빌리 피티드 몰트도 극소량 양조한 적이 있다. 다만 현재는 피티드 맥아 양조는 하지 않고 있다.

필리핀의 엠페라도르(Emperador)가 소유하고 있다. 논-피티드의 탐나불린은 숨겨진 명주로 평가받지만, 스모키한 탐나불린을 기대하는 팬도 많다.

■ Tasting Note(OB 더블 캐스크, 40%)

아로마 : 리치하고 깊이 있다. 서양 배, 파파야, 아몬드. 물을 타면 당밀, 올로로소 셰리 느낌.

플레이버 : 달콤하고 부드러움. 바디는 그리 두껍지 않지만 밸런스는 잘 잡혀 있음. 물을 타면 다소 드라이해짐.

종합평가 : 잘 알려지지 않은 스페이사이드의 훌륭한 위스키. 물을 타면 바디가 사라지므로 스트레이트로 마시길 추천.

SCORE : 85.5점

■ 증류소 정보

소재지 : Tomnavoulin, Ballindalloch, Moray AB3 9JA

홈페이지 : https://www.tamnavulinwhisky.com

소유자 : 엠페라도르 디스틸러스

설립 연도 : 1966년

발효조 : 스테인리스 9기

증류기 : 초류 3기, 재류 3기

용수 : 지하에서 자연적으로 솟아나는 샘(Subterranean Spring)

연간 생산능력 : 400만ℓ

블렌디드 위스키 : 핀들레이터(Findlater), 화이트 앤 맥케이(White & Mackay)

티니닉 ● Teaninich

매시 필터를 도입하는 등
디아지오의 실험적 증류소

티니닉이 유일한 오피셜 보틀로 출시한 것은 1992년에 발매된 '꽃과 동물 시리즈' 10년 숙성 제품이다. 라벨에는 뛰어오르는 두 마리의 쇠돌고래가 그려져 있다. 증류소가 있는 크로마티 만(Cromarty Firth)은 쇠돌고래 서식지로 유명하다. 한때는 해안가에서도 자주 볼 수 있었다고 한다. 하지만 현재는 북해 유전의 석유 시추 시설들이 들어서 있어, 쇠돌고래가 살기에는 불편해 보인다.

로스(Ross)의 알네스(Alness) 마을을 흐르는 알네스 강을 사이에 두고 동쪽에는 달모어(Dalmore) 증류소가, 서쪽에는 티니닉 증류소가 있다. 인버네스(Inverness)에서 윅(Wick)으로 향하는 주요 도로인 A9번 국도를 따라 지어져 도로에서도 거대한 건물 일부가 보인다. 티니닉은 게일어로 '황야 속의 집'이라는 뜻이다.

로스는 예로부터 밀주 제조가 성행했던 곳이다. 한때는 지역에서 생산되는 보리의 대부분이 밀주를 만드는 데 사용되었다고 한다. 당연히 등록된 증류소와 밀주업자 간의 경쟁이 치열했고, 등록 증류소 여러 곳이 폐쇄되기도 했다.

지역 명사인 캡틴 휴 먼로(Hugh Munro)가 1817년 자신의 영지에 증류소를 지었다. 먼로는 의회 청문회에 출석해 밀주 실태를 증언하는 등의 노력을 함으로써 1823년 주세법이 대폭 개정되었다. 이로써 밀주 시대는 막을 내렸다.

2015년 리모델링 공사 후 외관이 새로워졌다. 디아지오 내에서는 실험적인 시도를 하고 있다.

주세법 개정 후 티니닉은 생산량이 궤도에 올랐고, 1830년대에는 설립 초기보다 생산량이 30배나 늘었다. 하지만 1933년 DCL(현 디아지오)에 인수되었다. 1970년에는 오래된 티니닉 증류소 옆에 완전히 새로운 증류소가 세워졌다. 새로운 증류소는 팟 스틸 6기를 갖춘 현대적인 시설이었다. 2015년에는 대대적인 확장 공사를 통해 스틸 수가 12기로 늘었다. 생산 능력도 1020만ℓ로, 디아지오의 증류소 중 로즈아일(Roseisle), 글렌오드(Glen Ord)에 이어 세 번째로 큰 규모이다.

티니닉이 독특한 점은 일반적인 롤러 밀(Roller Mill)[1]과 매시 턴 대신 해머 밀(Hammer Mill)[2]과 당화 탱크(Saccharification Tank)[3], 매시 필터(Mash Filter)[4]를 사용했다는 것이다. 이는

---

1 원통형 롤러를 서로 마주보거나 평판에 대고 회전시켜 곡물, 자갈 등을 분쇄하는 기계.
2 맥아를 고속 회전하는 망치로 미세하게 분쇄하는 기계.
3 맥아의 전분을 당분으로 바꾸는 당화 과정을 진행하는 탱크.
4 맥즙을 여과하는 현대적인 장비. 여러 개의 여과판을 사용해 압력으로 맥즙을 빠르게 분리해낸다.

보리 맥아 외에 밀이나 호밀 같은 곡물도 처리하기 위함이다. 스카치 위스키 중에는 인치데어니 증류소도 이 방식을 채택하고 있다.

발효조는 스테인리스 스틸 2기, 목재 18기로 거대한 규모이다. 발효 시간은 75시간으로 통일되어 있다. 규모도 크지만 최신 기술을 도입하는 등 디아지오 내에서는 실험적인 증류소로 알려져 있다.

■ Tasting Note(OB 10년, 43%)

아로마 : 캔디, 시트러스, 민트, 타임(Thyme)[5]. 아로마틱하고 꽃의 케이스 같다. 물을 더하면 더욱 향긋해진다.

플레이버 : 라이트 바디이지만, 스무스하고 품위가 있다. 밸런스가 잘 잡혀 있어 기분 좋은 맛.

종합평가 : 향긋한 하이랜드의 훌륭한 위스키. 스트레이트 또는 아주 소량의 물을 더해 마시는 것을 추천한다.

SCORE : 89.5점

■ 증류소 정보

소재지 : Alness, Ross & Cromarty, Highland IV17 OXB

웹사이트 : https://www.malts.com/

소유자 : 디아지오

설립 연도 : 1817년

발효조 : 낙엽송 18기, 스테인리스 스틸 2기

증류기 : 초류 6기, 재류 6기

용수 : 데어리 웰의 샘물(Dairy Well Spring)

연간 생산능력 : 1020만ℓ

블렌디드 위스키 : 조니워커(Johnnie Walker), 헤이그 (Haig)

---

5 백리향. 깊은 숲속에서 나는 나무 냄새와 함께 특유의 상큼한 향이 난다.

토버모리 ◉ Tobermory

논-피티드의 토버모리와
피티드의 레칙을 생산

멀 섬(Isle of Mull)은 스카이(Skye) 섬과 아일라(Islay) 섬 중간에 있는 큰 섬이다. 토버모리 증류소는 섬의 중심지인 토버모리 어항(漁港)에 면해 세워졌다. 멀 섬 서쪽에는 유명한 이오나(Iona) 섬이 있다. 성 콜룸바(Saint Columba)[1]가 스코틀랜드에 기독교를 전파하고 수도원을 세운 곳이다(563년). 콜룸바는 이곳에서 시작해 하이랜드 각지로 포교를 떠났다. 역대 스코틀랜드 왕들의 묘지도 이오나 수도원에 있어, 스코틀랜드 제1의 순례지이다. 이오나 섬에 가려면 멀 섬을 경유해야 해서 많은 관광객이 몰려든다.

토버모리가 설립된 것은 1798년이다. 토버모리는 게일어로 '메리의 우물(Mary's well)'[2]이라는 뜻이다. 원래는 지역 사업가 존 싱클레어(John Sinclair)가 설립했지만, 여러 차례 주인이 바뀌면서 운영과 중단을 반복했다. 생산이 안정화된 것은 1993년 번 스튜어트(Burn Stewart Distiller)가 인수한 후이다. 번 스튜어트도 이후 CL 파이낸셜과 디스텔(Distell) 그룹[3]에 인수되었다. 현 소유주인 디스텔 그룹이

공간이 부족했던 탓인지 라인 암이 짧고 이상한 모양으로 구부러져 있다.

토버모리를 인수한 것은 2013년이다. 이후 아일라 섬의 부나하벤(Bunnahabhain), 남부 하이랜드의 딘스톤(Deanston) 증류소도 디스텔 그룹이 인수했다.

토버모리는 2017년 봄부터 2년 반 가까이 대대적인 리모델링 공사를 했다. 2019년 가을 재가동을 시작했다. 매시 턴과 팟 스틸도 교체했다. 현재 생산 방식은 과거와 같이 한 번 생산할 때 맥아 5t을 사용한다. 발효조는 4개의 새로운 목재 제품을 도입했다.

팟 스틸은 초류 2기, 재류 2기 등 총 4기 있다. 그중 한 쌍은 2014년에, 나머지 한 쌍도 2019년 여름에 새것으로 교체했다. 연간 생산 능력은 100만ℓ이지만, 현재 그 절반 정도만

---

1 아일랜드 왕족 출신으로, 563년 12명의 제자들과 함께 아일랜드를 떠나 스코틀랜드 이오나에 정착해 수도원을 세웠다. 스코틀랜드의 수호성인.
2 성모 마리아(영어로 Mary)에게 헌정된 중세 시대 성스러운 우물. 현재 남아 있지 않지만, 중세 때 이 우물은 약효가 있는 것으로 유명했고, 영적 세계로 통하는 통로로 여겨졌다.
3 2023년 네덜란드 다국적 주류 회사 하이네켄NV에 인수됐다.

생산하고 있다.

토버모리는 논-피티드의 토버모리와 헤빌리 피티드(35~40ppm)의 레칙(Ledaig) 두 가지를 생산한다. 비율은 45대 55로, 스모키한 레칙 생산량이 더 많다.

같은 설비에서 만드는 논-피티드와 헤빌리 피티드 위스키는 어떻게 다를까. 그것을 알기 위한 최적의 증류소이다.

■ Tasting Note(레칙 46.3%)
아로마 : 스모키하고 피티. 콘텐츠가 응축되어 있어 두텁다. 요오드, 훈제 생선, 키퍼스(Kippers)[4], 오일리.
플레이버 : 스모키하지만 스위트하고 스무스하다. 오일리하고 감칠맛 성분이 응축되어 있다.
종합평가 : 이전 제품보다 밸런스가 뛰어나고, 더욱 스모키하고 피티하다. 풍미도 좋고 우수하다. 스트레이트로 천천히 음미하는 것을 추천한다.
SCORE : 89.5점

■ 증류소 정보
소재지 : Tobermory, Isle of Mull, Argyll & Bute PA75 6NR
홈페이지 : https://tobermorydistillery.com/
소유자 : 디스텔 그룹
설립 연도 : 1798년
발효조 : 오리건 파인 4기
증류기 : 초류 2기, 재류 2기
용수 : 미시니쉬 호(Mishnish Lochs)
연간 생산능력 : 100만ℓ
블렌디드 위스키 : 바클레이(Barclays), 블랙 보틀(Black Bottle)

---

4 청어를 절반으로 쪼개어 내장을 제거하고 소금에 절인 후 연기가 나는 나무 조각 위에서 냉훈연한 것.

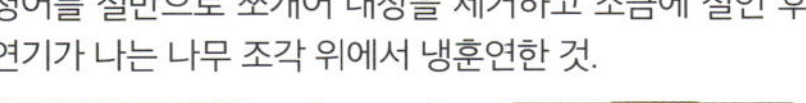

토마틴 ● Tomatin

과거 장어 양식을 했던
일본 기업이 소유한 증류소

오늘날 스코틀랜드 몰트 위스키 증류소의 절반 가까이는 외국 기업이 소유하고 있다. 처음으로 일본 기업이 소유하게 된 것이 토마틴 증류소다. 이 증류소는 1897년 인버네스(Inverness)에서 남쪽으로 약 25㎞ 떨어진 토마틴 마을 외곽에 지어졌다.

토마틴은 게일어로 '노간주나무가 우거진 언덕'을 의미한다. 당초 2기뿐이던 스틸은 1956년 4기, 1958년 6기, 1961년 10기로 증설되었다. 그 기세는 멈추지 않고 1974년에는 23기까지 늘었다.

당시 스코틀랜드에서는 최대 규모로, 생산 능력도 1200만ℓ를 넘었다. 하지만 스코틀랜드 위스키의 전성기는 1970년대 후반이었고, 그 후 30년 가까이는 대불황 시대로 접어들었다.

토마틴은 그 영향을 정면으로 받은 증류소 중 하나다. 1980년대에는 경영이 어려워졌고, 1986년 일본의 다카라주조(寶酒造)와 오쿠라상사(大倉商事)의 합작 회사가 인수했다. 일본 기업이 스코틀랜드 위스키 증류소를 인수한 첫 사례다. 이후 1989년 닛카(Nikka)가 벤네비스(Ben Nevis) 증류소를, 1994년에는 산토리(Suntory)가 모리슨 보모어(Morrison Bowmore) 증류소를 각각 인수했다.

오쿠라상사의 지분은 이후 마루베니상사(丸紅商事)의 소유가 되었고, 현재는 다카라주조, 마루베니, 식품 유통 회사 고쿠분(國分) 등 세 회사가 지분을 갖고 있다.

토마틴은 한 번 생산할 때 맥아 9t을 투입한다. 매시 턴은 스테인리스제 풀 라우터 턴 방식이다. 발효조는 과거에 코르텐 스틸(Corten Steel)[1] 재질도 사용되었으나, 현재는 모두 스테인리스 재질로 바뀌었다. 스틸은 전성기의 절반인 12기가 있다. 생산 능력은 500만ℓ로 여전히 큰 편이지만, 현재는 연간 180만ℓ 정도 생산한다고 한다. 과거에는 전량 블렌디드 위스키용이었고, 특히 다른 회사에 공급하는 양이 많았다. 지금은 싱글 몰트에 주력하고 있다.

현재 정규 제품으로는 숙성 연수가 표시되지 않은 NAS(No Aging Statement) 제품인 레거시(Legacy)가 있으며, 12년, 18년, 30년 등

벌지형의 재류 스틸. 과거에는 23기의 스틸이 가동되었으나, 현재는 12기로 전성기의 절반 수준이다.

---

1 강철에 구리와 인을 첨가해 만들어진 강재. 일반 강에 비해 내식성이 우수하다. 외벽 마감재 등으로 사용된다.

도 있다. 40ppm의 헤빌리 피티드 맥아를 사용한 '쿠 보칸(Cù Bòcan)' 시리즈도 인기가 있다. 2019년 출시한 '크리에이션 #2'는 소주를 담았던 캐스크를 사용한 세계 최초의 싱글 몰트로 화제가 되었다.

여담이지만 1970년대 전성기에는 대량으로 배출되는 온수를 사용하여 장어 양식을 했다고 한다. 원래 토마틴의 원액은 일본으로 수출되어 일본 기업과의 관계가 깊었다. 이것이 장어 양식을 했던 이유일 수도 있다.

■ Tasting Note(OB 12년, 43%)

아로마 : 두께감이 있다. 맥아, 밀기울 향. 약간 스모키. 잘 익은 과일. 복합적. 물을 더하면 스위트하고 프루티.

플레이버 : 스위트하고 튼튼한 콘텐츠가 있다. 밸런스도 나쁘지 않다. 물을 더하면 다소 평범해진다.

종합평가 : 클래식한 토마틴. 다소 촌스러운 느낌도 있지만, 스트레이트로 즐기는 것이 좋다.

SCORE : 84.5점

■ 증류소 정보

소재지 : Tomatin, Inverness, Highland IV13 7YT
홈페이지 : https://www.tomatin.com/
소유자 : 다카라주조 등
설립 연도 : 1897년
발효조 : 스테인리스 12기
증류기 : 초류 6기, 재류 6기
용수 : 올타나프리스(Alt-na-frith) 강
연간 생산능력 : 500만ℓ
블렌디드 위스키 : 토마틴(Tomatin), 안티쿼리(Antiquary)

토민타울 ● Tomintoul

토민타울 증류소는 스페이 강(River Spey)의 지류인 에이번 강(River Avon, 현지 발음으로는 '아안') 주변의 산 깊은 골짜기 마을에 세워져 있다. 증류소 이름은 토민타울 마을에서 따온 것으로, 하이랜드에서도 가장 해발고도가 높은 마을(약 350m)로 유명하다.

기후도 서늘하며, 겨울철에는 종종 눈으로 교통이 차단되어 육지의 섬이 되기도 한다. 증류소는 그 마을에서 약 9㎞ 정도 내려간 곳에 있다. 그래서 고도는 브레이발(Braeval)이나 달위니(Dalwhinnie) 증류소보다 낮다.

토민타울은 게일어로 '헛간 모양의 작은 언덕'이라는 뜻이다. 주변에는 케언곰(Cairngorm) 산[1]이나 크롬데일 힐스(Cromdale Hills)가 있어, 하이커나 힐워커들에게 인기 있는 베이스캠프가 되고 있다.

증류소가 문을 연 것은 1965년이며, 당시로서는 근대적인 설비가 강점이었다. 원래 글래스고의 위스키 거래상들이 세웠지만, 1970년대에 화이트 앤 맥케이(Whyte & Mackay) 그룹이 인수했다. 이 회사의 블렌디드 스카치인 화이트 앤 맥케이의 몰트 원액으로 사용되어 왔다.

그 뒤 2000년에 런던의 독립병입업체 '앵거

29t을 실을 수 있는 맥아 운반 차량이 도착해 '몰트 인테이크(Malt Intake)'라는 반입구에 맥아를 쏟아붓고 있다.

스 던디(Angus Dundee Distillers)'가 토민타울을 인수했고, 현재도 이 회사의 산하에 있다. 앵거스 던디의 주요 사업은 슈퍼마켓용이나 백화점용의 자체 라벨(Own Label) 위스키를 제조하는 것이다. 이 사업은 영국 국내에만 머무르지 않고, 몽골이나 한국 등 전 세계로 퍼져 있다. 몽골의 '요코즈나' 위스키, 한국의 '골든블루' 위스키 등은 앵거스 던디가 블렌딩한 것이다.

토민타울은 현재 한 번 생산할 때 맥아 12t을 사용한다. 발효조는 스테인리스 스틸제로 6기가 있다. 스틸은 초류와 재류를 합쳐 4기가 가동된다. 증류소 이름을 내건 토민타울 위스키는 논-피티드이지만, 2001년부터 페놀 수치 55ppm의 헤빌리 피티드 위스키도 만들고 있다. 이 원액은 '올드 발란트루안(Old Ballantruan)'이라는 이름으로 병입되고 있다. 용수는 증류소 뒤편의 발란트루안 산의 샘물을 이용한다.

---

1 스코틀랜드에서 가장 높은 산으로, 해발 1245m이다. 케언곰 국립공원은 영국에서 가장 큰 국립공원이다.

토민타울의 팟 스틸은 초류 2기, 재류 2기이다. 왼쪽이
초류 스틸이고, 오른쪽이 재류 스틸이다.

■ Tasting Note(OB 10년 40%)

아로마 : 드라이하며 희미한 탄 냄새가 난다. 맥아, 멘
솔, 숯. 복합적이며 깊이가 있다. 물을 더하면 스위트
해진다.

플레이버 : 소프트하고 스무스하다. 독특한 풍미가 있
으며, 어딘가 데킬라와 비슷하다. 스파이스, 허브, 갓
구운 빵.

종합평가 : 용수 때문인지 개성적인 아로마가 있어 독
특하다. 스트레이트를 추천한다.

SCORE : 85.5점

■ 증류소 정보

소재지 : Tomintoul, Ballindalloch, Moray B37 9AQ

홈페이지 : https://www.tomintoulwhisky.com/

소유자 : 앵거스 던디

설립 연도 : 1964년

발효조 : 스테인리스 6기

증류기 : 초류 2기, 재류 2기

용수 : 발란트루안의 샘물

연간 생산능력 : 330만ℓ

블렌디드 위스키 : 핀들레이터(Findlater's), 화이트
앤 맥케이

토라베이그 ◉ **Torabhaig**

바다 근처 언덕 위에 세워진 토라베이그 증류소. 주변에 민가도 없는 절경의 장소이다.

세계적인 크루즈 회사가 소유한
스카이 섬에 탄생한 두 번째 증류소

스카이 섬(Isle of Skye)에 탈리스커(Talisker)에 이어 두 번째 증류소인 토라베이그가 문을 연 것은 2017년 1월이다. 증류소는 스카이 섬 남부의 아마데일(Armadale) 근처, 만(灣)이 내려다보이는 고지대에 세워졌다. 토라베이그는 게일어로 '바다를 내려다보는 고지대'라는 뜻이다. 원래 이곳에는 1825년에 지어진 오래된 농가가 있었으며, 그 농가 건물을 개조해 증류소를 열었다. 농가 건물 자체는 보존 의무가 있었기 때문에, 모든 지붕과 석조 구조를 한 번 해체해 그 안에 증류 설비를 넣은 후, 다시 돌 하나하나를 퍼즐처럼 끼워 맞춰 완성했다고 한다. 이 때문에 신축하는 것보다 두 배 이상의 시간과 돈이 들었다.

토라베이그는 원래 게일어 문화 부흥에 힘썼던 고(故) 이안 노블 경(Sir Iain Noble)이 계획했던 것이다. 노블 경은 저명한 은행가였고, 1970년대 토라베이그 주변의 토지와 건물을 손에 넣었다. 테 비그(Té Bheag) 등 게일릭 위스키를 출시하기도 했다. 그는 자신의 증류소를 세우려던 2010년에 세상을 떠났다. 그의 유지를 이어받아 사업을 지속시킨 회사가 현 소유주인 모스번(Mossburn Distillers)이었다.

"2013년에 돌아가신 이안 노블 경의 부인(레이디 노블)과 매매 계약을 맺었고, 그때부터 4년에 걸친 건설 계획이 시작되었습니다. 모스번의 모회사는 네덜란드 회사인 마루시아 베버리지(Marussia Beverages)이지만, 그 회사를 소유한 것은 스웨덴의 하이든 홀딩스(Haydn Holding AB)입니다. 즉, 스웨덴 회사가 소유한 최초의 스카치 위스키 증류소가 토라베이그입니다."

토라베이그는 한 번 생산할 때 맥아 1.5t을 사용한다. 이것으로 6000ℓ의 맥즙을 추출한다. 사용하는 맥아는 페놀 수치 50~75ppm의 헤빌리 피티드 맥아뿐이다. 발효조로 스웨덴산 더글러스 퍼 재질의 8기가 있다.

팟 스틸은 2기뿐이지만, 건물의 구조적 문제로 인해 일반적인 방식과는 다르게 배치되어 있다. 초류와 재류의 응축기가 서로 이웃해 있어, 마치 두 증류기가 서로 마주 보고 이야기하는 듯한 모습이다. 게다가 초류 스틸은 이안 노블, 재류 스틸은 레이디 노블이라고 이름이 붙여져 있다. 증류소 직원들은 두 사람이 마치 대화를 나누는 것 같다고 말한다.

기념품점과 카페도 잘 갖춰져 있다. 이곳에서는 일본 효고 현 아카시(明石)에서 생산하는 일본의 술(사케)도 판매되고 있다. 소유주인 스웨덴 회사는 호화 여객선 크루즈를 운영하는 회사로, 그 회사가 일본의 주류 업체 아카시주류양조에 투자했기 때문이라고 한다.

■ 증류소 정보
소재지 : Teangue Sleat, Isle of Skye, Highland IV44 8RE
홈페이지 : https://www.torabhaig.com/
소유자 : 하이든 홀딩스(모스번 디스틸러스)
설립 연도 : 2017년
발효조 : 더글러스 퍼 8기
증류기 : 초류 1기, 재류 1기
용수 : 올트그린 강(Allt Gleann Burn), 올트브레아키 강(Allt Breacach Burn)
연간 생산능력 : 50만ℓ

해초를 먹고 자라는 세상에서 가장 불쌍한 양?!

해초를 먹고 자란다는 이유로 영국의 동물 보호 단체로부터 '세상에서 가장 불쌍한 양'이라는 딱지가 붙은 양들이 있다. 이들은 오크니 제도(Orkney Islands)의 북쪽 끝자락 노스 로날지(North Ronaldsay)에 사는 양들이다. 이 섬만의 고유종으로, 5000년 이전부터 서식해 온 고대종의 일종이라고 한다.

양들이 해초를 먹게 된 것은 섬에 사람이 살기 시작한 이후였다. 사람들은 자신들의 밭을 양으로부터 보호하기 위해 1.5m에 가까운 돌담을 해안선을 따라 빙 둘러 쌓았고, 원래 있던 야생 양들을 그 돌담 바깥으로 몰아냈다. 불쌍한 양들은 돌투성이의 해안에서 주로 해초를 먹고 살아왔다.

그런데 최근 이 양들은 육질의 우수성과 희소성 때문에 전 세계 미식가들 사이에서 좋은 평판을 얻고 있다. 현재는 오크니 제도의 특산품이 되었다. 물론 목초나 배합 사료는 일절 주지 않고, 옛 방식 그대로 자연 방목한다.

게다가 바람이 강한 해변에서 자라기 때문에, 양털도 일반적인 양에 비해 유분이 많다. 레어 브리드(Rare Breed) 양모 애호가들에게는 보물과도 같다고 한다.

오크니의 레스토랑에서 이 양고기가 메뉴에 오르는 일은 드물지만, 양털은 현지 커크월(Kirkwall)의 가게에서 구할 수 있다. 회갈색의 천연 울이며, 다른 양털에 비해 가격은 3배 가까이 된다. 참고로 해초를 먹고 자란 양고기는 미네랄 성분이 많고 독특한 감칠맛이 있다고 한다.

토모어 ● Tormore

제2차 세계대전 후 처음으로 건설된 건축학적으로 주목받는 증류소

토모어 증류소는 제2차 세계대전 후 처음으로 스페이사이드에 건설된 본격적인 증류소이다. 설립은 1958년으로 되어 있지만, 실제 생산이 시작된 것은 1960년부터이다.

설립자는 대형 주류 업체인 쉔리(Schenley)였지만, 1970년대에 맥주 업계 최대 규모였던 휘트브레드(Whitbread)가 인수했다. 그 후 소유주는 얼라이드 도멕(Allied Domecq)을 거쳐 현재의 페르노리카로 이어졌다. 1960년대부터 70년대에 걸쳐 많은 맥주 회사들이 스카치 위스키 산업에 진출했고, 토모어도 그중 하나였다.

증류소 건물은 흰 외벽과 모스 그린(Moss Green)[1]으로 칠해진 지붕, 아치형 장식 구조로 이루어져 모르는 사람이 보면 거대한 레저 센터처럼 보일 수도 있다. 이것은 영국왕립미술원(Royal Academy of Arts) 회장을 역임한 건축가 앨버트 리처드슨 경(Sir Albert Richardson)이 설계한 것이다. 아름다운 증류소로 건축학적 평가도 높다.

특이한 점은 부지 내에 인공 연못을 만들었다는 것이다. 겨울철에는 컬링장으로 사용되었다. 컬링은 골프와 마찬가지로 스코틀랜드가 탄생시킨 스포츠이며, 스페이사이드는 컬

마치 교회처럼 보이는 토모어의 증류동. 뉴팟(New Pot)은 탱크로리로 오크 캐스크에 넣는 시설로 옮긴다.

링의 고향이기도 하다. 컬링은 증류소 직원들의 겨울철 레크리에이션이었고, 예전에는 각 증류소 간의 시합도 활발했다고 한다.

현재 토모어 증류소는 한 번 생산할 때 맥아 10.4t을 사용한다. 매시 턴은 풀 라우터 턴이며, 발효조는 스테인리스 스틸제 11기가 있다. 스틸은 체육관처럼 천장이 높은 건물 안에 초류 4기, 재류 4기 등 총 8기가 나란히 배치되어 있다. 모두 스트레이트 헤드형이지만, 가볍고 깔끔한 스타일의 원액을 생산할 목적으로, 기기마다 정류기가 달려 있는 것이 토모어의 가장 큰 특징이다.

용수는 악보키 번(Achvochkie Burn) 개울의 물이다. 이 작은 개울은 증류소 뒤편 언덕 위에 있는 안 오르 호수(Loch an Oir, '황금의 호수'라는 뜻)에서 흘러나온 것이다. 피트 향을 은은하게 머금은 연수(軟水)로, 예로부터 위스키 제조에 최적이라고 전해 내려온 물이다.

---

[1] 노란 끼가 많이 도는 어두운 녹색으로, 이끼와 색조가 비슷하다.

스트레이트 헤드형 팟 스틸이다. 모두 사이트 글라스 (Sight Glass)²와 정류기가 달려 있는 것이 특징이다.

2 팟 스틸에 설치된 유리창. 내부의 증류액 상태를 관찰할 수 있다.

■ Tasting Note(OB 14년 43%)

아로마 : 스위트하고 리치. 바닐라, 꿀, 체리, 멜론, 잘 익은 과일. 물을 더하면 초콜릿, 견과류.

플레이버 : 스무스하고 스위트. 콘텐츠도 있고 밸런스도 잡혀 있다. 희미하게 스파이시하다. 물을 더하면 더욱 스위트해진다.

종합평가 : 클린하고 라이트하지만, 콘텐츠가 확실하다. 물을 약간 더하는 것이 좋다.

SCORE : 86.0점

■ 증류소 정보

소재지 : Advie, Badenoch, Highland PH26 3LR

홈페이지 : http://www.tormoredistillery.com/

소유자 : 페르노리카

설립 연도 : 1958년

발효조 : 스테인리스제 11기

증류기 : 초류 4기, 재류 4기

용수 : 악보키 번 개울물

연간 생산능력 : 480만ℓ

블렌디드 위스키 : 발렌타인(Ballantine's), 롱 존(Long John)

툴리바딘 ● Tullibardine

'하이랜드 퀸'의 원액 확보를 위해 프랑스 와인 회사가 인수

퍼스셔(Perthshire)의 블랙포드(Blackford) 마을에 1949년 툴리바딘 증류소가 세워졌다. 창업자는 설계 기사로 알려진 윌리엄 델메-에번스(William Delmé-Evans)이다.

하지만 설립 4년 후인 1953년에 소유주가 바뀌었고, 그 후에도 가동과 중단을 반복했다. 2003년 DCL(현 디아지오)에서 임원을 지낸 마이클 비미시(Michael Beamish) 등이 인수했다. 이때 증류소 옆에 거대한 쇼핑센터도 함께 지었지만, 2008년 리먼 브라더스 사태로 인한 금융위기 때 경영이 악화되었다.

2011년 현 소유주인 프랑스 주류 회사 피카드 뱅 스피리튜(Picard Vins & Spiritueux)가 툴리바딘을 인수한 뒤 경영이 안정되었다. 이 회사는 와인과 스피릿(증류주)을 판매하며, 2008년 블렌디드 스카치 위스키 브랜드인 '하이랜드 퀸(Highland Queen)'의 권리를 획득

증류소는 스털링 성으로 향하는 간선도로 옆에 있어 방문객이 많다. 앞쪽에 보이는 것은 냉각수 연못이다.

스틸은 초류와 재류 등 총 4기 있다. 배치는 변하지 않았지만 2010년에 대대적인 리모델링이 이루어져 인상이 바뀌었다.

했다. 그리고 원액 증류소로 툴리바딘을 손에 넣은 것이다.

피카드는 인수 후 쇼핑몰을 철거했다. 그 자리에 쿠퍼리지(Cooperage)와 숙성고를 지었고, 비지터 센터도 개축했다. 현재는 하이랜드 퀸과 툴리바딘에 주력하고 있다.

하이랜드 퀸 위스키는 원래 프랑스에서 인기가 높았다. 코로나 사태 이전에 툴리바딘 증류소는 많은 프랑스 관광객들로 붐볐다. 블랙포드 마을은 '하이랜드 스프링(Highland Spring)' 샘물 브랜드 등 물이 빼어난 것으로 유명하다. 게다가 스코틀랜드 최대 규모의 스털링 성(Stirling Castle)과도 가깝기 때문에 관광 명소로 방문하는 사람도 많다.

툴리바딘은 현재 한 번 생산할 때 맥아 6.2t을 사용한다. 매시 턴은 세미 라우터 턴이며, 발효조는 스테인리스 스틸제 9기가 있다. 스틸은 초류 2기, 재류 2기 등 총 4기가 가동된다. 냉각 장치는 원래 델메-에번스가 고안했다

는 셸 앤 튜브 방식의 더블 콘덴서였지만, 피
카드가 인수한 후로는 일반적인 시설로 교체
되었다.

싱글 몰트로는 NAS(숙성 연수 미표기) 제품
의 소버린(Sovereign) 외에, 225 소테른 피니
시(225 Sauternes Finish), 228 버건디 피니시
(228 Burgundy Finish) 등이 있다. 프랑스 와
인 업체다운 라인업이다. 숫자 '225'는 보르
도(Bordeaux)나 소테른(Sauternes) 와인을 담
은 캐스크의 용량(ℓ)이며, '228'은 부르고뉴
(Bourgogne) 지역 와인 캐스크의 용량이다. 버
건디는 부르고뉴의 영국식 명칭이다.

■ Tasting Note(OB 소버린 43%)

아로마 : 라이트하며 바닐라, 메이플, 시트러스, 사과,
서양 배. 물을 더하면 다소 드라이해진다.

플레이버 : 부드럽고 소프트하지만, 약간 오일리. 우
아한 단맛이 있다. 물을 더하면 바디감이 약해진다.

종합평가 : 전체적인 밸런스는 잡혀 있지만, 숙성 연
수가 짧은 느낌이 약간 신경 쓰인다. 물을 더하면 바
디감이 약해지므로, 스트레이트나 소량의 물을 더해
마시길 추천한다.

SCORE : 83.5점

■ 증류소 정보

소재지 : Blackford, Perth & Kinross PH4 1QG
홈페이지 : https://www.tullibardine.com/
소유자 : 피카드 뱅 스피리튜
설립 연도 : 1949년
발효조 : 스테인리스 9기
증류기 : 초류 2기, 재류 2기
용수 : 대니 번(Danny Burn) 개울물
연간 생산능력 : 300만ℓ
블렌디드 위스키 : 하이랜드 퀸

울프번 ● Wolfburn

본토 최북단 마을에 탄생한
정통파 크래프트 증류소

본토 최북단 마을 서소(Thurso) 외곽의 공업 단지 안에 2013년 울프번 증류소가 문을 열었다. 1821년에 설립된 같은 이름의 증류소가 있었으나, 19세기 후반에 폐쇄되어 서소 마을에서는 오랫동안 위스키가 생산되지 않았다.

"지역에 새로운 증류소를 세운다면 이름은 당연히 울프번을 생각했어요. 2012년 계획을 실행했고, 이듬해인 2013년 1월 첫 증류를 진행했습니다. 회사 이름을 오로라 브루잉(Aurora Brewing)으로 정한 것은 주민들이 지역 맥주 회사를 떠올려 방해받지 않으려는 생각이었지요(웃음). 모든 것이 갖춰질 때까지 울프번 이름은 숨기고 싶었습니다."

오로라 브루잉 창업자 앤드류 톰슨.

창립자 앤드류 톰슨(Andrew Thompson)이 한 말이다. 울프번이라는 이름은 지역 주민들에게 그만큼 애착이 있는 이름이었다. 앤드류는 케이스니스(Caithness) 출신으로, 남아프리카에서 위성통신 사업을 운영하는 사업가다. 그는 남아프리카와 스코틀랜드를 오가며 틈틈이 전 세계를 대상으로 마케팅 활동을 하고 있다.

울프번은 한 번 생산할 때 1.1t의 맥아를 사용하고, 5500ℓ의 맥즙을 추출한다. 처음에는 논-피티드 맥아만 사용했지만, 현재는 페놀 수치 10ppm의 라이틀리 피티드 맥아도 사용한다. 매시 턴부터 발효조, 스틸에 이르기까지 모두 포사이스(Forsyth) 제품이다. 증류소는 노스 하이랜드(North Highland)에 있지만, 목표로 정한 스타일은 프루티하고 스위트한 스페이사이드 몰트이다. 라이틀리 피티드 맥아를 사용하는 것은 과거 스페이사이드의 전통 때문이라고 한다.

스틸은 초류 1기, 재류 1기 등 2기뿐이다. 초류 스틸에는 발효조 1기분인 5500ℓ를 채우고, 재류 스틸에는 로우 와인(Low Wine)과 페인츠(Faints)를 합하여 총 3600ℓ를 채운다. 사용하는 캐스크는 퍼스트 필 버번 캐스크(First-Fill Bourbon Cask)가 주를 이루며, 이것을 작은 사이즈로 줄인 쿼터 캐스크(Quarter Cask), 호그스헤드 캐스크(Hogshead Cask)[1], 셰리 캐스

---

1 주로 버번 캐스크를 해체 후 재조립해 만들어 용량은 약 200ℓ이다.

크(Sherry Cask) 등도 사용한다.

2016년부터 싱글 몰트를 출시하고 있으며, 라인업에는 노스랜드(Northland), 오로라(Aurora), 그리고 모어븐(Morven) 등 다채로운 시리즈가 있다.

■ **Tasting Note(노스랜드 46%)**

아로마 : 프루티하고 리치. 클린하고 스무스. 맥아당, 바닐라, 크림, 오크향.

플레이버 : 스위트하고 밸런스가 좋고, 기분이 좋다. 라이트에서 미디엄 바디이지만 제대로 잡혀 있다. 여운은 중간 정도다.

종합평가 : 아직 오래되지 않았지만 밸런스가 잡혀 있어 미래에 대한 기대를 갖게 한다. 아주 소량의 물을 더해 즐기는 것이 좋을 수 있다.

SCORE : 84.5점

■ **증류소 정보**

소재지 : Henderson Park, Thurso, Caithness, KW14 7XW

홈페이지 : https://wolfburn.com/

소유자 : 오로라 브루잉(Aurora Brewing)

설립 연도 : 2013년

발효조 : 스테인리스 4기

증류기 : 초류 1기, 재류 1기

용수 : 울프 번(Wolf Burn) 강, 어퍼 오름리(Upper Olrmlie)의 샘

연간 생산능력 : 13만5000ℓ

블렌디드 위스키 :

'스코티시 사무라이'
토마스 글로버에 얽힌 위스키

몰트 위스키의 팬이라면 스카치 몰트 위스키와 재패니즈 몰트 위스키를 블렌딩한 '퓨전 위스키'가 있다는 사실을 알고 잇다. '더 글로버(The Glover)'라는 이름의 위스키이다. 독립병입업체인 아델피(Adelphi)가 약 10년 전에 출시한 한정판 보틀이다. 1차 출시분은 14년 숙성이었다. 그 후 18년, 22년 숙성 제품이 출시되었다.

아델피가 이런 위스키를 만든 데에는 배경이 있다. 글로버는 일본 에도막부 말기부터 메이지 유신 시기에 걸쳐 활약한 토마스 글로버(Thomas Glover)를 가리킨다. 글로버는 스코틀랜드 애버딘(Aberdeen) 출신으로, 자딘 매시선(Jardine Matheson)[1] 회사의 대리인으로 개항 직후에 나가사키에 왔다. 1859년, 글로버가 21세 때였다. 그 후 '글로버 상회'를 설립했다. 일본의 근대화에 많은 공헌을 했다.

아델피의 설립자 중 한 명인 알렉스 브루스(Alex Bruce)의 5대조 할아버지가 제8대 엘긴 백작인 제임스 브루스(James Bruce, 8th Earl of Elgin)이다. 엘긴 백작이 영국 여왕의 대리인으로서 에도막부와 조인한 것이 1858년의 영일수호통상조약이다. 이 조약으로 나가사키와 요코하마가 영국인들에게도 개방되었다.

이듬해 1859년에 토마스 글로버가 일본으로 오게 됐다. 그 영일수호통상조약 150주년 기념 행사 중 하나로 기획된 것이 글로버 보틀이다. 라벨에는 토마스 글로버의 초상 사진이 새겨져 있다. 그간의 경위를 기록한 작은 책자도 함께 제공됐다.

가장 중요한 내용물은 정확히 밝혀지지 않았다. 하지만 사용된 여러 스카치 몰트 위스키 중 하나는 글렌 기어리(Glen Garioch)라고 한다. 그 이유는 글로버의 고향인 애버딘에서 가장 가까운 증류소가 글렌 기어리이기 때문이다.

재패니즈 몰트 위스키도 여러 종류가 사용되었다고 한다. 그중 하나는 벤처 위스키의 전신인 사이타마 현 하뉴(羽生) 증류소의 몰트 원액이라고 한다. 숙성 연수가 다른 세 가지 위스키 모두 이미 품절되었다. 하지만 바에서는 아직 찾아볼 수 있을 것이다. 흔치 않은 스카치와 재패니즈의 블렌드, 꼭 한 번 시도해 보는 것은 어떨까?

---

1 영국 동인도회사에서 일했던 윌리엄 자딘과 제임스 매시선이 중국 광저우에서 1832년 설립한 영국계 기업. 중국어 명칭은 이화양행(怡和洋行)이다. 이화는 '행복한 화합'이라는 뜻이다. 설립 초기 주요 임무는 아편 밀수와 중국산 차를 영국에 수출하는 것이었다. 1840년에 일어난 아편전쟁에 깊이 관련돼 있다. 1949년 중국 본토가 공산화된 후 본사를 홍콩으로 옮겼다. 본토 지점망은 1954년에 폐쇄됐다. 1859년 일본 요코하마에 지점을 설립하며 일본에 진출한 외국 기업 1호가 됐다. 조선에서는 1883년 제물포에 대리점을 개설했다. 한국에 진출한 첫 번째 외국 기업이기도 하다.

PART
2

폐쇄된 증류소

밴프 ● Banff

영국 의회에 납품됐던 명주

데베론 강(River Deveron)의 하구에 있는 밴프 마을은 동부 하이랜드 밴프 지역의 중심지이다. 이 일대에서 가장 오래된 마을 중 하나다. 밴프는 게일어로 '새끼 돼지'라는 뜻이라고 한다.

증류소가 처음 문을 연 것은 1824년이다. 하지만 그 후 폐쇄되었다. 1863년에 제임스 심슨(James Simpson)이 원래 위치에서 서쪽으로 1마일(약 1.61㎞) 떨어진 곳에 새로 지었다. 증류소의 창립 연도가 1863년으로 기록된 것은 그 때문이다. 과거에는 영국 하원 의회에 납품되었다고 한다. 이로 보아 상당한 명주였던 것으로 보이지만, 1983년 당시 소유주였던 DCL(현 디아지오)가 폐쇄를 결정했다. 건물은. 1991년에 화재로 소실됐다. 증류소는 역사의 뒤안길로 사라졌다. 팟 스틸은 6기가 있었고, 용수는 피스케이들리 농장(Fiskaidly Farm)의 샘물을 이용했다.

데베론 강 하구에 펼쳐진 밴프 마을. 왼쪽 언덕 중턱에 폐쇄된 밴프 증류소가 있었다.

■ **Tasting Note(GM 코니서스 초이스 1976 · 43%)**

아로마 : 흰 꽃, 서양 배, 레몬, 싱그러운 후르츠. 스위트. 안쪽 깊은 곳에 희미한 스모크. 물을 더하면 바닐라 아이스크림.

플레이버 : 스위트하고 소프트. 크림처럼 스무스하고, 희미하게 스파이시.

종합평가 : 거의 무명에 가깝지만 GM(Gordon and Macphail)이 병입한 1960~70년대의 밴프는 프루티하고 황홀할 정도로 기분 좋은 것이 많다.

■ **증류소 정보**

소재지 : Inverboyndie, Banff, Aberdeenshire
설립 연도 : 1824년
폐쇄 연도 : 1983년

벤 위비스 ◉ Ben Wyvis

희귀한 경매 아이템

증류소는 인버고든(Invergordon) 그레인 위스키 증류소 내에 1965년에 건설되었다. 벤 위비스는 북부 하이랜드 로스(Ross) 지방에 있는 산(해발 1046m)의 이름이다.

공간상의 문제로 매시 턴은 거대한 연속식 증류기 사이에 설치되었다. 팟 스틸도 그레인 위스키용 발효조 한쪽에 놓여 있었다고 한다.

생산 규모는 작았다. 한 번 생산할 때 맥아는 2t을 썼고, 주철제 발효조가 6기 있었다. 팟 스틸도 초류·재류 각각 1기씩밖에 없었다. 재류 스틸은 초류 스틸과 동일한 형태, 동일한 크기였다.

달랐던 점은 넥 부분에 워터 재킷(Water Jacket)[1]이 부착되어 있었다는 것이다. 그리고 라인 암(lyne arm)이 극단적으로 짧았다. 이 팟 스틸은 현재 캠벨타운의 글렌가일(Glengyle) 증류소에 설치되어 있다.

---

1 증류기의 일부에 냉각수를 순환시켜 증기 응축을 돕는 장치.

거대한 시설이 늘어선 인버고든 증류소. 여기에 벤 위비스가 있었다.

■ **Tasting Note(시그나토리 1968 · 31년 51%)**

아로마 : 스위트, 꿀, 바닐라. 희미하게 피트 향과 왁스 같은 향이 있다. 스파이스.

플레이버 : 리치하고 둥그스름하다. 확실한 숙성감이 있다. 스파이시하고 우디.

종합평가 : 벤 위비스는 전부 블렌딩용이었다. 게다가 12년 동안만 생산되었다. 지금은 경매 아이템이다.

■ **증류소 정보**

소재지 : Invergordon, Highland
설립 연도 : 1965년
폐쇄 연도 : 1977년

캐퍼도닉 ● Caperdonich

글렌그란트의 제2 공장으로 건설

캐퍼도닉은 1898년 설립됐다. 원래는 글렌그란트(Glen Grant)의 제2 공장이었다. 당시에는 단순히 글렌그란트 No.2라고 불렸다. 하지만 창업 직후에 위스키 불황을 겪었다. 3년째에는 일찌감치 조업이 중단되었다. 생산을 재개한 것은 반세기 후인 1965년이었다. 이때 캐퍼도닉이라는 이름이 붙여졌다. 게일어로 '비밀의 우물'이라는 뜻이다.

1967년에 확장 공사가 이루어져 팟 스틸이 2기에서 4기로 늘었다. 생산된 원액은 모두 블렌딩용이었다. 시바스 리갈(Chivas Regal) 등에 몰트 원액으로 사용되었다. 그 때문에 공식 병입 제품(OB)은 단 한 번도 판매된 적이 없었다. 2000년에 페르노리카가 인수했고, 2003년에 폐쇄되었다. 그 후 포사이스(Forsyth)[1]가 인수했고, 건물은 철거되었다. 2020년부터 '시크릿 스페이사이드(Secret Speyside)' 중 하나로 출시되고 있다.

---

1 스코틀랜드의 스틸 제작 회사.

증류소가 있던 예전 모습. 현재는 포사이스의 자재 보관소로 사용되고 있다.

■ **Tasting Note(OB 피티드 21년 48%)**

아로마 : 스모키하고 피티. 훈제 닭 가슴살 향. 타임(허브), 로즈마리, 오일리. 요구르트, 잘 우러난 육수 향.

플레이버 : 스무스하고 오일리. 깊은 맛이 있다. 피니시는 짠맛이 있다. 키퍼스(Kipper, 훈제 청어). 물을 더하면 스위트하고 프루티해진다.

종합평가 : 귀중한 몰트이다. 하지만 약간 밸런스가 신경 쓰인다. 아주 약간 물을 더해서 마시고 싶다.

■ **증류소 정보**

소재지 : Rothes, Moray
설립 연도 : 1898년
폐쇄 연도 : 2003년

현재는 머레이의 창고

콜번 증류소가 엘긴(Elgin) 교외에 세워진 것은 1897년이다. 지역의 사암과 웨일스의 푸른 슬레이트석을 사용한 건물은 당대 최고로 불리던 찰스 도이그(Charles Doig)가 디자인했다.

증류소는 클라이넬리시가 1916년에 인수했다. 1925년에는 DCL의 일원이 되었고, 그 후에는 디아지오의 계열사가 되었다. 1950년대부터 60년대에 걸쳐 대대적인 리모델링 공사가 진행되었다. 웜 텁(Worm Tub)은 응축기(Condenser)로 바뀌었다. 석탄 직화 방식은 스팀 가열 방식으로 변경되었다.

그 후에도 경영은 비교적 순조로웠다. 하지만 1985년에 갑자기 폐쇄가 결정되었다. 매시 턴도 발효조도, 2기 있었던 팟 스틸도 모두 2004년에 디아지오가 철거했다. 현재는 독립 병입업체인 머레이 맥데이비드(Murray McDavid)가 창고로 사용하고 있다고 한다.

찰스 도이그가 설계한 아름다운 건물이다. 현재는 보존이 의무화되어 있다.

■ **Tasting Note(티르 난 오그[1] 1980 · 24년 62.9%)**
아로마 : 스위트하고 프루티하다. 자몽, 바나나, 허브, 민트. 희미하게 피티하고 토스트 같은 향이 있다.
플레이버 : 스파이시하고 미티(Meaty). 유황. 신맛과 단맛의 절묘한 밸런스. 물을 더하면 마시기 쉬워진다.
종합평가 : 확실한 깊은 맛과 프루티한 풍미가 뛰어나다. 농후하고 미티.

■ **증류소 정보**
소재지 : Longmorn, Moray
설립 연도 : 1897년
폐쇄 연도 : 1985년

---

1 티르 난 오그(Tir Nan Og)는 켈트 신화에서 '전사가 되살아나는 황천의 나라'를 가리킨다.

한때 몰트를 연속식 증류기로 제조

콘발모어 증류소는 1894년에 설립됐다. 하지만 위스키 과잉 생산으로 붐이 꺼지면서 10년 후 로리(W&P Lowrie & Co. Ltd)가 인수했다. 이후 원액은 로리의 블렌디드 위스키에 사용됐다.

1909년 화재로 증류소가 소실됐으나 곧바로 재건됐다. 이때 새로운 연속식 증류기로 몰트 위스키를 증류했다. 최신식이었던 그 증류기는 시간당 2270ℓ를 생산할 수 있었다고 한다. 하지만 완성된 몰트는 이전과 전혀 다른 맛이 났다.

그 때문에 1915년에는 다시 원래의 팟 스틸로 돌아갔다. 1965년에 확장 공사가 진행됐고, 팟 스틸은 2기에서 4기로 증설됐다. 1985년 증류소 폐쇄가 결정됐다. 그 후 토지와 건물은 인접한 윌리엄 그랜트 앤 선즈(William Grant & Sons)가 사들였다. 현재는 이 회사의 숙성 창고로 이용되고 있다.

킬론 등의 건물은 남아 있다. 하지만 팟 스틸 등은 모두 철거됐다.

■ **Tasting Note(던 비건[1] 1981 · 22년 58.6%)**

아로마 : 커스터드 크림, 감귤류 과일, 바닐라, 메이플 시럽. 리치하고 우아한 단맛이 있다. 와산본(和三盆)[2], 맥아당.

플레이버 : 스위트하고 리치하다. 커스터드 크림, 향수, 바니시를 칠한 목재. 물을 더하면 상쾌한 목재, 오크.

종합평가 : 이제는 독립병입자 제품으로도 찾아보기 어렵게 됐다.

■ **증류소 정보**

소재지 : Dufftown, Moray
설립 연도 : 1894년
폐쇄 연도 : 1985년

1 던 비건(Dun Bheagan)은 독립병입 브랜드이다.
2 일본에서 전통적으로 제조되는 설탕.

달라스 두 ◉ **Dallas Dhu**

인기 있는 박물관으로 개조

달라스 두 증류소는 빅토리아 시대의 기업가 알렉산더 에드워드가 자신의 땅에 1898년 설립했다. 설계는 찰스 도이그(Charles Doig)가 맡았다. 당초에는 달라스모어(Dallasmore)라고 불렸다. 달라스 두 증류소는 1899년부터 본격적인 생산에 들어갔으나, 알렉산더는 스코틀랜드의 블렌딩 회사인 라이트 앤 그레이그(Wright & Greig)에 매각했다.

이후 1921년에 벤모어(Benmore Distillers)가 인수했고, 이때 증류소 명칭이 달라스 두로 바뀌었다. 1929년에는 DCL이 인수하는 등 소유주가 빠르게 바뀌었다. 그 사이 생산은 계속되었다. 하지만 1983년에 갑자기 폐쇄되었다. 당시 소유자였던 DCL에 의해 건물은 '스코틀랜드 역사적 건조물 및 기념비 보존 위원회(통칭 히스토릭 스코틀랜드)'에 기증되었다.

현재는 증류소 모델 겸 박물관으로 일반에 공개되고 있다.

폐쇄되었던 당시의 모습 그대로 보존되어 있다. 가동 중인 증류소와 달리 만져보거나 내부를 들여다볼 수도 있다.

■ **Tasting Note(D. 테일러 피어리스 26년 58.8%)**

아로마 : 포도, 무화과, 버섯. 축축한 숙성 창고 냄새가 있다.

플레이버 : 프루츠 케이크, 아니스(초본), 허브. 스위트하고 스파이시.

종합평가 : 독립병입업체 피어리스다운 한 병이다. 스트레이트로 마실 것.

■ **증류소 정보**

소재지 : Forres, Moray
홈페이지 : https://www.historic-scotland.gov.uk/
소유자 : 히스토릭 스코틀랜드(Historic Scotland)
설립 연도 : 1898년
폐쇄 연도 : 1983년

글렌 알빈 ◉ Glen Albyn

U보트용 기뢰를 제조!?

글렌 알빈 증류소는 1846년에 설립됐다. 창업자는 당시 인버네스의 시장(provost of Inverness)이었던 제임스 서덜랜드(James Sutherland)이다. 북해와 대서양을 잇는 칼레도니아 운하(Caledonian Canal)를 따라 자리해 수송이 편리했다. 하지만 1855년에 파산했고, 잠시 제분 공장으로 사용됐다. 1884년에 곡물 상인 A.M. 그레고리가 증류소를 인수해 위스키 생산을 재개했다. 제1차 세계 대전 중에는 연합군이 접수해 독일군의 U보트에 대항할 기뢰를 제조했다.

1920년 매킨레이 앤 버니(Mackinlays and Birnie)가 인수했다. 이 회사는 이웃한 글렌 모르(Glen Mhor) 증류소를 세워, 글렌 알빈과 글렌 모르는 자매 증류소로 운영됐다.

팟 스틸은 2기뿐이었다. 1983년에 폐쇄가 결정됐고 증류소는 철거됐다. 현재는 슈퍼마켓을 포함한 대형 쇼핑센터가 들어서 있다.

칼레도니아 운하를 따라 증류소가 지어져 있었다. 지금은 유람선이 오가고 있다.

■ Tasting Note(클라이즈데일[1] 1974 · 33년 58.9%)
아로마 : 허브, 민트, 아니스(초본), 럼. 비터 오렌지 (Bitter orange). 물을 더하면 꿀 향이 난다.
플레이버 : 리치하고 스위트. 농후하고 파워풀. 씹는 듯한 질감이 있다. 희미하게 유황. 여운이 매우 길다.
종합평가 : 폐쇄된 지 40년이 되었다. 이제는 귀중한 한 병이다.

■ 증류소 정보
소재지 : Merkinch, Inverness, Inverness-shire
설립 연도 : 1846년
폐쇄 연도 : 1983년

1 클라이즈데일(Clydesdale)은 스웨덴의 독립병입업체다.

글렌에스크 ● Glenesk

제맥소로만 가동되기도

글렌에스크 던디(Dundee)의 와인 상인 제임스 아일즈(James Isles)가 1897년에 설립했다. 독특한 점은 시스템이 시대에 따라 크게 변화했다는 것이다. 1938년에 ASD(Associated Scottish Distilleries)가 인수했을 때에는 그레인 위스키를 생산했다. DCL(현 디아지오)이 1954년에 인수했고, 그 뒤 맥아 제조 공장으로 사용했다.

그후 SMD(Scottish Malt Distillers)가 운영을 맡아 몰트 위스키를 생산했다. 하지만 1985년에 폐쇄됐다. 현재는 몰트스터(Maltster)[1] 중 최대 규모인 부트몰트(Boortmalt)가 인수해 맥아 제조만 하고 있다. 용량 31t의 드럼이 24기 늘어선 거대한 제맥 공장으로 변모했다.

글렌에스크에는 4기의 팟 스틸이 있었지만 모두 철거되었다.

---

[1] 맥아를 전문적으로 생산하는 회사.

■ **Tasting Note(GM 코니서스 초이스 1985 · 40%)**
아로마 : 맥아, 이스트, 매실주. 농후하고 희미한 스모크 향. 물을 더하면 크리미해진다.
플레이버 : 스위트하고 스파이시. 우디하고 안쪽 깊은 곳이 스모크하다. 피니시는 드라이하고 스파이시.
종합평가 : 이것도 이제는 환상의 위스키가 됐다.

■ **증류소 정보**
소재지 : Hillside, Montrose, Angus
설립 연도 : 1897년
폐쇄 연도 : 1985년

왼쪽 건물은 과거 숙성고였다. 생산동은 그 안쪽에 있었지만, 지금은 철거되었다.

글렌 플래글러 ◉ Glen Flagler

3가지 타입의 위스키를 생산

글렌 플래글러는 1965년 로우랜드에 설립된 모팻 그레인 증류소(Moffat Grain Distillery) 내의 몰트 증류소이다. 6기의 팟 스틸을 갖추고 있었다. 1965년부터 1985년까지 20년간 조업했다.

이곳에서 생산된 것은 글렌 플래글러뿐만이 아니었다. 맥아의 피트 비율과 오크 캐스크를 달리하여 3가지 몰트 위스키를 만들었다. 피트를 전혀 태우지 않은 로우랜드 타입이 킬리로흐(Killyloch)였다. 라이틀리 피티드 맥아로 만든 것이 글렌 플래글러였고, 헤빌리 피티드 맥아로 만든 것이 아일브레이(Islebrae)였다.

하지만 1980년대 위스키 불황으로 모팻 증류소 자체가 1986년에 사라졌다. 현재는 거무스름한 숙성고만이 옛 모습을 전하고 있다. 지금은 모두 매우 희귀하며, 전부 경매 아이템이다.

스코틀랜드의 국화는 엉겅퀴 꽃이다. 로우랜드는 '엉겅퀴의 전설'[1]이 탄생한 곳이기도 하다.

---

1 엉겅퀴는 높이 1.5m까지 자라며, 온몸을 가시가 뒤덮고 있다. 엉겅퀴는 스코틀랜드의 국장(國章)이다.

■ **Tasting Note(시그나토리 1970 · 23년 50.1%)**

아로마 : 청사과, 레몬, 로즈워터(장미수). 드라이하고 섬세하다. 허브 같고 용제(溶劑) 같은 향이 있다.

플레이버 : 라이트 바디. 드라이하고 스파이시. 진저, 퍼퓸. 어떤 약초 같은 풍미가 있다.

종합평가 : 매우 개성적인 한 병이다. 어딘가 아메리칸 테이스트(American Taste)[2]를 느낄 수 있다. 지금은 극히 희귀한 레어 몰트이다.

■ **증류소 정보**

소재지 : Moffat, Airdrie, North Lanarkshire
설립 연도 : 1965년
폐쇄 연도 : 1985년

---

2 버번 캐스크에서 숙성한 위스키의 풍미.

글렌로키 ● Glenlochy HIGHLAND

역사적 건축물로 보존 중

글렌로키 증류소는 데이비드 매캔디(David McAndie)가 1898년 설립했다. 위스키 산업이 정점을 지나 쇠퇴하고 있던 때였다. 그 때문에 초기부터 가지고 있던 생산 능력의 일부밖에 사용할 수 없었다. 게다가 몇 년 동안 조업 정지에 내몰렸다.

1920년에는 맥주 회사에 팔렸고, 1938년에 조셉 홉스(Joseph Hobbs)[1]가 이끄는 ASD(Associated Scottish Distillers)가 인수했다. 이때에 이르러서야 비로소 생산이 재개되었다. 그 후 1953년에 DCL(현 디아지오)가 ASD를 인수했다. 증류소는 1983년에 폐쇄가 결정되었다. 건물은 역사적 건축물로서 보존이 의무화되어 있다. 하지만 내부의 설비는 모두 철거되었다. 팟 스틸은 2기뿐이었다. 용수는 네비스 강(River Nevis)의 물을 이용했다.

---

1 미국이 금주법을 시행한 시기(1920~1933년)에 미국으로 스카치 위스키와 다른 증류주를 밀수해 큰 돈을 벌었다.

보존 건축물이기 때문에 철거할 수는 없다. 현재는 지역 기업의 사무실로 사용되고 있다.

■ **Tasting Note(DT 레어리스트 오브 더 레어 1980 · 27년 54.8%)**
아로마 : 프루티하고 깊은 맛이 있으며 우아하다. 스위트. 바나나, 메이플 시럽.
플레이버 : 스위트하고 깔끔하다. 허브, 스파이스. 안쪽에 희미한 우드 스모크, 오크.
종합평가 : 던컨 테일러(Duncan Taylor, DT)의 실력을 보여주는 뛰어난 한 병이다.

■ **증류소 정보**
소재지 : Fort William, Highland
설립 연도 : 1898년
폐쇄 연도 : 1983년

글렌 알빈의 자매 증류소

글렌 모르 증류소는 인버네스(Inverness)의 칼레도니아 운하를 따라 1892년에 세워졌다. 글렌 알빈(Glen Albyn) 증류소의 매니저였던 존 버니(John Birnie)가 찰스 매킨레이(Charles Mackinlay)[1]와 손잡았다. 그는 글렌 알빈 증류소에 인접한 땅을 사서 증류소를 지었다.

1920년에는 이웃한 글렌 알빈 증류소를 인수했다. 두 곳은 자매 증류소로 운영되었다. 당시 매킨레이 앤 버니(Mackinlays and Birnie) 지분의 40%는 존 워커 앤 선즈(John walker and sons)가 보유하고 있었다. 이 때문에 1972년 모회사인 DCL이 인수했다. 하지만 1983년에 폐쇄됐고, 1988년에는 완전히 철거되었다.

현재는 글렌 알빈과 마찬가지로 대형 쇼핑센터로 바뀌었다. 팟 스틸은 2기 있었다 용수는 네스 호(Loch Ness)의 물을 이용했다고 한다.

---

1 현재는 화이트 앤 맥케이(Whyte & Mackay)의 자회사이다.

인버네스 마을을 내려다보는 야트막한 언덕 위에 세워진 인버네스 성. 플로라 맥도널드(Flora MacDonald)의 동상이 인기 있다.

■ **Tasting Note (DL OMC 1975 · 32년 44.1%)**
아로마 : 청사과, 칼바도스, 감귤류 과일, 삼베.
플레이버 : 스파이시, 허브. 매우 개성적. 영국산 블루 치즈인 슈롭셔 블루(Shropshire Blue). 희미하게 스모키.
종합평가 : 더글라스 랭(Douglas Laing, DL)의 인기 있는 OMC 시리즈 제품이다. 블루치즈 같은 개성적인 풍미가 있어 흥미롭다.

■ **증류소 정보**
소재지 : Muirtown, Inverness, Inverness-shire
설립 연도 : 1892년
폐쇄 연도 : 1983년

북해 유전 관련 회사에 매각

동부 하이랜드의 피터헤드(Peterhead)는 예로부터 어업 마을로 알려져 왔다. 이곳에서 남쪽으로 약 5㎞, 바다가 내려다보이는 고지대에 글렌우기 증류소가 있었다.

설립된 해는 1831년. 도널드 맥클라우드(Donald MacLeod)가 세웠다. 설립 후 얼마 동안은 맥주 양조장으로 사용됐다. 1875년에 다시 위스키 증류소로 돌아왔다. 하지만 그 후의 길도 순탄치 않았다. 여러 번 주인이 바뀌었다. 몇 번이고 조업 정지에 내몰렸다.

1970년에 롱 존(Long John)이 인수했고, 1983년까지 생산을 계속하다 이 해에 폐쇄가 결정됐다. 현재는 북해 유전의 플랜트 회사에 매각됐다. 증류 설비는 모두 철거되었다. 팟 스틸은 최소인 2기뿐이었다.

■ **Tasting Note(티르 난 녹 1980·28년 61%)**
아로마 : 시트러스, 흰 꽃, 꿀, 민트, 장미. 밸런스가 좋다. 물을 더하면 바닐라, 메이플 시럽.
플레이버 : 농후하다. 드라이하고 뜨겁다. 비터 오렌지, 카카오.
종합평가 : 밸런스가 뛰어나고 기분이 좋다. 앞으로 얼마나 많은 재고가 남아 있을지.

■ **증류소 정보**
소재지 : Invernettie, by Peterhead, Aberdeenshire
설립 연도 : 1831년
폐쇄 연도 : 1983년

피터헤드는 청어, 물개, 포경으로 번성했던 항구 마을이다. 증류소는 마을 외곽에 세워졌다.

왕도 사랑했던 독특한 술

증류소는 1825년에 설립됐다. 창업자인 로버트 바클레이(Robert Barclay)는 1799년 런던에서 버밍엄까지 2일 만에 걸었다. 게다가 1808년에는 1000마일(1610㎞)을 1000시간 만에 완주한 최초의 인물이 되었다.

교우 관계도 넓었다. 국회의원부터 귀족, 왕족까지 친분이 있었다. 게다가 당시의 국왕 윌리엄 4세(재위 1830-37년)로부터 이름에 로얄(Royal) 칭호를 붙이는 것을 허락받았다. '글렌누리 로얄'이라고 이름 붙인 것은 그 때문이다.

자녀가 없었기 때문에 바클레이가 사망한 후 증류소는 경매에 부쳐졌다. 1857년 글래스고의 윌리엄 리치(William Ritchie)가 인수했다. 1953년에는 DCL이 소유주가 되었다. 하지만 1985년에 폐쇄가 결정되었다. 1993년 증류소와 토지는 지역 부동산 회사에 매각됐다.

■ **Tasting Note(블랙애더 로우 캐스크[1] 1973·34년 47.4%)**

아로마 : 깊고 리치. 트로피컬 프루츠. 복합적이다. 복숭아 콩포트[2]. 기분 좋은 오크 향이 있다.
플레이버 : 스위트하고 리치. 씹는 듯한 질감이 있다.
종합평가 : 트로피컬 프루츠 같은 기분 좋은 아로마가 있다. 하지만 텍스쳐는 약간 잡미가 있고 오키(Oaky)하다.

■ **증류소 정보**

소재지 : Stonehaven, Aberdeenshire
설립 연도 : 1825년
폐쇄 연도 : 1985년

1 독립병입 업체 블랙애더(Blackadder)의 대표 브랜드가 로우 캐스크(Raw Cask)이다.
2 과일을 설탕 시럽에 졸여 만든 음식.

1985년에 폐쇄되어 이미 40년 가까이 지났다. 이제는 건물도 남아 있지 않다.

임페리얼 ● Imperial

현재는 달무낙 증류소

증류소는 1897년 스페이 강(River Spey) 좌안의 캐런(Carron)에 세워졌다. 마침 빅토리아 여왕 재위 60년인 다이아몬드 주빌리의 해였다. '황제의' 뜻인 임페리얼 명칭은 이를 기념한 것이다. 창업자는 토마스 매켄지(Thomas Mackenzie)였다. 이웃한 달유인(Dailuaine) 증류소의 제2 공장으로 건설되었다.

하지만 창업 3년 만인 1900년에 위스키 수요 감소로 조업 정지에 내몰렸다. 그 후로도 조업 재개와 휴업을 반복했다. 1925년 DCL에 흡수 합병되었다. 1955년 이 회사의 자회사인 SMD(Scottish Malt Distillers) 산하에서 비로소 조업이 재개됐다.

1989년 5월 얼라이드 디스틸러스(Allied Distillers)에 인수됐고, 2005년 페르노리카가 인수한 후 다시 폐쇄됐다. 팟 스틸은 4기가 있었다.

거대한 건물이 서 있었지만 모두 철거되었다. 현재는 달무낙(Dalmunach) 증류소가 되었다.

■ **Tasting Note(시나노야 오리지널[1] 1995 · 14년 56.1%)**

아로마 : 온화하지만 플로럴하고 우아하다. 자몽, 레몬.
플레이버 : 리치하고 매우 스위트. 시나몬, 레몬 파이 맛이 난다. 물을 더하면 약간 오키(Oaky)해진다.
종합평가 : 향의 온화함과 리치하고 스위트한 플레이버의 간극에 놀라게 된다. '황제'라는 이름에 걸맞다.

■ **증류소 정보**

소재지 : Carron, Moray
설립 연도 : 1897년
폐쇄 연도 : 2005년

1 시나노야(信濃屋)는 일본 도쿄 세타가야에 본점을 두고 위스키, 와인 등 고급 주류를 직접 수입해 합리적인 가격에 선보인다.

인버레븐 ● Inverleven

환상이 된 로몬드 몰트

　설립된 해는 1938년이다. 인버레븐은 조지 발렌타인(George Ballantine and Company) 회사가 보유한 덤바튼 증류소 단지 내에 세워졌다. 여기에는 2가지 타입의 팟 스틸이 있어, 인버레븐과 로몬드라는 이름이 다른 2종의 위스키를 생산했다.

　로몬드는 로몬드 스틸(Lomond Still)로 증류한 것이었다. 이것은 캐나다의 주류 회사인 하이람 워커(Hiram Walker)가 1959년에 개발한 것이었다. 로몬드 스틸은 그 후 글렌버기(Glenburgie), 밀튼더프(Miltonduff) 등에도 도입되었다. 하지만 지금은 남아 있지 않다.

　인버레븐은 노멀 넥(Normal Neck) 스틸로 증류한 것이었다. 증류소는 1991년에 폐쇄됐고, 2005년에는 건물도 철거됐다.

　원래 발렌타인의 블렌딩용이었다. 공식 병입 제품(OB)은 단 한 번도 판매된 적이 없다.

로몬드 호(Loch Lomond)에서 흘러나오는 레븐 강(River Leven) 강변에 발렌타인의 공장이 있었다. 현재는 철거되었다.

■ **Tasting Note(GM 1984 · 40%)**

아로마 : 드라이하고 소프트, 몰티. 매실과 차조기, 비터 초콜릿. 서양 배, 메론.

플레이버 : 라이트 바디이지만 크리미하고 소프트하다. 프루티하며, 바디에 비해서 복합적이다. 물을 더하면 약간 밸런스를 잃는다.

종합평가 : 노멀 스틸로 증류한 한 병이다. 로몬드 스틸로 증류한 원액은 한 번도 병입된 적이 없다.

■ **증류소 정보**

소재지 : Dumbarton, West Dunbartonshire
설립 연도 : 1938년
폐쇄 연도 : 1991년

킨클레이스 ⊙ Kinclaith

글래스고 최후의 증류소

글래스고(Glasgow)의 킨클레이스 증류소는 글래스고에 세워진 마지막 몰트 위스키 증류소이다. 설립된 해는 1958년이다. '스트라스클라이드(Strathclyde) 그레인 위스키 증류소' 내에 롱 존 증류소(Long John Distilleries)가 건설했다. 스트라스클라이드 증류소는 거대한 창고들, 쿠퍼리지(Cooperage), 블렌딩 설비를 함께 갖춘 거대 시설이었다. 그레인 위스키 증류소가 부지 내에 몰트 증류소를 두는 것은 당시에는 흔한 일이었다.

킨클레이스 원액은 모두 블렌딩용이었다. 공식 병입 제품(OB)은 단 한 번도 판매된 적이 없다. 팟 스틸은 초류, 재류 각각 1기씩이었다. 롱 존 증류소는 그 후 영국의 휘트브레드(Whitbread)에 인수되었다. 1975년 그레인 위스키 부문이 확장될 때 몰트 부문은 폐쇄되었다. 1982년 건물도 철거되었다.

■ **Tasting Note(GM 코니서스 초이스 1967 · 40%)**
아로마 : 매우 프루티하고 스위트. 머스크 멜론, 잘 익은 바나나, 파인애플.
플레이버 : 리치하고 프루티. 섬세하고 복합적이다. 멜론, 거봉, 진저.
종합평가 : 전혀 주목받지 못했지만, 1990년대 이후 크게 알려졌다. 지금은 경매에서 고가에 팔린다. 마치 과일 통조림 같다. 황홀하다.

■ **증류소 정보**
소재지 : Moffat Street, Glasgow
설립 연도 : 1958년
폐쇄 연도 : 1975년

글래스고 클라이드 강변에 있는 스트라스클라이드 증류소. 이 한켠에 킨클레이스가 있었다.

레이디 번 ◉ Lady Burn

가장 단명했던 귀부인

윌리엄 그랜트 앤 선즈(William Grant & Sons Ltd.)가 1966년에 '거번(Girvan) 그레인 위스키 증류소' 내에 세운 것이 '레이디 번'이다. 거번은 현지 사투리로 '짧은 강'이라는 뜻이라고 한다. '귀부인의 강'이라는 뜻의 레이디 번은 그와 관련해 명명되었을 가능성이 있다.

팟 스틸은 초류, 재류 각각 2기씩 있었다. 하지만 위스키 불황으로 1975년에 폐쇄되었다. 그레인 위스키 부문 확장에 따라 건물도 철거되었다. 조업은 겨우 9년만 했다. 가장 단명으로 끝난 증류소이다.

레이디 번은 거의 병입된 적이 없었다. 하지만 2004년부터 2005년에 걸쳐 잇따라 2가지 종류의 보틀이 판매되었다. 하나는 사진에 있는 1973년에 증류한 공식 병입 제품(OB)이다. 다른 하나는 독립병입업체 고든 앤 맥페일(Gordon & MacPhail, GM)의 '에어셔 디스틸러리 1970년'이다.

레이디 번의 캐스크는 이제 몇 통 밖에 남아 있지 않다. 이것은 폐쇄 2년 전인 1973년에 증류한 캐스크다.

■ **Tasting Note(GM 1970 · 40%)**

아로마 : 산미가 있는 청사과. 플럼, 화이트 와인. 프루티하지만 라이트하고 몰티. 왁스.

플레이버 : 라이트 바디. 소프트하고 스무스하지만, 약간 오키(Oaky)하다. 플럼, 살구.

종합평가 : GM이 '에어셔 증류소'라는 이름으로 2005년에 판매했다.

■ **증류소 정보**

소재지 : Girvan, South Ayrshire
설립 연도 : 1966년
폐쇄 연도 : 1975년

리틀밀 ● Littlemill LOWLAND

스코틀랜드에서 가장 오래된 증류소

　1772년에 창업돼 스코틀랜드에서 가장 오래된 증류소가 리틀밀 증류소이다. 리틀밀은 하이랜드와 로우랜드의 경계선 남쪽에 있었다. 하지만 위스키 제조에는 하이랜드의 물을 사용했다. 증류소가 있던 볼링(Bowling) 마을은 동쪽의 퍼스 오브 포스(Firth of Forth) 해협과 서쪽의 퍼스 오브 클라이드(Firth of Clyde) 만을 연결하는 운하의 입구에 있다. 산업혁명 당시에는 조선업으로 번성했던 곳이다. 세계 최초의 증기선 샬롯 던더스(Charlotte Dundas)호가 1802년 시험 운전을 반복한 곳도 볼링 마을이었다.

　증류소는 긴 역사 동안 주인이 여러 번 바뀌었다. 그때마다 휴업과 재개를 반복했다. 1930년대까지는 로우랜드 전통의 3회 증류를 실시했다. 하지만 그 후에는 일반적인 2회 증류로 바뀌었다. 1980년대 후반에 깁슨(Gibson)이 인수한 후 조업이 재개됐지만, 얼마 지나지 않아 폐쇄되었다. 현재는 완전히 철거되었다.

스코틀랜드에서 가장 오래된 증류소, 뒤편으로 철도가 지난다. 한때 IT 기업이 사용했다.

아로마 : 스위트하지만 라이트. 기침약 시럽, 허브. 바니시를 칠한 목공 가구. 민트, 꿀, 메이플 시럽.

플레이버 : 온화하고 드라이. 허브. 물을 더하면 갓 깎은 오크.

종합평가 : 리틀밀의 숙성이 짧은 위스키에는 골판지 같은 풍미가 있다. 하지만 이것은 라이트 바디이고 밸런스도 나쁘지 않다.

■ **증류소 정보**

소재지 : Bowling, West Dunbartonshire
설립 연도 : 1772년
폐쇄 연도 : 1994년

로흐사이드 ● Lochside HIGHLAND

한때 스페인 회사가 소유

1957년 설립됐다. 전신은 맥주 양조장이었다. ASD(Associated Scottish Distillers)의 조셉 홉스(Joseph Hobbs)가 인수해 위스키 증류소로 개조했다. 인수할 때 4기의 팟 스틸과 1기의 코페이 스틸(Coffey Still)이 설치돼 몰트 위스키와 그레인 위스키 모두 생산하게 됐다.

하지만 이 시도는 성공적이지 못했다고 한다. 홉스가 세상을 떠난 뒤인 1970년에 코페이 스틸은 철거됐다.

실제 운영은 맥냅 증류소(Macnab Distilleries)가 했다. 이 회사는 샌디 맥냅스(Sandy Mac-Nab's)라는 위스키를 제조해 판매했다.

1959년 설립된 스페인 최초의 위스키 증류소인 DYC(Destilerias y Crianza, DYC)가 1973년에 로흐사이드를 인수했다. 이 회사의 DYC(디크)의 원액으로, 주로 벌크로 스페인에 수출됐다. 1996년 폐쇄되었다. 현재는 건물도 철거되었다.

■ **Tasting Note(GM 코니서스 초이스 1991 · 43%)**
아로마 : 흰 꽃, 레몬, 민트, 진저. 드라이하고 희미하게 유칼립투스 오일 같은 오일리한 아로마.
플레이버 : 라이트 바디. 드라이하고 스파이시. 허브, 식물성 오일을 연상시킨다.
종합평가 : 라이트하고 오일리한 풍미가 있다. 탄산수나 진저 에일과 섞어 마셔도 재미있다.

■ **증류소정보**
소재지 : Montrose, Angus
설립 연도 : 1957년
폐쇄 연도 : 1996년

오른쪽은 과거 호수였다. 호수 옆에 있다는 이유로 로흐사이드 증류소(로흐는 호수라는 뜻)라고 명명되었다.

밀번 ◉ Millburn

인버네스에서 가장 오래된 증류소

인버네스(Inverness)에 있던 3곳의 증류소 중 하나였지만 1985년에 폐쇄됐다. 그 후 건물은 레스토랑 겸 펍으로 문을 열었다. 현재는 호텔 체인이 인수하여 대부분 호텔로 사용되고 있다.

밀번은 1807년에 설립되어 인버네스 내에서는 가장 오래됐다. 그 후 1853년에 곡물상이었던 데이비드 로즈(David Rose)가 인수했고, 1876년에 재건축됐다. 하지만 1892년에는 헤이그(Haig) 가문이 인수했다. 1921년에는 런던의 진 제조업체 부스 진(Booth's Gin Distiller)이 소유주가 됐다. 1943년에는 DCL이 인수하는 등 소유주가 끊임없이 바뀌었다.

공식 싱글 몰트는 한 번도 판매된 적이 없었다. 하지만 2000년 이후 디아지오의 레어 몰트 시리즈 보틀이 소량 유통되기 시작했다. 팟 스틸은 2기였다. 용수는 던텔체이그 호(Loch Duntelchaig)의 물을 파이프로 끌어다 사용했다고 한다.

벽돌로 만든 굴뚝과 건물 일부는 남아 있다. 지금은 대형 호텔 체인이 인수하여 호텔로 사용되고 있다.

■ **Tasting Note(OB 레어 몰트 1975 · 25년 61.9%)**
아로마 : 크림, 맥아, 산미가 있는 올리브, 유칼립투스 오일, 이스트.
플레이버 : 스위트하고 단단하다. 초콜릿, 코코아. 여운도 길다. 희미한 스모크.
종합평가 : 물을 더했을 때 진가를 발휘하는 타입이다. 매우 개성적이다.

■ **증류소 정보**
소재지 : Millburn Road, Inverness, Inverness-shire
설립 연도 : 1807년
폐쇄 연도 : 1985년

노스 포트 ◉ North Port　　HIGHLAND

브레친 북문의 위스키

노스 포트 증류소는 브레친(Brechin)의 은행가이자 시장을 지낸 데이비드 거스리(David Guthrie)가 1820년에 설립했다. 처음에는 타운헤드 증류소로 불렸다. 1823년 브레친으로 개칭했고, 1839년 노스 포트로 이름을 바꾸었다. 노스 포트는 성벽의 북문(北門)을 뜻한다.

1922년 DCL이 노스 포트를 인수했다. 1970년대에 근대화가 추진되었지만, 1983년에 폐쇄되었다. 1994년 증류소가 철거되었고 대형 슈퍼마켓이 세워졌다.

원래 앵거스 지방은 오래 전부터 농업이 발달한 곳으로, 영국에서 가장 우수한 보리를 생산한다고 알려져 있다.

팟 스틸은 2기뿐이었다. 용수는 리 호(Loch Lee)의 물을 이용했다. 공식 병입 제품(OB)은 없었고 독립병입자 제품만 있었다. 하지만 1990년대 후반부터 디아지오 '레어 몰트 시리즈'가 판매되기 시작했다.

현재는 슈퍼마켓이 되었다. 이곳이 노스 포트였다는 것을 아는 사람도 이제는 없다.

■ **Tasting Note(DT 1981 · 27년 56.5%)**
아로마 : 오렌지, 장미꽃, 마멀레이드. 스위트하고 우아.
플레이버 : 스위트하고 씹는 듯한 질감이 있으며, 단단하다. 단맛과 매운맛의 균형이 좋다. 여운이 길게 이어진다.
종합평가 : 던컨 테일러(Duncan Taylor, DT)의 폐쇄 증류소 시리즈 중 한 병이다. 밸런스가 좋고 여운도 길다.

■ **증류소 정보**
소재지 : Brechin, Angus
설립 연도 : 1820년
폐쇄 연도 : 1983년

더프타운의 동생 격으로 건설

피티바이크는 스페이사이드 더프타운 (Dufftown) 증류소의 확장 프로그램 중 하나로 1975년 아서 벨(Arthur Bell & Sons)에 의해 설립됐다. 말하자면 더프타운의 동생 격이다.

팟 스틸은 더프타운과 같은 스트레이트 헤드 형이었다. 다른 설비와 숙성고도 대부분이 공통이었다. 그런데 신기하게도 완성된 몰트는 더프타운과 성격이 전혀 달랐다고 한다.

팟 스틸은 초류, 재류 합계 4기였다. 용수는 더프타운과 같이 밸리모어(Bailliemore)와 컨밸리스(Convalleys) 두 곳의 샘물을 끌어 썼다.

1991년에 '꽃과 동물 시리즈' 12년 숙성 제품이 출시됐다. 라벨에 그려진 것은 스페이사이드 숲에 서식하는 노루(Roe Deer)이다. 하지만 1993년에 폐쇄되었고, 현재는 건물도 철거되었다.

■ Tasting Note(몽고메리즈[1] 1990 · 17년 61.1%)

아로마 : 감귤류 과일, 레몬, 오렌지, 파인애플. 스위트하고 바닐라나 꿀. 물을 더하면 희미한 크림, 향수.

플레이버 : 단단하다. 스위트하고 프루티하다. 단맛과 매운맛의 밸런스가 뛰어나다. 설탕을 듬뿍 넣은 레몬티.

종합평가 : 프루티하고 뛰어난 한 병이다. 증류소가 철거된 것은 유감이다.

■ 증류소 정보

소재지 : Dufftown, Banffshire
설립 연도 : 1975년
폐쇄 연도 : 1993년

1 몽고메리즈(Montgomerie's)는 독립병입업체 앵거스 던디가 만든 브랜드이다.

더프타운 증류소의 배후에서 거대 증류소로 존재감을 과시했다. 하지만 지금은 빈터가 되었다.

세인트 막달렌 ◉ St. Magdalene　　　LOWLAND

성인의 이름을 딴 위스키

세인트 막달렌 증류소 설립은 18세기 전반까지 거슬러 올라간다. 세바스찬 헨더슨(Sebastian Henderson)이 세웠다고 전해지지만, 실제 기록은 아담 도슨(Adam Dawson)이 증류를 시작한 1798년부터 남아 있다.

1894년에 확장과 근대화가 추진되었다. 하지만 로우랜드 위스키 업자 간 경쟁이 극심했다. 게다가 하이랜드 몰트에 밀려 경영은 악화되었다. 1914년에는 SMD 산하가 되었다. 1927년에는 대규모 개보수가 이루어졌다. 하지만 1930년대의 대공황으로 조업은 축소되었다. 제2차 세계대전 후에도 명맥만 유지하며 생산을 이어갔다. 1983년에 폐쇄가 결정됐다.

건물은 역사적 건축물로 지정됐다. 이 때문에 외관은 그대로 둔 채 고급 아파트로 개조되었다. 킬른 건물도 그대로 남아 있고, 창문에는 과세되던 시절의 잔재라고 할 수 있는 쇠창살이 박힌 채 남아 있어 흥미롭다.

■ **Tasting Note(GM 스피릿 오브 스코틀랜드 1975·23년 47.5%)**

아로마 : 말린 무화과, 대추야자, 비터 오렌지, 마멀레이드. 프루티.

플레이버 : 단단하고 씹는 듯한 질감이 있다. 스위트하고 프루티. 안쪽에 유황과 같은 느낌이 있다. 스파이시, 허브.

종합평가 : 고든 앤 맥페일(GM)의 이 시리즈 보틀은 모두 뛰어나다. 보인다면 마셔두고 싶다.

■ **증류소 정보**

소재지 : St. Magdalenes, Linlithgow
설립 연도 : 1798년
폐쇄 연도 : 1983년

킬른 등의 건물은 역사적 건축물이기 때문에 외관은 그대로 두고 내부만 개조하여 분양되었다.

자료편

스카치 위스키 관련 연표

500년경

스코트족이 북아일랜드에서 스코틀랜드 아르가일 지방으로 건너와 달 리아타 왕국을 건설했다.

563년

성(聖) 콜롬바가 이오나 섬에 상륙해 수도원을 건설했다. 픽트족의 기독교화를 추진했다. 네시 목격담[1]이 이때 나왔다.

843년

알바 왕국이 성립되었다. 스코트족의 왕 케네스 맥알핀이 케네스 1세로 즉위했다.

1040년

맥베스가 던컨 1세로부터 왕위를 빼앗았다.

1066년

<영국> 헤이스팅스 전투에서 정복왕 윌리엄이 승리했다(노르만 왕조가 성립).

1156년

바이킹과 스코트족의 피를 모두 이은 소머레드가 아일라 섬 북쪽 해안에서 바이킹 군대를 격파했다.

1172년

잉글랜드 왕 헨리 2세가 아일랜드에 침공했다. '우스케보'(Usquebaugh)[2]라고 불리는 술의 존재가 알려졌다.

1263년

스코틀랜드군이 라그스 전투에서 바이킹 군에 승리했다. 엉겅퀴가 왕가의 문장이 되었다.

1284년

잉글랜드 왕 에드워드 1세가 웨일스를 병합했다. 이후 잉글랜드 왕실의 왕위 계승자에게 웨일스공의 칭호가 사용되고 있다.

1296년

에드워드 1세의 침공으로 존 왕이 폐위되고 스코틀랜드 왕국이 소멸했다. '운명의 돌'(Stone of Destiny)[3]이 반출됐다.

1297년

스털링 다리 전투가 벌어졌다. 윌리엄 월리스가 잉글랜드 군에게 승리했다. 이듬해 폴커크 전투에서 에드워드 1세 군에 패배했다.

1314년

배넉번 전투에서 로버트 더 브루스 왕이 잉

---

[1] 네스 호는 인버네스 인근에 있는 호수이다. 콜롬바가 네스 호를 지나다가 그곳 주민을 공격하던 네시를 만났다. 콜롬바가 네시를 나무라자 네시가 공격을 멈추고 사라졌다고 한다.

[2] 위스키의 어원이 된 게일어 '생명의 물'(Uisge beatha)에서 유래한 초기 형태의 위스키.

[3] 스쿤의 돌(Stone of Scone)이라고도 불린다. 스코틀랜드의 성유물로, 전승에 따르면 야곱이 피신하던 도중 베고 잔 돌이라고 한다. 역대 스코틀랜드 왕들은 즉위식 때 이 돌 위에 앉아 왕관을 수여받았다. 잉글랜드 왕국의 에드워드 1세는 스코틀랜드를 정복하고 운명의 돌을 웨스트민스터 사원으로 가져왔다. 1996년 스코틀랜드에 반환됐고, 현재는 퍼스 박물관에 보관 중이다.

글랜드 군에 승리했다.

1336년
소머레드의 후손인 앵거스 오그의 아들이 '군도(群島)의 영주'(Lord of the Isles)를 자칭했다. 1493년까지 헤브리디스 제도를 실효적으로 지배하는 반독립 왕국이 세워졌다.

1494년
스코틀랜드 왕실 재무성 문서에 '왕명에 따라, 수도사 존 코어에게 보리 맥아 8볼을 주어 아쿠아 비테(Aqua Vitae)[4]를 만들게 하다'라는 기록이 있다. 스카치 위스키의 원년으로 여겨진다.

1555년
스코틀랜드 의회의 법률에 아쿠아 비테가 곡물 원료의 술로 등장.

1558년
스코틀랜드 여왕 메리 1세가 프랑스 왕세자와 결혼했다. 잉글랜드 여왕 엘리자베스 1세가 즉위했다.

1587년
스코틀랜드 여왕 메리 1세[5]가 처형되었다.

1603년
스코틀랜드 국왕 제임스 6세가 잉글랜드 국왕 제임스 1세로 즉위했다. 동군연합이 성립되었다.

1627년
스털링셔(Stirlingshire)에서 로버트 헤이그(Robert Haig)가 증류업을 시작했다. 이는 후에 존 헤이그(John Haig & Co.)로 발전했다.

1644년
스코틀랜드 의회가 아쿠아 비테(위스키)에 최초로 과세했다.

1689년
컬로든(Culloden)의 던컨 포브스(Duncan Forbes)가 면세 특권을 가진 페린토시(Ferintosh) 증류소[6]를 창립했다.

1707년
스코틀랜드 의회가 폐지되고 잉글랜드에 병합되었다. 그레이트브리튼 왕국이 탄생했다.

1746년
컬로든 전투에서 자코바이트(Jacobite) 군이 잉글랜드 군에 패배했다. 킬트와 백파이프가 금지되었다. 하이랜드에서 밀주(密酒) 제조가 성행했다.

---

4 라틴어로 '생명의 물'을 뜻한다. 과거 증류주를 가리키던 일반적인 용어였다.

5 본명은 메리 스튜어트(Mary Stuart, 1542-1587)이다. 아버지 제임스 5세는 메리 1세가 태어난 지 6일 만에 사망했다. 메리 1세는 9개월의 아기 때 대관식을 치르고 스코틀랜드의 여왕이 됐다. 1586년 잉글랜드로 망명했고, 고종사촌인 엘리자베스 1세는 왕위 계승 라이벌이었던 메리 1세를 사형시켰다.

---

6 포브스 가문은 정부를 지지했고, 자코바이트 반란군은 페린토시 증류소를 파괴했다.

1759년

로버트 번스(Robert Burns)[7]가 에어셔(Ayr-shire)의 알로웨이(Alloway)에서 탄생했다(1월 25일).

1774년

400갤런(약 1800ℓ) 이하의 초류 스틸, 100 갤런(약 450ℓ) 이하의 재류 스틸 사용이 금지됐다.

1781년

자가 제조 위스키의 증류가 금지되었다.

1784년

발효법(Wash Act)이 성립되었다. 밑술의 양을 기준으로 과세하는 조치가 채택되었다. 하이랜드에서는 증류기 용량으로 과세되었다. 로우랜드-하이랜드의 경계선이 설정[8] 되었다.

1820년

존 워커(John Walker)가 킬마녹(Kilmarnock)에 식료품점을 창업했다.

1822년

하이랜드와 로우랜드의 과세 차별이 철폐되었다. 밀주 양조에 대한 벌금이 강화되었다. 조지 4세가 스코틀랜드를 방문했을 때 밀주였던 글렌리벳을 요구했다. 밀주 적발 건수가 1만4000건으로 보고됐다.

1823년

주세법이 개정[9]되었다.

1824년

글렌리벳(The Glenlivet) 증류소가 새 주세법 하에 정부 공인 제1호 증류소가 되었다.

1826년

로버트 스타인(Robert Stein)이 연속식 증류기를 고안했다.

1831년

이니어스 코페이(Aeneas Coffey)[10]가 연속식

---

7 스코틀랜드에서 태어난 영국의 시인. 스코틀랜드 농부와 시민의 소박한 모습을 나타내고, 모순에 찬 당시의 사회와·교회·문명을 비판했다. 〈올드 랭 사인(Auld Lang Syne)〉은 그의 대표 시이자 노래이다.

8 하이랜드 라인(Highland Line)이 설정되어, 북부의 하이랜드와 남부의 로우랜드를 세금 부과 목적으로 구분했다. 영국 정부가 북부 하이랜드의 밀주업자를 합법 양조로 유도하기 위해 세금을 초류 증류기(wash still) 용량에 따라 부과했다. 로우랜드에서는 발효된 밑술(wash)의 양에 따라 세금을 부과했다. 조세 부담은 로우랜드가 하이랜드보다 훨씬 컸다.

9 정확히는 소비세법(Excise Act)이다. 1784년의 발효법도 마찬가지로 소비세법이다. 1823년의 소비세법은 합법적 운영을 위한 증류소에 10파운드의 면허료를 내도록 했다. 위스키를 창고에서 숙성하는 동안에는 세금을 부과하지 않고, 판매를 위해 반출할 때 세금을 징수하는 보세(保稅) 개념이 도입됐다. 위스키 장기 숙성을 유도해 품질 향상에 기여했다.

10 1780년 아일랜드 더블린에서 태어나 트리니티 칼리지에서 교육받았다. 코페이는 기존의 연속식 증류기를 개량해 특허를 얻었다. 19세기에는 아일랜드가 위스키 생산의 중심지였는데, 아일랜드 위스키 업계는 연속식 증류기에서 나온 원액은 향미가 없다며 받아들이지 않았다. 스코틀랜드에서는 이 원액을 전통적인 팟스틸로 만든 원액과 섞어 저렴한 블렌디드 위스키를 생산했다. 보리가 아닌 다른 곡물로 만드는 그레인 위스키는 연속식 증류기로 제조해 몰트 위스키와 섞는다.

증류기를 발명했다. 14년간의 특허를 취득
했다.

1837년
빅토리아 여왕이 즉위했다.

1846년
곡물법[11]이 철폐되어 곡물 수입이 자유화
되었다(아일랜드의 감자 기근의 영향이 있었다).
존 듀어(John Dewar & Sons)가 창업했다.

1853년
앤드류 어셔(Andrew Usher)가 블렌디드 위
스키 '올드 배티드 글렌리벳(Old Vatted
Glenlivet, OVG)'[12]를 출시했다.

1860년
주세법이 개정되었다. 서로 다른 증류소의
위스키 블렌딩이 가능해졌다.

1877년
로우랜드의 그레인 위스키 업체 6개 사가 모
여 DCL(Distillers Company Limited)을 결성했
다. 이 무렵 해충 필록세라가 유행해 유럽

의 포도밭이 거의 전멸했다. 브랜디가 부족
해지자 스카치 위스키 소비가 증가했다.

1887년
알프레드 버나드(Alfred Barnard)가 《영국 내
위스키 증류소'(The Whisky Distilleries of the
United Kingdom)》를 출판했다. 스코틀랜드
129개, 아일랜드 28개, 잉글랜드 4개 증류
소를 소개했다.

1898년
스카치 위스키를 블렌딩하고 병입하는 회
사인 리스(Leith)의 패티슨스(Pattisons Lim-
ited)가 도산했다. 위스키 업계에 불황의 폭
풍이 닥쳤다. 중소 규모 증류소들이 무너지
는 가운데 DCL이 급성장했다.

1901년
빅토리아 여왕이 서거했다. 에드워드 7세
가 즉위했다.

1909년
'위스키 논쟁'[13]이 결론지어졌다. 이에 따라
그레인 위스키와 블렌디드 위스키도 스카
치 위스키로 인정되었다.

---

11 영국은 1815년부터 1846년까지 곡물법(Corn Law)으로
수입 곡물에 고율의 관세를 부과했다. 국내 농산물을 보호
하려는 것이었는데, 지주 귀족 계층이 다수였던 영국 의회
가 기득권을 보호할 목적이었다. 그러나 곡물법이 폐지되
자 아메리카 대륙에서 값싼 옥수수를 수입할 수 있게 돼
그레인 위스키를 저렴하게 생산할 수 있게 됐다.

12 어셔는 에든버러에서 더 글렌리벳의 위스키 대리점을 운
영했고, 더 글렌리벳의 위스키에 그레인 위스키를 섞어 부
드러운 풍미를 지닌 위스키를 만들었다. 그레인 위스키는
값이 싸기 때문에 가격 경쟁력을 확보하기에도 유리했다.
이 방식은 1860년 법으로 인정받았다.

13 "위스키란 무엇인가?"를 놓고 20세기 초 스코틀랜드에서
벌어진 논쟁. 팟스틸(단식 증류기)로 만든 것만이 위스키
라는 쪽과, 맥아가 아닌 다른 곡물을 발효해 연속식 증류기
로 만든 것도 위스키라는 주장이 맞섰다. 정부는 1909년 7
월 제출한 보고서에서 "위스키는 당화된 맥아로 만든 밑술
(워시)을 증류해 얻은 증류주이고, 스카치 위스키는 스코
틀랜드에서 증류된 위스키이다"라는 결론을 내렸다. 블렌
디드 위스키에 필요한 최소한의 몰트 위스키 함량이 명시
되지 않았고, 숙성에 필요한 연수도 정해지지 않았다.

1913년

티처스(Teacher's)의 WM. 버기스가 신형 코르크 마개를 발명했다.

1914년

제1차 세계 대전이 발발했다(1918년까지).

1915년

2년간 숙성을 법으로 의무화했다(이듬해 3년으로 연장되었다). 뷰캐넌((James Buchanan)과 듀어스(John Dewar & Sons)가 합병해 업계 1위가 되었다[14].

1920년

미국에서 금주법이 시행되었다(1933년까지). 제1차 세계대전과 금주법의 영향으로 중소 증류소들이 폐쇄에 내몰렸다.

1925년

뷰캐넌-듀어스와 존 워커가 DCL에 합병되었다.

1926년

화이트 호스(White Horse)가 스크류 캡(Screw Cap, 돌려서 따는 병뚜껑)을 개발했다.

1927년

DCL이 화이트 호스를 인수했다. 증류소 빅 5가 모두 DCL의 산하에 들어갔다.

1939년

제2차 세계대전이 발발했다(1945년까지). 증류소들이 잇따라 폐쇄되었다.

1941년

아우터 헤브리디스 제도의 에리스카이 섬(Isle of Eriskay) 앞바다에서 위스키를 가득 실은 수송선이 좌초했다. 이는 후에 콤프턴 매켄지의 소설 《위스키 갈로어(Whisky Galore)》의 소재가 됐고, 영화로도 제작됐다.

1952년

엘리자베스 2세 여왕이 즉위했다. '로얄 살루트'(Royal Salute)[15]가 발매되었다.

1986년

기네스(Guinness) 그룹이 DCL을 인수했다.

1988년

스카치 위스키법(Scotch Whisky Act 1988)[16]으로 스카치 위스키가 새롭게 정의되었다.

---

14 합병 법인 명칭은 '스카치 위스키 브랜드'(Scotch Whisky Brands Ltd.)였고, 1919년에 '뷰캐넌-듀어스'(Buchanan Dewar Ltd.)로 변경했다.

15 시바스 브라더스(Chivas Brothers)가 엘리자베스 2세 여왕의 대관식을 기념하기 위해 만들었다. 로얄 살루트는 영연방에서 영국 왕실 구성원을 위해 쏘는 21발의 예포를 의미한다.

16 이 법에 따르면 스카치 위스키는 반드시 스코틀랜드 내 증류소에서 물과 발아된 보리(맥아)를 주 재료로 제조, 증류, 숙성되어야 한다. 효모(이스트) 외에 다른 발효제가 첨가되면 안 되고, 오크 캐스크에서 최소 3년 이상 숙성해야 한다. 최종 제품의 알코올 도수는 40% 이상이어야 한다. 물과 캐러멜 색소 외에는 다른 첨가물을 넣을 수 없다. 미국이나 아일랜드 등 다른 주요 위스키 생산국에서는 위스키를 다르게 정의한다.

1990년

스카치 위스키법을 규정하는 <스카치 위스키 명령(Scotch Whisky Orders 1990)>이 시행되었다.

1996년

'운명의 돌'이 약 700년 만에 스코틀랜드로 반환되었다.

1997년

디아지오(Diageo)[17]가 탄생했다. 스코틀랜드 의회 부활 여부를 묻는 국민투표에서 의회 부활이 승인되었다.

1999년

유럽연합(EU) 통화 통합이 이루어졌다. 스코틀랜드 의회가 부활했다.

2000년

씨그램(Seagram)이 주류 사업에서 철수했다. 페르노리카(Pernod Ricard) 등이 사업을 인계받았다.

2004년

디아지오(영국)와 LVMH(프랑스)가 합작해 특정 지역에서 공동으로 운영하는 합작 법인(Joint Venture) MHD디아지오모엣헤네시가 발족했다[18].

2005년

업계 3위의 페르노리카가 2위의 얼라이드 도멕(Allied Domecq)을 인수했다. 디아지오에 이어 스카치 업계 2위가 되었다.

2006년

이탈리아의 캄파리(Campari)가 글렌그란트 증류소를 인수했다.

2007년

스카치 위스키 수출량이 역대 최고를 기록했다.

2008년

루이스 섬(Isle of Lewis)에 아빈 자릭 증류소가 설립됐다. 스카치 위스키 수출액이 역대 최고를 기록했다. 런던에서 200년 만의 진(Gin) 증류소인 십스미스(Sipsmith) 증류소가 설립됐다. 영국에서 진이 인기를 다시 얻는 계기가 되었다.

2009년

디아지오의 로즈아일 증류소가 조업을 개시했다. 현행 스카치 위스키 규칙(Scotch Whisky Regulations 2009, SWR)[19]이 규정되었다.

주류 부문인 모엣헤네시의 지분 34%를 취득했고, 디아지오로 이어졌다. 나머지 지분 66%는 LVMH가 보유하고 있다. 디아지오는 이 투자로 LVMH가 보유한 돔 페리뇽, 헤네시 등 럭셔리 주류 시장에 접근할 수 있게 됐고, LVMH는 디아지오의 글로벌 유통 네트워크를 활용할 수 있다. 일부 지역에서 운영 중인 MHD디아지오모엣헤네시의 지분은 디아지오와 LVMH가 50대50으로 갖고 있다.

19 이전의 스카치 위스키 법과 명령은 생산 방식만 규제했으나, 새 규정은 라벨, 포장, 광고에 대해서도 규정했다. 또 2012년 11월 23일부터 모든 싱글 몰트 스카치 위스키가 스

---

17 기네스와 그랜드멧(Grandmet, Grand Metropolitan)이 합병해 설립됐다. 디아지오는 스스로의 시초를 로버트 헤이그가 증류를 시작한 1627년으로 잡는다.

18 디아지오와 LVMH는 합작 형태로 협력하고 있다. DCL을 인수해 증류주 업계 강자가 된 기네스는 1987년 LVMH의

2010년
윌리엄 그랜트 선즈(William Grant & Sons)가
아일랜드의 툴라모어 듀(Tullamore D.E.W.)를
인수했다.

2011년
윌리엄 왕자와 케이트 미들턴이 결혼했다.
맥캘란(Macallan)[20]과 세인트 조지 증류소(St
George's Distillery)[21]가 '로열 매리지'(Royal
Marriage) 위스키를 출시했다.

2012년
싱글 몰트 위스키가 스코틀랜드에서 병입
되는 것이 의무화되었다.

2013년
스카치위스키협회(SWA)가 스카치의 규정
을 재검토하여 '기술 파일(Technical File)'
을 정리했다. 울프번(Wolfburn), 스트라선
(Strathearn) 증류소가 문을 열었다.

2014년

코틀랜드에서 병입되도록 했다. 기존에는 '스카치 위스키'
로만 분류돼 있던 것을 싱글 몰트, 싱글 그레인, 블렌디드
몰트, 블렌디드 그레인, 블렌디드 등 5가지 유형의 스카치
위스키로 세분화했다.

20 맥켈란은 윌리엄 왕자와 케이트 미들턴의 결혼을 기념
하기 위해 결혼일인 4월 29일에 캐스크에 채워진 1996년,
1999년 원액을 혼합해 영국 한정으로 1000병만 출시했
다. 72시간 만에 매진됐다.

21 세인트 조지 증류소는 스코틀랜드가 아닌 잉글랜드 노퍽
(Norfolk) 루덤(Roudham)에 있는 증류소이다. 소유주는
잉글리시 위스키 컴퍼니(English Whisky Company)이다.
2006년 건물이 완공됐을 때 잉글랜드에서 100년 만에 처
음으로 싱글 몰트 위스키를 전문으로 생산한다는 증류소
라고 주목받았다. 증류소는 2007년 3월 당시 찰스 왕세자
(현 찰스 3세 왕)이 공식적으로 개장했다.

스코틀랜드 독립 여부를 묻는 국민투표가
실시되었다. 독립 반대파가 과반수를 획득
하여 연합왕국(United Kingdom, UK)에 잔류
하게 되었다. 일본의 산토리(Suntory)가 미
국의 빔(Beam)을 인수해 빔 산토리(Beam
Suntory)[22]가 설립되었다. 이로써 산토리 산
하의 스카치 위스키 증류소는 5곳이 되었
다. 에덴밀(Eden Mill), 애넌데일(Annandale),
킹스반스(Kingsbarns) 증류소 등이 개설되
었다.

2015년
발린달로크(Ballindalloch), 달무낙(Dalmu-
nach), 아일 오브 해리스(Isle of Harris), 인치
데어니(InchDairnie) 증류소가 설립됐다.

2016년
도녹(Dornoch), 론울프(LoneWolf, 현 브루
독·BrewDog)이 설립됐다. 미국의 브라운포
먼(Brown-Forman)이 벤리악(Benriach)을 인
수했다.

2017년
맥캘란의 새 증류소가 문을 열었다. 스
틸 36기는 업계 최대 규모이다. 애버라지
(Aberargi), 클라이드사이드(Clydeside), 린도
어스 애비(Lindores Abbey), 눅니언(Nc'nean),
토라베이그(Torabhaig) 등 크래프트 증류소
가 속속 탄생했다.

2018년

---

22 산토리 그룹은 2024년 4월 빔 인수 10년을 맞아 '산토리
글로벌 스피리츠'(Suntory Global Spirits)로 사명을 변경
했다.

맥캘란의 새 증류소가 일반에 공개되었다. 아일라(Islay) 섬에 아드나호(Ardnahoe) 증류소가 탄생했다. 로우랜드에 보더스(Borders) 증류소가 개설되었다. 에드라두어(Edradour) 증류소가 시설을 확장하여 생산 능력이 2배가 되었다. 더 글렌리벳 증류소의 설비가 확장되어 스코틀랜드 최대의 생산 규모가 되었다.

2019년

글렌터렛(Glenturret) 증류소가 스위스 라리끄(Lalique) 그룹 산하가 되었다. 로흐사이드(Lochside) 그룹이 홍콩의 투자회사 산하가 되었다. 1926년 증류된 맥캘란 60년 숙성 제품이 런던 경매에서 사상 최고액인 150만 파운드에 낙찰되었다. 아란 섬(Isle of Arran)에 2번째인 라그(Lagg) 증류소, 에든버러에 홀리루드(Holyrood) 증류소가 문을 열었다. 독립병입업체 더글라스랭(Douglas Laing)이 스트라선(Strathearn) 증류소를 인수했다. SWA가 기술 파일을 개정하여, 사용할 수 있는 오크 캐스크의 종류를 완화했다.

2020년

영국이 유럽연합(EU)에서 탈퇴했다. 코로나19의 감염 확산으로 많은 증류소가 조업을 중단했다. 진 등을 포함한 스코틀랜드의 증류소 수가 200곳을 넘어섰다. 조니워커가 창립 200주년 기념 보틀을 출시했다.

용어 해설

■ 위스키 whisky

몰트 위스키 malt whisky
보리 맥아를 원료로 단식 증류기로 증류한 위스키. 스카치 위스키의 경우 숙성은 오크통에서 3년 이상으로 정해져 있다. 단일 증류소에서 만든 몰트 위스키만 병입한 것이 싱글 몰트이다.

그레인 위스키 grain whisky
옥수수나 밀 등을 주원료로 연속식 증류기로 증류한 위스키. 보리가 원료인 몰트 위스키에 비해 부드럽고 깨끗하지만 개성이 부족하다. 그대로 병입되는 경우는 거의 없으며, 대부분은 블렌디드 위스키용으로 출하된다.

블렌디드 위스키 blended whisky
몰트 위스키와 그레인 위스키를 블렌드한 것. 스카치 위스키의 80% 이상이 이에 해당한다.

블렌디드 몰트 blended malt
여러 몰트 원액을 섞은 것. 기존에는 배티드 몰트라고 불렸지만, 현재는 블렌디드 몰트라는 용어가 일반적이다.

키 몰트 key malt
블렌디드 위스키의 맛과 향의 핵심을 이루는 몰트 위스키.

독립병입자 independent bottler
여러 위스키 증류소에서 숙성한 오크 캐스크를 구입해 병입하는 개인이나 업체. 일반적인 증류소에서 공식적으로 출시하는 제품(오피셜 보틀)과 달리 사양이 독자적이고 개성적이다. 대부분의 독립병입자들은 자체 증류소가 없지만, 규모가 커진 업체는 기존 증류소를 매입하거나 자체 증류소를 짓기도 한다. 유명한 독립병입자로는 더글러스 랭(Douglas Laing), 고든 앤 맥페일(Gordon & MacPhail), 시그나토리(Signatory) 등이 있다.

모스볼 mothball
생산 조정 등으로 잠시 조업을 중단하는 것, 또는 그런 상태의 증류소를 가리킨다. 사일런트도 같은 의미이지만, 사일런트 시즌이라고 하면 보통 여름 휴업을 뜻한다.

■ 몰팅 malting
보리를 물에 틔워(싹 틔우기) 맥아(麥芽, Malt)로 만드는 과정.

몰트 malt
몰트 위스키의 원료가 되는 보리 맥아. 몰트 위스키의 약어로 사용되기도 한다. 맥아를 만드는 장인을 몰트 맨이라고 한다.

킬른 kiln
맥아 건조탑 또는 그 탑이 있는 건물. 보리의 싹이 보리 내 당분을 소모하기 전에 발아를 멈춰야 당화, 발효를 거쳐 알코올을 만들 수 있다. 이를 위해 싹이 튼 보리를 건조시켜야 한다. 킬른은 연기 배출구가 파고다 모양으로 되어 있으며, 이 파고다 지붕이 증류소의 상징이 되고는 한다. 19세기 빅토리아 시대의 유명한 건축가 찰스 도이그가 당시 유행하던 동양 취향을 도입하여 설계한 것이 시초라고 한다.

플로어 몰팅 floor malting

전통적인 맥아 제조법. 보리를 콘크리트 바닥에 펼쳐 발아시키기 때문에 이렇게 불린다. 보통 7일에서 10일 정도 소요된다.

몰트스터 maltster

맥아를 전문적으로 제조하는 공장 또는 업체. 드럼식 몰팅 등으로 한 번에 대량의 맥아를 생산할 수 있다.

베어 보리 bere barley

보리의 고대 품종. 스코틀랜드에서는 5000년 전쯤 재배가 시작된 것으로 알려져 있다. 일조 시간이 짧은 추운 지역에서도 재배할 수 있기 때문에 스코틀랜드에서 널리 재배되었고 위스키 원료로 오랫동안 사용되었다. 최근에는 이를 부활시켜 사용하는 곳도 늘고 있다.

스티프 steep

침맥조(浸麥槽). 보리를 발아시키기 위해 2일 정도 물에 담그는데, 그 용기를 스티프라고 한다.

피트 peat

이탄(泥炭). 식물이 퇴적된 유기물로, 부분적으로 부패된 상태다. 맥아를 건조할 때 열을 내는 연료로 사용하면 훈연 향을 입힐 수 있다.

헤빌리 피티드 heavily peated

맥아를 건조하는 과정에서 이탄(Peat) 연기를 매우 강하게 쐬어 매우 강한 스모키(Smoky) 향을 입혔다는 뜻이다.

논-피티드 Non-Peated

'피트가 아닌' 맥아를 뜻하며, 이탄(Peat) 연기를 사용하지 않은 것을 말한다. 소모키함이 거의 없고 깨끗하고 부드러운 풍미를 가진 위스키의 특징을 설명할 때 사용된다.

페놀 phenols

피트 훈연에서 유래하는 페놀 화합물로 ppm 단위로 표시된다. 수치가 높을수록 피트 향이 강하고 스모키한 위스키이다.

■ 분쇄 milling

몰팅이 끝난 맥아를 빻아 가루로 만드는 것.

그리스트 grist

분쇄된 맥아. 허스크(husk·껍질), 그릿(grits·거친 알갱이), 플라워(flour·가루)의 세 부분으로 구성되며, 비율은 2:7:1로 유지된다. 그리스트를 저장하는 용기를 그리스트 호퍼(grist hopper)라고 한다.

몰트 밀 malt mill

맥아를 그리스트로 분쇄하는 기계. 보통 롤러식이다. 스카치 위스키에서는 60~70년 넘은 오래된 제품이 사용되고 있다.

■ 당화 mashing

빻은 맥아 가루를 뜨거운 물과 섞어 당분이
녹아 있는 맥즙(麥汁, 워트)을 만드는 것.

매시 턴 mash tun

당화조. 분쇄한 맥아에 뜨거운 물을 첨가하
여 당액(워트, wort)을 추출하는 거대한 금속
용기로, 스테인리스, 구리, 주철 등으로 만들
어진다. 이 작업을 담당하는 장인을 매시 맨,
건물을 턴 룸 또는 매시 하우스라고 한다.

세미 라우터 턴 semi-lauter tun

수직으로 된 긴 철제 칼날을 갖춘 매시 턴.
칼날에는 작은 날개 또는 핀이 붙어 있다. 칼
날들이 매시 턴 안에서 회전하면서 맥아를
휘저어 당화가 빠르게 이루어지도록 한다.

풀 라우터 턴 full lauter tun

곡물 찌꺼기를 완전히 분리하고 맑은 맥즙
을 얻기 위해, 회전하는 날이 매시 턴 안에
서 위아래로 움직인다. 맥즙 추출 효율이
높다.

플라우 앤 레이크 plough & rake

매시 턴 안에서 맥아와 물을 휘저어 섞어주
는 전통적인 회전식 팔. 쟁기와 갈퀴 모양
이다.

워트 wort

매시 턴에서 분쇄된 맥아에 뜨거운 물을 첨
가해 추출한 당액(맥즙). 발효에 필요한 원재
료로, 여기에 효모를 첨가하면 발효가 시작
된다. 일반적인 당분 농도는 13~14%이다.

턴 룸 tun room

증류소 건물에서 당화 및 발효를 하는 건물
또는 작업장. 당화, 발효 작업장을 모두 턴 룸
이라고 부르는 경우가 많지만, 당화 작업장
을 특별히 매시 하우스라고 부르기도 한다.

스파지 sparge

당액을 얻기 위해 그리스트에 3~4회 뜨거
운 물을 첨가하는데, 맥즙으로 추출하는 것
은 첫 번째와 두 번째 뜨거운 물뿐이다. 세
번째, 네 번째 뜨거운 물은 다음 당화에 사
용한다. 이것을 스파지라고 한다.

드래프 draff

당액(맥즙)을 추출한 후 남은 맥아 찌꺼기.
고단백질이며 영양가가 높아 그대로 가축
사료로 사용되어 왔다. 최근에는 다크 그레
인으로 가공되기도 한다.

다크 그레인 dark grain

당화 후 맥아 찌꺼기(드래프)와 포트 에일(스
펜트 워시)로 만들어지는 가축 사료. 건조시
켜 펠릿 형태로 가공된다.

히트 익스체인저 heat exchanger

열 교환기. 주로 당액을 냉각하는 장치로,
워츠 쿨러(worts cooler)라고도 한다. 최근에
는 맥즙 예열 등에도 사용된다.

■ 발효 fermentation

당화 과정을 거친 맥즙에 효모를 넣어 당분
을 알코올로 변환시키는 것.

워시 wash

당액(糖液)에 효모를 첨가해 발효시킨 밑술. 알코올 도수는 6~10%이다.

워시 백 wash back

발효조. 나무로 만든 것이나 스테인리스 스틸로 만든 것 등이 있다.

■ 증류 distillation

발효가 끝난 밑술을 증류기에서 여러 번 증류하여 알코올 도수를 높이고 불순물을 제거하는 과정.

팟 스틸 pot still

몰트 위스키 증류에 사용되는 단식 증류기. 구리로 만든다. 팟 스틸의 모양은 솥(Pot)의 크기, 목(Neck)의 높이와 중간 부분의 구조로 분류한다. 증류 과정에서 알코올 증기는 응축되어 다시 액체로 돌아가는 리플럭스(Reflux, 환류)가 일어나는데, 그 정도에 따라 증류액의 풍미가 달라진다.

벌지형 / 볼형 bulge-shaped / ball-shaped

팟과 스완 넥(Swan Neck, 백조 목처럼 굽은 부분) 사이에 구(球) 모양 또는 불룩한(Bulge) 부분이 추가된 형태. 이 불룩한 부분을 볼(Ball) 또는 오지(Ogee)라고 부른다. 알코올 증기는 이 불룩한 공간에서 팽창하면서 냉각되어 다시 아래 팟으로 떨어져 환류가 늘어난다. 환류가 많이 될수록 증류액이 더 정제되어 가볍고 부드러워지고, 과일 향이 풍부해진다.

랜턴 헤드형 lantern-head shaped

스틸의 넥이 아래쪽은 넓고 위로 갈수록 좁아져 등불(Lantern) 모양과 비슷하다. 넥 중간에 눈에 띄게 좁아지는 부분이 있다. 이 부분이 증기의 속도를 조절하고 구리와 접촉 면적을 늘린다. 증류액은 비교적 깨끗하고 가벼우며 꽃 향이 난다.

스트레이트 헤드형 straight-head shaped

스틸의 넥이 팟에서 스완 넥까지 직선적이고, 볼형이나 랜턴 헤드형과 달리 중간에 좁아지는 부분이 없다. 환류가 적고, 증기가 콘덴서로 비교적 빠르게 이동한다. 더 무거운 풍미를 가진 성분이 증류액에 많이 포함된다. 증류액은 풍부하고 강렬하고 오일리하며, 유황 같은 풍미를 갖게 된다.

워시 스틸 wash still

첫 번째 증류에 사용되는 증류기. 초류 스틸이라고도 한다. 워시를 증류하기 때문에 이렇게 불린다.

스피릿 스틸 spirits still

두 번째 증류에 사용하는 증류기, 재류 스틸, 로우 와인 스틸이라고도 한다.

로우 와인 low wine

첫 번째 증류로 얻은 액체. 이 단계에서는 아직 알코올 도수가 20~25% 정도밖에 되지 않는다. 이것을 두 번째 증류에 사용한다.

로우 와인 스틸 low wines still

재류 스틸. 스피릿 스틸과 동일하다. 로우

와인을 증류하기 때문에 이렇게 불린다.

뉴 팟 new pot
증류 직후의 뉴 스피릿을 말한다. 알코올 도수 67~72% 정도의 무색 투명한 스피릿이다.

라인 암 lyne arm
팟 스틸 상단(목 부분)과 냉각 장치를 연결하는 파이프. 라인 암, 라인 파이프라고도 한다. 기화된 알코올은 이 파이프를 통해 냉각 장치로 운반된다. 보통 수평 또는 아래쪽으로 기울어져 있지만, 15도 정도 위쪽으로 기울어져 있거나 중간이 구불구불한 것도 있다. 각도와 형태에 따라 증류액도 정도 위쪽으로 기울어져 있거나 중간이 구불구불한 것도 있다. 각도와 형태에 따라 증류액의 성질이 달라진다.

웜 worm
코일 모양의 구리 튜브로, 끝으로 갈수록 가늘어진다. 냉수를 채운 거대한 통 안에 설치되어 있으며, 웜 안의 알코올 증기가 냉각되어 다시 액화된다. 물이 가득찬 수조 안에 구리관이 달팽이처럼 감겨 있어 웜(벌레)이라는 이름이 붙었다. 현재는 '셸 앤 튜브' 방식이 주류이며, 이 웜을 사용한 냉각 장치는 거의 볼 수 없게 되었다.

웜 텁 worm tub
알코올 증기를 냉각하는 거대한 통. 냉각조. 나무로 만든 것과 금속으로 만든 것이 있다. 넓은 공간과 많은 양의 물이 필요하기 때문에 셸 앤 튜브 방식에 비해 효율성

은 떨어지지만, 시간을 들여 액화시키면 향미가 풍부한 스피릿이 된다고 한다.

콘덴서 condenser
응축기. 기화된 알코올을 다시 액화시키는 냉각 장치. 셸 앤 튜브(shell and tube) 방식이 일반적이다.

셸 앤 튜브 콘덴서 shell & tube condenser
기화된 알코올 증기를 냉각해 다시 액체로 되돌리는 장치. 원통형 장치(셸) 안에 여러 개의 파이프(튜브)가 있으며, 냉수는 이 파이프 안으로 흐른다. 알코올 증기는 파이프 표면에서 냉각되어 액체로 되돌아간다.

미들 컷 middle cut
재류 때 포어 쇼츠와 페인츠를 분리하고 중간 부분만 숙성에 사용하는 것. 하트(심장), 본류액이라고도 한다. 컷의 폭이 좁을수록(시간이 짧을수록) 섬세한 위스키가 된다고 한다.

포어쇼츠 foreshots
두 번째 증류 시 처음에 나오는 유액. 이쪽은 반대로 알코올 도수가 너무 높고 불순물이 섞여 있기 때문에 다음 로우 와인에 섞어 페인츠와 함께 다시 증류한다. 헤드, 전류액이라고도 한다.

페인츠 feints
두 번째 증류 시 마지막에 나오는 유액을 말한다. 알코올 도수가 낮고 불쾌한 향이 있기 때문에 숙성에 사용하지 않고 다음 로우 와인에 섞어 다시 증류한다. 테일, 후류

액이라고도 한다.

스피릿 세이프 spirits safe

두 번째 증류 시 흘러나오는 알코올을 측정하고 숙성에 사용할 스피릿을 컷(회수)하는 장치. 세이프(금고)라고 불리는 이유는 이미 이 단계에서 과세 대상이 되기 때문에 유리 케이스에 큰 자물쇠가 달려 있다.

리시버 receiver

몰트 위스키 제조 과정에서 각 단계의 액체를 임시로 저장하는 탱크. 로우 와인, 페인츠, 스피릿의 세 가지 리시버가 있다.

팟 에일 pot ale

첫 번째 증류 후 남은 폐액을 말한다. 투입한 맥즙의 3분의 1은 기화해 로우 와인이 되지만, 3분의 2는 폐액으로 초류 스틸 내부에 남는다. 이것은 드래프와 함께 가축 사료로 가공된다. 스펜트 워시, 번트 에일과 같은 말이다.

스펜트 워시 spent wash

첫 번째 증류 후 워시 스틸 내부에 남은 폐액(廢液). 드래프와 함께 가축 사료로 재활용된다. 팟 에일, 번트 에일이라고도 한다.

스펜트 리스 spent lees

두 번째 증류 후 스피릿 스틸 내부에 남은 폐액을 말한다. 과거에는 말 그대로 폐액이었지만, 현재는 토양 개량제 등으로 가공된다.

퓨리파이어 purifier

정류기. 팟 스틸과 냉각 장치를 연결하는 라인 암 중간에 설치된 소형 보조 냉각 장치. 환류를 증가시켜 에스테르 향이 풍부하고 깨끗한 술을 얻기 위해 고안되었다.

러메이저 rummager

직화 가열 방식의 팟 스틸은 내부가 타기 쉽다. 따라서 러메이저라고 불리는 구리 체인이 내부에 설치되어 증류 작업 중 천천히 회전하는 구조로 되어 있다. 냄비 바닥이 타지 않도록 주걱으로 휘젓는 것과 같은 원리이다.

차저 charger

증류에 사용할 워시나 로우 와인을 임시로 저장하는 탱크를 말한다. 여기에서 팟 스틸로 이동시킨다. 워시 차저, 로우 와인 차저 등이 있다.

스틸맨 stillman

증류 작업을 담당하는 장인. 증류소 장인 중에서 가장 경험과 숙련이 필요하다고 한다.

컬러 코드 colour code

스카치 위스키 법으로 정해진 파이프 색상 구분. 워시는 빨간색, 로우 와인은 파란색, 스피릿은 검은색, 물은 흰색으로 파이프 색상이 정해져 있다.

페이턴트 증류기 patent still

그레인 위스키 증류에 사용되는 연속식 증류기. 1831년 아일랜드인 이니어스 코페이

(Aeneas Coffey)가 특허(patent)를 취득했기 때문에 이렇게 불린다. 코페이 스틸이라고도 불린다.

코페이 스틸 coffey still
1831년 아일랜드인 이니어스 코페이가 발명(개량)한 연속식 증류기. 컬럼 스틸(column still), 페이턴트 스틸(patent still), 컨티니어스 스틸(continuous still)이라고도 한다.

로몬드 스틸 lomond Still
1955년 하이람 워커(Hiram Walker) 소속 알리스테어 커닝햄(Alistair Cunningham)이 발명한 특수한 스틸. 스틸의 넥 부분 안에 여러 개의 구멍이 뚫린 선반을 설치해 증류액의 성분을 조절할 수 있다. 하나의 스틸에서 환류 정도를 조절해 다양한 증류액을 생산할 수 있다. 대부분의 증류소에서 사용이 중단됐고, 남아 있는 로몬드 스틸은 희귀하다.

■ 숙성 maturation
증류한 원액을 오크 캐스크에 담아 숙성시키는 과정. 스코틀랜드에서는 최소 3년간 숙성해야 위스키라고 부를 수 있다. 숙성 과정에서 오크 캐스크의 영향을 받아 색과 풍미가 깊어진다.

오크 oak
위스키 통의 재료가 되는 참나무과의 나무. 위스키라는 액체를 장기간 보관하기에 적합한 밀폐성을 가지며, 추출 성분은 원액에 특유의 향을 부여한다. 따라서 오크 통은 위스키 생산에 필수적인 요소다. 위스키에 사용되는 오크에는 주로 아메리칸 화이트 오크(학명 Quercus alba), 유러피안 오크(Quercus robur) 등이 있다.

우드 피니시 wood finish
일반적인 숙성 후 다른 재질의 나무로 만든 캐스크(통)으로 옮겨 새로운 플레이버(flavor)를 더하는 추가 숙성 과정을 가리킨다. 보통 몇 개월, 길게는 2년 정도 추가 숙성을 한다. 후숙(後熟), 엑스트라 매추어드(extra matured)라고도 한다. 주로 와인 캐스크를 사용하지만, 와인 종류나 브랜드를 따져 특별히 유명한 술이 담겨져 있던 캐스크 등을 사용해 희소성을 높인 제품도 많다.

버번 캐스크 bourbon cask
미국의 버번 위스키를 숙성하려면 내부를 태운 새 캐스크만 사용할 수 있다. 1970년대 이후 스카치 위스키 증류소는 미국 버번 위스키 증류소가 한 번 사용한 폐 캐스크를 사용했다. 180~200ℓ 배럴 캐스크가 주류다.

셰리 캐스크 sherry cask
셰리 와인 숙성에 한 번 사용된 캐스크로, 주로 스페인산 오크(유러피안 오크)로 만들어진다. 이 캐스크에서 숙성된 위스키는 농후한 과일 풍미가 있으며, 색이 진한 경우가 많다. 용량은 500ℓ가 주를 이룬다. 셰리 버트라고도 불린다. 셰리 와인 종류에 따라 올로로소 셰리 캐스크, 페드로 히메네스 셰리 캐스크 등 다양하다.

리필 캐스크 refill cask

버번 캐스크나 셰리 캐스크 등을 재사용하는 것. 캐스크의 수명은 60~70년으로 알려져 있으며, 그동안 여러 번 위스키 숙성에 사용할 수 있다. 퍼스트 필, 세컨드 필, 서드 필로 매번 이름을 바꿔 구분한다. 리필 캐스크는 일반적으로 세컨드 필 이후의 통을 가리킨다.

배럴 barrel

위스키 숙성용 캐스크. 용량은 과거 180ℓ였지만, 현재는 200ℓ로 통일되었다.

펀천 puncheon

숙성용 대형 캐스크로 버트에 비해 몸통이 굵고 뭉툭하다. 용량은 480~520ℓ이다.

버트 butt

펀천과 함께 스카치 위스키에 사용되는 가장 큰 통. 500ℓ 전후의 용량이다. 대부분 셰리 캐스크이지만 포트 와인, 마데이라 와인 캐스크도 있다. 포트 와인의 경우 파이프(pipe)라고도 한다.

쿼터 quarter

숙성용 캐스크. 버트 캐스크의 4분의 1 크기로, 127~159ℓ 용량이다.

옥타브 octave

위스키 숙성에 사용되는 작은 캐스크를 말한다. 일반적인 버트(Butt) 캐스크(480~500ℓ)의 8분의 1, 45~68ℓ 용량을 말한다.

호그스헤드 hogshead

용량 250ℓ 전후의 캐스크. 180ℓ 버번 캐스크를 분해하여 호그스헤드로 재조립하는 것이 일반적이다. 스카치 위스키 숙성에는 큰 캐스크가 더 적합하다는 것이 그 이유이다. 호그스헤드란 '돼지 머리'를 의미하며, 캐스크가 돼지 한 마리 무게였기 때문에 그렇게 불렸다는 설이 있다.

쿠퍼 cooper

캐스크 장인. 캐스크 뿐만 아니라 발효조 등의 제조, 수리도 담당한다. 이들이 일하는 작업장을 쿠퍼리지라고 한다.

던니지 dunnage

전통적인 캐스크 쌓기 방식이다. 흙바닥에 침목으로 나무 레일을 깔고 그 위에 통을 나열한다. 2단에서 4단 정도까지 통을 쌓아 올린다. 던니지로 통을 저장하는 숙성 창고를 던니지 웨어하우스라고 한다. 온도와 습도 변화가 적어 안정적인 숙성에 유리하다.

랙 rack

캐스크를 금속 랙(선반)에 여러 층으로 쌓아 올리는 현대적인 숙성 창고 방식. 효율적인 공간 활용이 가능하다.

팔레타이즈 palletise

팔레트라고 불리는 화물 받침대 위에 캐스크를 세로로 나열하여 숙성시키는 방식이다. 아이리시 위스키나 캐나디안 위스키, 스카치 그레인 위스키 등에 사용된다. 보통 4~6개의 통을 함께 묶는다. 지게차 등을 사용하여 팔레트째 이동할 수 있고, 던니지 방식이나 랙 방식에 비해 좁은 공간에 둘 수 있어 매우 효율적이다. 캐스크를 세로로 놓으면 숙성이 빨라지지만 액체가 새기 쉽다는 단점도 있다.

엔젤스 셰어 angel's share

천사의 몫. 숙성 중에 증발하는 위스키를 말한다. 스카치 위스키의 경우, 첫해에 3~4%, 이후에는 매년 1~2%씩 증발해 캐스크 안의 내용물이 줄어든다. 일설에 따르면 스카치 위스키 전체에서 그 양은 매년 1억 병에 육박한다고 한다.

■ 병입 bottling

숙성된 위스키를 물과 희석하여 적절한 도수를 맞춘 뒤 병에 담는 것.

싱글 캐스크 single cask

단 하나의 캐스크에 있던 위스키를 병입한 보틀로, 싱글 배럴이라고도 한다. 다른 캐스크에 있는 원액과 섞지 않았기 때문에 캐스크에 따른 풍미 차이를 잘 알 수 있다.

캐스크 스트렝스 cask strength

캐스크에서 바로 꺼낸 상태의 위스키를 말한다. 일반적인 보틀은 캐스크에서 꺼낸 위스키에 물을 첨가해 알코올 도수 40~46%로 병입하지만, 캐스크 스트렝스는 물을 첨가하지 않고 그대로 담는다.

칠 필터레이션 chill filtration

칠드 필터, 저온(냉각) 여과 처리를 하는 것.

병입 전에 0~4℃ 정도로 냉각해 백탁(白濁)의 원인이 되는 지방산 등을 제거한다. 본래 풍미의 일부를 제거할 수 있다고 하여 반대하는 업체도 많다. 칠 필터레이션을 하지 않는 것을 넌칠(non-chill), 넌칠드(non-chilled), 언칠(unchill)이라고 한다.

넌칠 non-chilled

저온 여과 처리를 하지 않는 것.

■ 주요 대형 주류 회사

디아지오(Diageo)

1997년 기네스와 그랜드멧(Grandmet, Grand Metropolitan)이 합병해 설립됐다. 본사는 런던에 있다. 자회사인 유나이티드 디스틸러스 & 빈트너스(UDV)는 기네스 산하의 유나이티드 디스틸러스(United Distillers, UD)와 그랜드 메트로폴리탄의 인터내셔널 디스틸러스 & 빈트너스(International Distillers & Vintners, IDV) 사업을 통합하여 탄생했다. UD는 기네스 그룹이 인수한 아서 벨 앤 선즈(Arthur Bell & Sons)와 디스틸러스 컴퍼니(Distillers Company Limited, DCL)를 합병해 1987년에 설립됐다.

DCL의 후신인 디아지오는 증류소와 브랜드 모두에서 풍부한 유산을 갖고 있다. 디아지오의 가장 오래된 기원은 블렌디드 스카치 위스키 'J&B'로 유명한 저스테리니 앤 브룩스(Justerini & Brooks)로, 이 회사는 1749년에 설립됐다. 다른 브랜드 조니워커는 1820년에 시작됐다.

블렌디드 위스키 조니워커·벨스·올드파·

화이트 호스·뷰캐넌스·헤이그 클럽, 싱글 몰트 위스키 탈리스커·라가불린·쿨일라·오반, 아메리칸 위스키 불릿, 캐나디안 위스키 크라운 로얄, 보드카 스미노프, 럼 캡틴 모건, 리큐르 베일리스, 데킬라 돈 홀리오, 진 고든스·탱커레이, 맥주 기네스, 중국 백주 수정방 등을 보유하고 있다.

페르노리카(Pernod Ricard)

프랑스의 주류 회사. 압생트와 리큐르의 일종인 파스티스 '페르노'를 만드는 페르노와 다른 파스티스 '리카'를 만드는 리카가 1975년 합병해 탄생했다.

블렌디드 위스키 시바스 리갈·로얄 살루트·발렌타인·제임스, 싱글 몰트 위스키 더 글렌리벳·아벨라워, 리큐르 말리부·깔루아, 보드카 앱솔루트, 진 비피터, 럼 아바나 클럽 등을 보유하고 있다.

바카디(Bacardi)

1862년 쿠바에 설립된 럼 회사. 쿠바 혁명으로 회사를 미국으로 이전했다. 현재는 푸에르토리코에서 제품을 생산한다. 럼 '바카디' 외에도 진 봄베이 사파이어, 보드카 크게이구스, 베르무트(주정 강화 포도주) 마르티니, 위스키 듀어스 등 다양한 주류 브랜드를 소유하고 있다.

내가 스카치 싱글 몰트를 만난 지 올해로 정확히 32년이 된다. 처음 방문했던 곳은 아일라 섬의 보모어 증류소였다. 1989년 10월의 일로, 그때 나는 보모어와 라가불린, 그리고 라프로익을 방문했다. 당시 스카치 위스키 업계는 불황의 늪에 빠져 있었다. 아드벡과 브룩라디도 문을 닫은 상태였다. 비지터센터를 갖춘 증류소는 보모어 정도뿐이었다. 그곳에서 나는 처음으로 플로어 몰팅과 당화, 발효, 증류 과정을 볼 수 있었다.

당시 나는 영어도 잘 못했다. 하물며 억양이 강한 아일라 억양은 거의 알아들을 수 없었다. 그런 나에게 끈기 있게 설명해 준 분들은 당시 소장이었던 아일라 캠벨과 몰팅 담당이었던 진저 윌리, 즉 윌리 캠벨이었다. 그때 바다가 보이는 소장실에서 마셨던 보모어 12년의 맛을 잊을 수 없다. 바로 그때 석양이 인달 만 너머로 지고 있었다.

그로부터 32년이 지났다. 나는 그 사이에 스코틀랜드를 50번 가까이 갔을 것이다. 물론 가장 많이 간 곳은 아일라 섬이다. 이미 40번 가까이 방문했다. 나에게는 제2의 고향이라고 해도 좋을 것이다.

그 아일라에 마지막으로 간 것은 2019년 4월이었다. 그때 보모어 증류소에서 반가운 사람을 만났다. 머리가 완전히 하얗게 센 진저 윌리였다. 그는 이미 은퇴한 지 10년 가까이 되었지만, 내키면 증류소에 온다고 했다. 나 역시 그를 10년 만에 만났다. 그는 매시 턴을 들여다보며 당화 담당 직원들과 즐겁게 이야기하고 있었다. 우리는 서로의 안녕을 축하했다.

내가 아일라 방문, 스코틀랜드 방문을 멈출 수 없는 것은 이러한 사람들을 만나

2019년 보모어 증류소에서 진저 윌리와 함께했다.

기 위해서라는 것을 그때 다시금 확신했다. 지금은 코로나 때문에 갈 수 없지만, 상황이 안정되면 이 책을 들고 제일 먼저 아일라에 가고 싶다고 생각하고 있다.

마지막으로 코로나 팬데믹 속에서 급하게 출판을 결정했음에도 불구하고 나의 무리한 요구를 들어준 쇼가쿠칸(小學館)의 오쿠보 준이치로 씨에게 깊이 감사드린다. 1993년 귀국 후 《사라이》를 비롯한 잡지와 《위스키 검정 공식 교재》를 통해 신세를 졌지만, 이 싱글 몰트 시리즈 담당은 처음이었다. 또한 원고 입력과 편집에 힘써준 위스키문화연구소의 스태프들에게도 이 자리를 빌려 감사드리고 싶다. 많은 사람의 협력 없이는 이 책이 나올 수 없었다고 생각하기 때문이다.

2021년 4월 츠치야 마모루

150개 증류소로 만나는 향과 시간의 기록

싱글 몰트 위스키 150

초판 1쇄 인쇄 2025년 12월 20일
초판 1쇄 발행 2025년 12월 26일

지은이 츠치야 마모루
옮긴이 손덕호
펴낸곳 굿모닝미디어
펴낸이 이병훈

출판등록 1999년 9월 1일 등록번호 제10-1819호
주소 서울시 마포구 동교로50길 8, 201호
전화 02) 3141-8609
팩스 02) 6442-6185
전자우편 goodmanpb@naver.com

ISBN 978-89-89874-59-1 13590

• 책값은 뒤표지에 있습니다.
• 잘못된 책은 구입하신 서점에서 바꾸어 드립니다.